"十四五"时期国家重点出版物出版专项规划项目
中国能源革命与先进技术丛书
电气精品教材丛书

新能源发电技术

主编 年 珩
参编 孙 丹

机械工业出版社
CHINA MACHINE PRESS

本书是编者在长期从事新能源并网发电技术研究基础上编写而成的，其较为全面地介绍了风力发电、光伏发电、储能技术等新能源发电的变流器控制技术。主要内容包括风力发电、光伏发电和储能变流器的数学建模和控制技术、不平衡及谐波电网下新能源发电设备的数学建模和控制技术、电网故障穿越下新能源发电设备的数学建模和控制技术、新能源发电设备的阻抗建模和稳定性分析方法等。

本书可作为高等院校电气工程及相关专业的本科生或研究生教材，也可供从事新能源开发与利用，特别是从事新能源发电技术研究相关工作的工程技术人员参考。

图书在版编目（CIP）数据

新能源发电技术/年珩主编．—北京：机械工业出版社，2022.10（2024.7 重印）

（中国能源革命与先进技术丛书．电气精品教材丛书）

"十四五"时期国家重点出版物出版专项规划项目

ISBN 978-7-111-71468-2

Ⅰ.①新… Ⅱ.①年… Ⅲ.①新能源-发电-教材 Ⅳ.①TM61

中国版本图书馆 CIP 数据核字（2022）第 157721 号

机械工业出版社（北京市百万庄大街 22 号　邮政编码 100037）

策划编辑：李小平　　　　　责任编辑：李小平

责任校对：陈　越　李　杉　封面设计：鞠　杨

责任印制：常天培

天津嘉恒印务有限公司印刷

2024 年 7 月第 1 版第 2 次印刷

184mm×260mm · 11.5 印张 · 282 千字

标准书号：ISBN 978-7-111-71468-2

定价：65.00 元

电话服务　　　　　　　　　　网络服务

客服电话：010-88361066　　机　工　官　网：www.cmpbook.com

　　　　　010-88379833　　机　工　官　博：weibo.com/cmp1952

　　　　　010-68326294　　金　书　网：www.golden-book.com

封底无防伪标均为盗版　　　机工教育服务网：www.cmpedu.com

电气精品教材丛书
编审委员会

主任委员	罗 安	湖南大学		
副主任委员	帅智康	湖南大学		
	黄守道	湖南大学		
	阮新波	南京航空航天大学		
	韦 巍	浙江大学		
	花 为	东南大学		
	齐冬莲	浙江大学		
	吴在军	东南大学		
	蹇林旎	南方科技大学		
	杜志叶	武汉大学		
	王高林	哈尔滨工业大学		
	胡家兵	华中科技大学		
	杜 雄	重庆大学		
	李 斌	天津大学		
委　员	许加柱	湖南大学	年 珩	浙江大学
	周 蜜	武汉大学	张品佳	清华大学
	张卓然	南京航空航天大学	许志红	福州大学
	宋文胜	西南交通大学	姚 骏	重庆大学
	林 磊	华中科技大学	张成明	哈尔滨工业大学
	朱 淼	上海交通大学	雷万钧	西安交通大学
	杨晓峰	北京交通大学	马铭遥	合肥工业大学
	吴 峰	河海大学	尹忠刚	西安理工大学
	朱国荣	武汉理工大学	刘 辉	广西大学
	符 扬	上海电力大学	李小平	机械工业出版社

序 Preface

电气工程作为科技革命与工业技术中的核心基础学科，在自动化、信息化、物联网、人工智能的产业进程中都起着非常重要的作用。在当今新一代信息技术、高端装备制造、新能源、新材料、节能环保等战略性新兴产业的引领下，电气工程学科的发展需要更多学术研究型和工程技术型的高素质人才，这种变化也对该领域的人才培养模式和教材体系提出了更高的要求。

由湖南大学电气与信息工程学院和机械工业出版社合作开发的电气精品教材丛书，正是在此背景下诞生的。这套教材联合了国内多所著名高校的优秀教师团队和教学名师参与编写，其中包括首批国家级一流本科课程建设团队。该丛书主要包括基础课程教材和专业核心课程教材，都是难学也难教的科目。编写过程中我们重视基本理论和方法，强调创新思维能力培养，注重对学生完整知识体系的构建。一方面用新的知识和技术来提升学科和教材的内涵；另一方面，采用成熟的新技术使得教材的配套资源数字化和多样化。

本套丛书特色如下：

（1）**突出创新**。这套丛书的作者既是授课多年的教师，同时也是活跃在科研一线的知名专家，对教材、教学和科研都有自己深刻的体悟。教材注重将科技前沿和基本知识点深度融合，以培养学生综合运用知识解决复杂问题的创新思维能力。

（2）**重视配套**。包括丰富的立体化和数字化教学资源（与纸质教材配套的电子教案、多媒体教学课件、微课等数字化出版物），与核心课程教材相配套的习题集及答案、模拟试题，具有通用性、有特色的实验指导等。利用视频或动画讲解理论和技术应用，形象化展示课程知识点及其物理过程，提升课程趣味性和易学性。

（3）**突出重点**。侧重效果好、影响大的基础课程教材、专业核心课程教材、实验实践类教材。注重夯实专业基础，这些课程是提高教学质量的关键。

（4）**注重系列化和完整性**。针对某一专业主干课程有定位清晰的系列教材，提高教材的教学适用性，便于分层教学；也实现了教材的完整性。

（5）**注重工程角色代入**。针对课程基础知识点，采用探究生活中真实案例的选题方式，提高学生学习兴趣。

（6）**注重突出学科特色**。教材多为结合学科、专业的更新换代教材，且体现本地区和不同学校的学科优势与特色。

这套教材的顺利出版，先后得到多所高校的大力支持和很多优秀教学团队的积极参与，在此表示衷心的感谢！也期待这些教材能将先进的教学理念普及到更多的学校，让更多的学生从中受益，进而为提升我国电气领域的整体水平做出贡献。

教材编写工作涉及面广、难度大，一本优秀的教材离不开广大读者的宝贵意见和建议，欢迎广大师生不吝赐教，让我们共同努力，将这套丛书打造得更加完美。

电气精品教材丛书编审委员会

前言
Preface

自第一次工业革命以来，由于人类对传统化石能源的过度消耗，导致其日益枯竭，同时也引发了环境污染问题；自改革开放以来，我国经济得到迅速发展，随之而来的也是能源需求的飞速增长。而我国当前以煤炭、石油为主的能源结构，以及"总量丰富，人均不足"的能源现状将会不可避免地制约经济的发展。与此同时，消耗化石能源所带来的环境污染问题，也在影响着我国人民的生活质量。因此，为应对能源危机与环境污染问题，实现可持续发展，需要大力发展以风力发电与光伏发电为主的新能源发电技术及相关产业。这不仅是整个能源供应系统的有效补充手段，也是环境治理和生态保护的重要措施，是满足人类社会可持续发展需要的必然选择。

自进入 21 世纪以来，我国新能源发电技术研究取得了巨大进展，在新能源领域取得了惊人的成果，新能源发电机组装机容量迅速增长，一跃成为世界新能源产业大国。然而，由于我国新能源资源与用电需求的逆向分布、新能源接入电网的电能质量与电网强度较差，以及新能源本身具有不规律性与波动性等因素，新能源机组大规模并入电网也给电能质量乃至电网安全带来了一定的挑战。为了解决相关问题，已有国内外学者做了大量有价值的研究，提出了较为成熟的分析方法、理论体系与解决方案，相关领域包括但不限于锁相同步技术、不平衡及谐波电网下的新能源发电机组运行与控制技术、储能技术、并网运行稳定性分析及治理方法等，这些理论都对改善新能源发电电能质量、提高新能源消纳能力、促进新能源产业的进一步发展做出了重要贡献，而上述理论目前仍主要存在于各类期刊文献中，亟需有书籍对上述各种理论、方法进行统一整理与介绍。

本书是作者团队十多年研究成果的提炼和总结，在新能源发电领域共发表两百余篇论文，授权专利 50 余项；部分成果获 2021 年浙江省科学技术进步奖二等奖、2021 年中国电工技术学会科学技术进步奖二等奖、2021 年浙江省钱江能源科学技术进步奖一等奖、2020 年中国电力科学技术进步奖一等奖等。

全书共分为 8 章：第 1 章概述讨论了我国新能源发电技术发展的背景意义、实际现状及未来发展趋势，并对风力发电、光伏发电、储能技术等新能源发电关键技术的原理与分类进行了介绍，也为后续章节对各项新能源发电技术的介绍做出了铺垫；第 2 章主要介绍了网侧变流器的控制技术，并就其中的关键部分即锁相同步技术做出了详细讨论，对于各应用场景下的锁相同步方式的改进原理做了重点分析；第 3 章主要讲述了风力发电的理论基础与关键技术，首先介绍了风力机的运行特性与最大风能追踪原理，然后通过建立双馈风力发电机与直驱风力发电机的数学模型，介绍了双馈风力发电机与直驱风力发电机的矢量控制与虚拟同步控制方法；第 4 章介绍了光伏发电控制技术，包括光伏的最大功率点跟踪技术、矢量控制技术和虚拟同步控制技术以及防孤岛运行技术；第 5 章首先建立储能电池数学模型，随后据此引出了对储能运行控制技术基本原理的介绍，进而讲述了储能变流器的重要应用场景——黑启动控制技术的原理与实施方法；第 6 章通过建立不平衡及谐波电网下新能源发电设备的数学模型，解释了在电网电压存在谐波及不平衡情况下的新能源发电设备改进控制机理与具体控制策略；第7章首先介绍了新能源发电设备的并网技术规范，指出了研究故障穿越技术的必要性；随后通过建立新能源发电设备暂态数学模型，主要介绍了双馈风电机组的电网电压故障穿越技术机理与常用方案；第8章以并网逆变器的并网运行小信号稳定分析为例，讲述了逆变器的阻抗建模过程、稳定性分析方法及振荡抑制过程，介绍了基于阻抗的新能源发电设备并网运行小信号稳定分析及小信号失稳后的振荡抑制方法。

本书的撰写工作得到了多项科研基金和项目的资助，主要有：国家自然科学基金优秀青年科学基金"弱交流电网下风力发电系统的控制与运行（51622706）"，国家自然科学基金面上基金"双馈风电系统并网运行下振荡频率耦合的基础理论与控制对策（51977194）""直流并网型双馈异步风力发电系统新型拓扑与控制策略研究（51277159）"，国家重点研发计划"100%可再生能源经柔性直流送出稳定控制技术研究（2020YFF0305801）""基于电力电子变压器的交直流混合分布式可再生能源技术研究（2017YFB0903300）"，青海省科技厅重大科技专项"多能源互补发电联合运行关键技术研究与示范（2018-GX-A6）"，浙江省自然科学基金重点项目"非理想微电网下虚拟同步机友好并网运行机理及控制策略研究（LZ18E070001）"。

全书由年珩和孙丹编写，成书过程中庞博、徐韵扬、胡彬、金萧、李萌、赵琛、童豪等研究生参与了相关章节的文献整理、文档修订与绘图等工作。在此对所有参与编撰人员表示衷心的感谢！

限于编者能力和水平，且新能源发电技术正处于快速发展阶段，书中难免存在疏漏和不妥之处，欢迎广大读者不吝批评指正。

编　者

二〇二二年十月

于浙江大学

目录

序
前言

第1章　新能源发电概述 ………………………………………………………… 1
　1.1　能源现状与可持续发展战略 ……………………………………………… 1
　　　1.1.1　我国能源结构与储备现状 ………………………………………… 1
　　　1.1.2　我国的可持续发展战略 …………………………………………… 2
　　　1.1.3　新能源发电技术的发展 …………………………………………… 2
　1.2　风力发电 …………………………………………………………………… 4
　　　1.2.1　风力发电概述 ……………………………………………………… 4
　　　1.2.2　风力发电原理及分类 ……………………………………………… 5
　1.3　光伏发电 …………………………………………………………………… 9
　　　1.3.1　光伏发电概述 ……………………………………………………… 9
　　　1.3.2　光伏发电原理及分类 ……………………………………………… 10
　1.4　储能 ………………………………………………………………………… 12
　　　1.4.1　储能概述 …………………………………………………………… 12
　　　1.4.2　储能原理及分类 …………………………………………………… 14
　1.5　本章小结 …………………………………………………………………… 16
　思考题 …………………………………………………………………………… 16

第2章　网侧变流器控制技术 …………………………………………………… 17
　2.1　网侧变流器数学模型 ……………………………………………………… 17
　　　2.1.1　三相静止坐标系下网侧变流器数学模型 ………………………… 17
　　　2.1.2　两相同步旋转坐标系下网侧变流器数学模型 …………………… 19
　2.2　网侧变流器控制策略 ……………………………………………………… 20
　2.3　锁相同步方式 ……………………………………………………………… 22
　　　2.3.1　锁相同步的作用及基本类型 ……………………………………… 22
　　　2.3.2　常规锁相同步方式建模 …………………………………………… 23
　　　2.3.3　薄弱电网下的改进型锁相同步方式 ……………………………… 26
　2.4　高精度电流跟踪控制方法 ………………………………………………… 33
　　　2.4.1　线性调节器 ………………………………………………………… 33
　　　2.4.2　非线性调节器 ……………………………………………………… 34
　　　2.4.3　不同高精度电流跟踪控制器对比 ………………………………… 35
　2.5　本章小结 …………………………………………………………………… 36

VII

思考题 ………………………………………………………………………… 36
　　　参考文献 ………………………………………………………………………… 37
第 3 章　风力发电控制技术 ………………………………………………………… 39
　　3.1　变速恒频风力发电系统的运行控制 ……………………………………… 39
　　　　3.1.1　风力机的运行特性 …………………………………………………… 39
　　　　3.1.2　变速恒频风力发电系统的运行控制策略 …………………………… 41
　　3.2　风力发电系统最大风能追踪运行机理 …………………………………… 42
　　3.3　双馈异步风力发电机的最大风能追踪控制 ……………………………… 43
　　　　3.3.1　有功功率参考值 P_s^* 的计算 ………………………………………… 44
　　　　3.3.2　无功功率参考值 Q_s^* 的计算 ………………………………………… 45
　　　　3.3.3　最大风能追踪控制的实现 …………………………………………… 46
　　3.4　风电机组的系统结构与数学模型 ………………………………………… 47
　　　　3.4.1　双馈异步风力发电机的系统结构 …………………………………… 47
　　　　3.4.2　直驱风电机组系统结构和数学模型 ………………………………… 48
　　　　3.4.3　双馈风电机组机侧变流器的数学模型 ……………………………… 51
　　3.5　风电机组的矢量控制技术 ………………………………………………… 56
　　　　3.5.1　矢量控制原理 ………………………………………………………… 56
　　　　3.5.2　直驱风电机组的矢量控制 …………………………………………… 57
　　　　3.5.3　双馈风电机组的矢量控制 …………………………………………… 60
　　3.6　本章小结 …………………………………………………………………… 63
　　　思考题 ………………………………………………………………………… 63
第 4 章　光伏发电控制技术 ………………………………………………………… 64
　　4.1　光伏发电系统最大功率点跟踪技术 ……………………………………… 64
　　　　4.1.1　定电压跟踪法 ………………………………………………………… 65
　　　　4.1.2　扰动观测法 …………………………………………………………… 67
　　　　4.1.3　导纳增量法 …………………………………………………………… 69
　　4.2　光伏发电运行控制技术 …………………………………………………… 71
　　　　4.2.1　基于矢量控制的光伏系统运行策略 ………………………………… 71
　　　　4.2.2　基于虚拟同步发电机的光伏系统运行策略 ………………………… 72
　　4.3　光伏发电系统防孤岛运行策略 …………………………………………… 74
　　　　4.3.1　光伏发电系统孤岛效应 ……………………………………………… 74
　　　　4.3.2　被动式光伏检测法及检测盲区 ……………………………………… 77
　　　　4.3.3　主动式光伏检测法 …………………………………………………… 81
　　4.4　本章小结 …………………………………………………………………… 83
　　　思考题 ………………………………………………………………………… 84
第 5 章　储能控制技术 ……………………………………………………………… 85
　　5.1　储能电池数学建模 ………………………………………………………… 85
　　5.2　储能变流器控制技术 ……………………………………………………… 87
　　　　5.2.1　储能变流器数学建模 ………………………………………………… 87

目录

  5.2.2 储能变流器矢量控制技术 ··· 91
  5.2.3 储能变流器虚拟同步发电机控制技术 ······························· 92
  5.2.4 计及储能电池荷电状态的储能变流器改进控制技术 ·········· 94
 5.3 储能变流器黑启动控制技术 ·· 96
  5.3.1 储能变流器矢量控制黑启动技术 ···································· 96
  5.3.2 储能变流器虚拟同步发电机黑启动技术 ··························· 98
  5.3.3 储能变流器预同步并网技术 ··· 100
 5.4 本章小结 ··· 101
 思考题 ··· 102

第6章 不平衡及谐波电网下的新能源发电控制技术 ························· 103
 6.1 不平衡及谐波电网下的新能源并网发电系统 ······················· 103
  6.1.1 不平衡及谐波电网下双馈发电机数学模型 ······················· 104
  6.1.2 不平衡及谐波电网下并网变流器的数学模型 ··················· 107
 6.2 基于谐振控制的新能源系统运行技术 ······························· 108
  6.2.1 谐振控制器的基本原理 ·· 108
  6.2.2 基于谐振控制器的新能源系统运行技术 ························· 115
  6.2.3 谐振控制拓展性应用 ··· 120
 6.3 基于重复控制的新能源系统运行技术 ······························· 124
  6.3.1 重复控制的基本原理 ··· 124
  6.3.2 重复控制器改进设计 ··· 126
  6.3.3 基于重复控制的新能源系统 ·· 129
 6.4 本章小结 ··· 130
 思考题 ··· 131

第7章 新能源发电的故障穿越技术 ····································· 132
 7.1 新能源发电并网技术规范 ·· 132
  7.1.1 频率故障穿越要求 ··· 132
  7.1.2 电压故障穿越要求 ··· 133
 7.2 电网电压故障下新能源发电设备的暂态数学模型 ·············· 135
  7.2.1 网侧变流器的暂态数学模型 ·· 135
  7.2.2 双馈风力发电机的暂态数学模型 ·································· 136
 7.3 网侧变流器的低电压穿越技术 ··· 140
  7.3.1 Chopper 电路 ·· 140
  7.3.2 直流储能单元 ·· 141
  7.3.3 动态电压恢复器 ··· 142
 7.4 双馈风力发电机的低电压穿越技术 ···································· 143
  7.4.1 Crowbar 电路 ·· 143
  7.4.2 励磁强化措施 ·· 144
 7.5 换相失败引发的送端电网电压故障 ···································· 146
  7.5.1 换相失败引发的送端电网电压波动机理 ······················· 147

7.5.2　换相失败下送端电网的新能源发电设备的数学模型 ……………… 149
　7.6　本章小结 ………………………………………………………………………… 155
　思考题 ………………………………………………………………………………… 156
　参考文献 ……………………………………………………………………………… 156

第8章　弱电网下新能源并网系统的稳定性分析与振荡抑制 ……………………… 158
　8.1　弱电网下新能源并网系统的振荡失稳问题 …………………………………… 158
　　　8.1.1　振荡失稳案例概述 ……………………………………………………… 158
　　　8.1.2　振荡失稳问题的分析方法简介 ………………………………………… 160
　8.2　基于阻抗的新能源并网稳定性分析方法 ……………………………………… 161
　　　8.2.1　阻抗分析方法的基本原理 ……………………………………………… 161
　　　8.2.2　阻抗建模技术 …………………………………………………………… 161
　　　8.2.3　阻抗测量技术 …………………………………………………………… 162
　　　8.2.4　基于阻抗的振荡抑制技术 ……………………………………………… 163
　8.3　弱电网下新能源并网振荡案例分析 …………………………………………… 164
　　　8.3.1　并网逆变器的阻抗模型 ………………………………………………… 164
　　　8.3.2　基于阻抗的逆变器并网系统振荡问题分析 …………………………… 166
　　　8.3.3　基于阻抗的逆变器并网系统的振荡抑制 ……………………………… 168
　8.4　本章小结 ………………………………………………………………………… 169
　思考题 ………………………………………………………………………………… 170
　参考文献 ……………………………………………………………………………… 170

第1章 新能源发电概述

1.1 能源现状与可持续发展战略

1.1.1 我国能源结构与储备现状

自第一次工业革命以来,由于人类对化石能源的过度消耗,导致化石类能源日益枯竭。为了保障人类社会的可持续发展,需要进入节约能源和开发新能源的时代。我国作为人口大国,并且是世界第二大经济体,但是各种资源的人均占有率均远低于世界平均水平。因此,深入研究和解决利用新能源带来的一系列科学技术问题和经济性问题,已成为我国当前能源储备与可持续发展战略的当务之急。

1. 我国的能源储量结构

我国可再生能源资源丰富,但是因为人口众多,人均能源资源相对匮乏。我国人口占世界总人口20%,已探明的煤炭储量占世界储量的11%、原油占2.4%、天然气仅占1.2%。人均能源资源占有量不到世界平均水平的一半,石油仅为十分之一。因此,我国常规能源资源并不丰富,应建立正确的资源意识,并具有相应的忧患意识。

从新能源的储备情况看,我国属太阳能资源丰富的国家之一,全国总面积2/3以上地区年日照时数大于2000小时。我国西藏、青海、新疆、甘肃、宁夏、内蒙古等高原的总辐射量和日照时数均较高,属世界太阳能资源丰富地区之一;四川盆地、两湖地区、秦巴山地是太阳能资源低值区;我国东部、南部及东北地区为资源中等区。同时,我国风力资源丰富,可开发利用的风能储量为10亿千瓦,开发潜力巨大。但是由于新能源大多分布于西北、西南、中南等非经济发达区,并且新能源的开发投资巨大、技术水平较高、回收期较长,因此我国的新能源利用率并不理想,亟需大力推动新能源技术的快速发展。

2. 我国的能源生产结构

我国的一次能源产量居世界首位,并且是世界上最大的煤炭生产国。近十年来,煤炭、原油、天然气产量始终保持稳定增长。从二次能源的产出情况看,我国的全年发电量同样呈递增态势。

随着一次能源与二次能源的产量持续增长,在深化能源供给侧结构性改革、优先发展非化石能源等一系列政策措施的大力推动下,我国清洁能源继续快速发展,清洁能源比重进一步提升,能源结构持续优化。近十年,我国的风电、光伏发电、水电以及核电等电力生产始终保持高速发展,可再生能源装机容量稳居全球首位。

总体来说,我国的能源产出仍以煤炭为主,约占据总能源产量的七成左右,但是由于我国能源结构的优化调整,使得清洁能源比重逐年提升,煤炭生产占总产量的比重在逐年降低。

3. 我国的能源消费结构

从一次能源的消费情况看，我国是世界上最大的煤炭消费国。自 2012 年以来，我国的能源消费总量均处于低速增长状态，实现了以较低的能源消费增速支撑经济的中高速发展。并且我国的煤炭消费量占总能源消费的比例在逐年递减，但短期内仍是我国主要能源来源。同时，天然气、水电、风电以及太阳能等可再生能源消费量所占比重则逐年增加，并且从可再生能源的消费情况看，中国的可再生能源消费量居于世界首位，其中，风电、光伏等新能源发电消费比重也逐年增长。总体来说，我国能源消费构成中，化石能源中煤炭处于主体性地位，石油和天然气对外依存度高；可再生能源消费占比在持续提升，能源消费结构在逐渐优化。

1.1.2 我国的可持续发展战略

"十三五"期间，我国能源发展取得了巨大成就，能源资源开发利用效率大幅提高，生态环境明显改善，节能降耗减排取得突出成效。然而，我国的能源利用效率、新能源利用与开发等方面与发达国家仍存在不小的差距。为此，我国的"十四五"规划指出，要继续加速生产生活方式绿色转型，优化能源资源配置、大幅提高能源利用效率，进一步降低单位国内生产总值能源消耗和二氧化碳排放，减少主要污染物排放总量，持续改善生态环境，使生态安全屏障更加牢固。同时构建新型能源体系，推进能源革命，建设清洁低碳、安全高效的能源体系，提高能源供给保障能力。为实现这一规划目标，需要加快发展新能源发电技术，坚持集中式和分布式并举，大力提升风电、光伏发电规模，加快发展东中部分布式能源，有序发展海上风电，进一步提升新能源占能源消费总量比重。

未来我国将致力于全面提高能源利用效率，积极发展风力发电、光伏发电等新能源发电技术，在保证优质、经济、清洁的能源供应的同时，将能源开发与利用给生态环境带来的负面影响降到最低，促进和谐发展。为此，我国将根据各类新能源资源的分布情况，因地制宜，多能互补，大力发展风电、光伏、燃料电池等具有大规模发展潜力的新能源发电技术。这将为我们实现可持续发展发挥关键作用。

1.1.3 新能源发电技术的发展

1. 实际电网的复杂特征

新能源发电系统所接入的交流电网往往存在三相电压不平衡、谐波电压畸变等非理想运行状态。当新能源发电系统运行于此类非理想电网下，会导致新能源发电系统运行性能下降，一方面新能源发电质量会有所下降，恶化电网安全稳定的可靠性能；另一方面恶劣的电能质量也会对新能源发电系统本身的安全运行造成威胁。我国电网对新能源并网系统的运行提出了明确的要求，例如对于风电机组，国标明确指出：由于电网线路阻抗的不对称，电网电压允许存在一定的不平衡分量，在这种情况下风电机组需要能够承受长期 2%、短时 4% 的电网电压不平衡，同时输出平衡电流。此外，由于电力电子装备在电力系统中的比例逐年增大，具有非线性工作特性的电力电子器件大量被使用，导致电网电压中除了不平衡分量之外，还会有一定的谐波分量。为确保电网安全稳定可靠运行以及新能源发电系统的运行安全性，我国建立了相应的新能源并网技术标准，要求新能源机组能承受一定的电网谐波电压，且对输出电流谐波分量有相应的要求。此外，实际中新能源发电系统可接入直流电网或交流电网，直流电网主要可分为基于电网换相换流器的常规高压直流系统、基于电压源型换流器的柔性直流输电系统和同样基于电压源型换流器的直流微电网，直流电网的运行特征也对接入的新能源发电系统提出了新的要求和挑战。针对新能源发电系统非理想电网条件下的运行控制方法研究，对新能源的推广有显著推动作用。

2. 故障穿越技术

新能源发电系统的故障穿越是指新能源发电机组能够成功穿越一定时间段内的一定程度的电网电压故障，保持风电机组在故障期间不脱网运行，避免大量机组脱网给电网安全带来负面影响甚至电网崩溃的危险。因此新能源发电机组必须具备故障穿越能力。在各种新能源发电机组中，风力发电故障穿越的问题具有重要的理论和实际意义，关系着风力发电的进一步发展，是风力发电大规模并网运行的关键技术之一。在众多的风力发电拓扑结构中，由于双馈风电机组具有的诸多优点和良好的运行性能，其一直占据着世界风电市场的主要份额，是国际风力发电机组研制的主流技术之一。然而，和其他结构的机组相比，双馈感应电机风电系统的故障穿越能力最具挑战性，主要是双馈感应电机定子绕组直接接入电网而导致的对电网故障尤其是电压故障特别敏感和有限的变换器容量造成的。因此，改善风电机组故障期间的暂态行为以满足现代电网所提的故障穿越要求正在成为广泛关注的焦点，具有重要的理论和实际意义。

新能源发电机组主要面对的电网故障包括电网频率故障和电网电压故障两大类别。其中电网电压故障根据故障后电网电压是否对称可划分为对称电压故障和不对称电压故障。电网中负序基波电压与正序基波电压之间的比例被称为不平衡度，对于不平衡度超过2%的故障通常被认为是不对称电压故障。对于不同类别的电网故障，各国规定了不同要求的新能源发电机组的故障穿越能力要求。

3. 稳定运行与振荡抑制技术

随着新能源发电机组大规模接入电网，新能源发电系统并网运行稳定性问题得到了广泛关注。基于电力电子技术的新能源发电系统大量接入，新能源设备与电网阻抗特性的不匹配会使得新能源设备与电网的互联系统存在振荡失稳风险。振荡现象会导致系统对新能源消纳能力下降甚至局部电网崩溃，其产生原因是新能源发电系统与电网所构成的互联系统稳定裕度不足。因此，需要对新能源发电并网运行系统进行稳定性分析，以确保互联系统具有足够的稳定裕度。

现有研究提出了多种针对风电并网系统振荡问题的理论分析方法，主要包括特征值分析法、幅相动力学分析法、阻抗分析法等。基于谐波线性化的阻抗建模是一种常用的新能源发电系统阻抗特性理论分析方法，可分析系统的稳定薄弱点、稳定裕度及失稳机理，为稳定运行与振荡抑制提供理论基础。阻抗分析法将互联系统视为新能源发电系统子系统与电网子系统，并获取两个子系统的阻抗模型，通过判断两者的阻抗比是否满足奈奎斯特稳定性判据，分析系统的稳定性。由于阻抗分析法只需要基于系统的端口特性来判断系统的稳定性，而不需要知道系统内部的详细信息，因此实际应用较为简便。目前，阻抗分析法已广泛应用于各类新能源发电系统接入后系统的稳定性分析，而准确获取新能源发电系统的阻抗特性是稳定性分析中的重要环节。

振荡抑制技术则通过修改新能源发电系统的阻抗特性来将失稳的系统恢复至稳定运行，或用于提升薄弱点的稳定裕度。目前常用的振荡抑制方法有优化控制参数与阻抗重塑技术。

4. 储能技术

随着新能源发电系统大规模接入电网，风电、光伏等新能源占比持续提升，这将造成两大挑战：①发电侧间歇性、波动性加大，发/用电失衡概率大幅提升；②电力系统可调容量、惯量下降，系统应对失衡的能力弱化。储能是实现高比例新能源接入后，电力系统保持安全稳定运行的重要选择。

储能能够为电网运行提供调峰、调频、备用、黑启动、需求响应支撑等多种功能，是提升传统电力系统灵活性、经济性和安全性的重要手段；储能能够显著提高风、光等可再生能源的消纳水平，支撑分布式电力及微网，是推动主体能源由化石能源向可再生能源更替的关键技术；储能能够促进能源生产消费开放共享和灵活交易、实现多能协同，是构建能源互联网，推动电力体制改革和促进能源新业态发展的核心基础。近年来，我国储能呈现多元发展的良好态势：抽水蓄能发展迅速；压缩空气储能、飞轮储能，超导储能和超级电容，铅蓄电池、锂离子电池、钠硫电池、液流电池等储能技术研发应用加速；储热、储冷、储氢技术也取得了一定进展。国家针对储能的发展也制定了商业化、规模化和市场化发展的明确规划。

1.2 风力发电

1.2.1 风力发电概述

早在公元前，人类就以磨面、舂米、风帆船舶等形式利用风能。埃及人的风帆船、中国人的木帆船、古波斯人的垂直轴碾米风车、伊斯兰人的提水风车及 11 世纪在中东得到广泛应用的风车，无一不是人类利用风能的典型例子。从 14 世纪起，风车就成为了欧洲不可缺少的原动机，被先后用来汲水、榨油和锯木。1891 年，丹麦教授 Paul La Cour 在阿斯科夫市建造风力发电实验站，通过风电机组电解水用来制造氢，并得到了推广和应用。20 世纪 30 年代，为了提高风能利用率并降低成本，以美国、丹麦、法国和德国为代表的欧美国家开始研制中大型风电机组。20 世纪 70 年代爆发了两次全球性石油危机，人们开始意识到能源紧缺的到来，纷纷开始寻求新的可替代能源。从此，风能的开发利用也开始重新受到重视，风力发电以其费用低廉、可再生及洁净无污染的优势进入了商业化的提速发展阶段。20 世纪 90 年代，面对全球能源危机和温室效应的威胁，世界各国纷纷加强对可再生能源发展的政策扶持，推进着大型兆瓦级风电机组和风电场并网技术的日益成熟，使得风电产业进入了飞速发展阶段。

近年来，全球风电市场规模大幅度扩大、累计总装机容量迅速增长。随着风电技术和装备水平的快速发展，风电已经成为目前技术最为成熟、最具规模化开发条件和商业化发展前景的新能源。中国、丹麦、美国、欧盟等国家或组织都提出了坚持发展风力发电的相关政策与发展规划。可以说，加快风电产业发展、提高风电在整个电力中的比例已成为世界各主要经济体保障能源安全和保护环境的战略抉择。

自从我国提出大力发展可再生能源起，我国的风电装机容量始终保持高速增长。与此同时，随着技术的不断进步，我国的风电利用率也有显著提升。近年来，由于我国陆上风电的建设技术已日趋成熟，加之海上风电资源更为丰富，国家风电发展政策逐渐向海上发电倾斜。与此同时，我国风电市场集中度稳步提升，在各大整机制造商中，新疆金风科技股份有限公司、远景能源有限公司、明阳智慧能源集团股份公司稳居前三，占据了超过一半的市场份额。综上所述，风电行业发展趋势是不可逆转的，风电行业虽然在短期内面临不确定因素，但是鉴于目前风力发电量占总发电量比例依旧很低，仍然具备极大的发展空间。

尽管近年来中国新增装机和累计装机两项数据均居世界第一，但随着新能源产业的快速发展，许多深层次、系统性的矛盾和问题逐步显现出来。除设备产能过剩和质量问题、风电机组吊装后不能及时投产等问题外，风电的送出消纳问题始终困扰着从业人员，干扰并影响风电产业的健康发展。迄今为止，新能源仍然被看作是补充能源，仅仅在满足用电需求增量上考虑问题，而没有形成新能源要替代化石能源的共识，表现在现行的电力运行调度方式，不适应新能源电力并网或直接消费的新形势和新情况，导致风电弃风限电现象严重。

技术进步是新能源产业的核心生命力。近年来，我国新能源产业的技术水平有了长足进步，但是相对于传统化石能源，成本仍较高，还需要政府补贴。高额的补贴将会推高全社会的用能成本，降低国民经济整体竞争力，同时也压缩了新能源产业的发展空间。解决这个问题，迫切需要通过相关产业的技术进步，尽快降低新能源发电的成本。

1.2.2 风力发电原理及分类

1.2.2.1 风力发电基本原理

风力发电系统主要由风力机、传动装置、发电系统、控制系统等部分组成，其结构原理如图 1-1 所示。风力机可将气流的动能转为机械能，是风力发电的必要条件之一。风力机有水平轴与垂直轴两种，在实际风力发电系统中，普遍采用水平轴风力机，其通常由风轮、塔架、机舱等部分组成，其中风轮由叶片和轮毂组成，是风力机捕获风能的部件；塔架作为风力机的支撑结构，可保证叶片能在具有较高风速的位置运行；机舱内有传动装置、控制系统及发电机等。

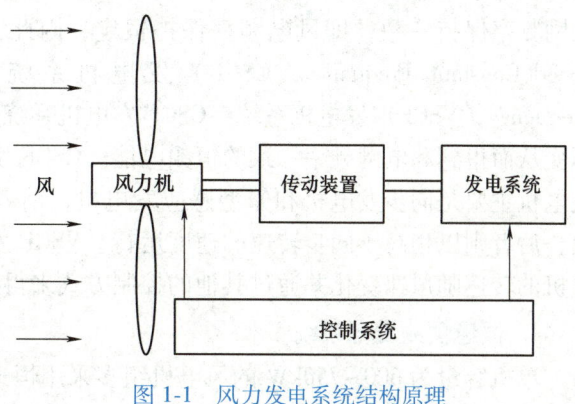

图 1-1 风力发电系统结构原理

风力机是将风能转化为机械能的关键部件，当风吹向风力机叶片时，空气流动的动能作用于叶片上，进而推动叶片旋转并带动发电机发电。风力机利用风能转化成的机械功率为

$$P_m = \frac{1}{2} C_p \rho v_1^3 A \tag{1-1}$$

式中　P_m——机械功率；

　　　C_p——风能利用系数；

　　　ρ——空气密度，单位是 kg/m³；

　　　v_1——瞬时风速，单位是 m/s；

A——桨叶扫过的面积,单位是 m^2。

风能利用系数 C_p 是叶尖速比 λ 和叶片桨距角 β 的函数。叶尖速比 λ 是风轮叶片尖端线速度与风速的比值,叶片越长,或叶片旋转速度越快,则相同风速下的叶尖速比就越大;桨距角 β 是叶素弦长(即翼型的前后缘连线)与风轮旋转平面的夹角。通过调节桨距角,可以控制风力机叶轮的风能功率,在风速低于额定风速时,桨叶节距角 $\beta=0°$,通过变速恒频装置,风速变化时改变发电机转子转速,使风能利用系数恒定在最大值 C_{pmax},捕获最大风能;在风速高于额定风速时,调节桨叶节距角从而减少叶轮输入功率,使发电机输出功率稳定在额定功率。

风力机的机械输出功率与风力机的利用系数、风力机的扫风面积有关,与空气密度以及风速的三次方成正比。在桨距角 β 固定时,对应于风力机的最大风能利用系数,有一个最佳叶尖速比 λ_m。为了使风力机在不同风速下都有最高的风能利用系数,需要随着风速变化时刻进行变速控制,以保证处于最佳叶尖速比 λ_m 运行,从而实现最高的风能利用率。

1.2.2.2 风力发电系统的分类

风力发电系统是在将风能转化为机械能的过程中,机械、电气及其控制设备的组合。根据其是否接入电网,风力发电系统可以分为并网型风力发电系统与离网型风力发电系统。为使离网型风力发电系统能够提供稳定的电力,可配备储能单元,即将风力发电机组输出的电能存储起来,供给用户使用。通常离网型风力发电系统容量较小,常在偏远地区或特殊应用上使用,占风力发电系统比例较小。并网型风力发电系统与电网连接,并向电网输送电能,风力发电系统大都是并网型风电机组。当风力发电机组与电网并联运行时,要求风电频率和电网频率保持一致,即风电频率保持恒定,因此,风力发电系统分为恒速恒频(Constant Speed Constant Frequency,CSCF)发电机系统和变速恒频(Variable Speed Constant Frequency,VSCF)发电机系统。CSCF 发电机系统是指在风力发电过程中保持发电机的转速不变从而得到和电网频率一致的恒频电能。CSCF 发电机系统一般来说比较简单,所采用的发电机主要是同步发电机和笼型感应发电机,前者运行于电机极数和频率所决定的同步转速,后者则以稍高于同步转速的速度运行。VSCF 发电机系统,是指在风力发电过程中,发电机的转速随风速变化并通过其他的控制方式来得到和电网频率一致的电能。

1. 恒速恒频发电系统

单机容量为 600~750kW 的风电机组多采用恒速运行方式,这种机组控制简单,可靠性好,大多采用制造简单、并网容易、励磁功率可直接从电网中获得的笼型异步发电机。恒速风电机组主要有两种类型:定桨距失速型风力机和变桨距风力机。定桨距失速型风力机利用风轮叶片翼型的气动失速特性来限制叶片吸收过大的风能,功率调节由风轮叶片来完成,对发电机的控制要求比较简单。这种风力机的叶片结构复杂,成型工艺难度较大。而变桨距风力机则是通过风轮叶片的变桨距调节机构控制风力机的输出功率。由于采用的是笼型异步发电机,无论是定桨距还是变桨距风力发电机,并网后发电机磁场旋转速度由电网频率所固定,异步发电机转子的转速变化范围很小,转差率一般为 3%~5%,属于恒速恒频风力发电机,如图 1-2 所示,其主要优点是:结构简单、造价较低、可靠性高。然而,恒速恒频风力发电系统也存在以下缺点:①风力机转速不能随风速而变,从而降低了对风能的利用率;②当风速突变时,巨大的风能变化将通过风力机传递给主轴、齿轮箱和发电机等部件,在这些部件上产生很大的机械应力;③并网时可能产生较大的电流冲击;④不能有效控制无功功率,需要额外补偿无功。目前的恒速机组,大部分使用异步发电机,在发出有功功率的同时,还需要消耗无功功率(通常是安装电容器,以补偿大部分消耗的无功功率)。鉴于以上恒速恒频风力发电系统存在的缺点,恒速恒频风力发电系统已逐步被变速恒频风力发电系统取代而退出了主流市场。

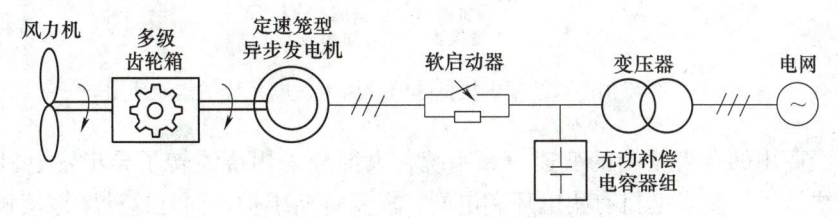

图 1-2　恒速恒频风力发电系统结构原理图

2. 变速恒频发电系统

利用变速恒频发电方式,风力机就可以改为变速运行,这样就可能使叶片的转速随风速的变化而变化,使其保持在一个恒定的最佳叶尖速比,使风力机的风能利用系数在额定风速以下的整个运行范围内都处于最大值,从而可比恒速运行获取更多的能量。尤其是这种变速机组可适应不同的风速区,大大拓宽了风力发电的地域范围。即使风速跃升时,所产生的风能也部分被风轮吸收,以动能的形式储存于高速运转的风轮中,从而避免了主轴及传动机构承受过大的转矩及应力。在电力电子装置的调控下,将高速风轮所释放的能量转变为电能,送入电网,从而使能量传输机构所受应力比较平稳,风力机组运行更加平稳和安全。同时,变速恒频风电机组能精确控制功率因数,甚至向电网输送无功功率,改善系统的功率因数。风力发电机变速恒频控制方案有多种形式,例如:笼型异步发电机变速恒频风力发电系统、交流励磁双馈发电机变速恒频风力发电系统、直驱全功率型变速恒频风力发电系统等,下面将一一介绍。

(1) 笼型异步发电机变速恒频风力发电系统

该系统采用的发电机为笼型转子,其变速恒频控制策略是在定子电路实现的。由于风速是不断变化的,导致风力机以及发电机的转速也是变化的,所以实际上笼型风力发电机发出的电是频率变化的,通过定子绕组与电网之间的变频器把变频的电能转化为与电网频率相同的恒频电能。尽管实现了变速恒频控制,具有变速恒频的一系列优点,但由于变频器在定子侧,变频器的容量需要与发电机的容量相同,增加了变流系统的成本和体积。

(2) 交流励磁双馈发电机变速恒频风力发电系统

交流励磁双馈式变速恒频风力发电系统常采用的发电机为转子交流励磁双馈发电机,其结构与绕线式异步电机类似。由于这种变速恒频控制方案是在转子电路实现的,流过转子电路的功率是由交流励磁发电机的转速运行范围所决定的转差功率,该转差功率仅为定子额定功率的一小部分,所需的双向变频器的容量仅为发电机容量的一小部分,这样该变频器的成本以及控制难度大大降低。因此,交流励磁双馈型风力发电系统是当前风电机组的主流机型,其结构如图 1-3 所示。

这种采用交流励磁双馈发电机的控制方案除了可实现变速恒频控制,减少变频器的容量外,还可实现有功、无功功率的灵活控制,对电网而言可起到无功补偿的作用。

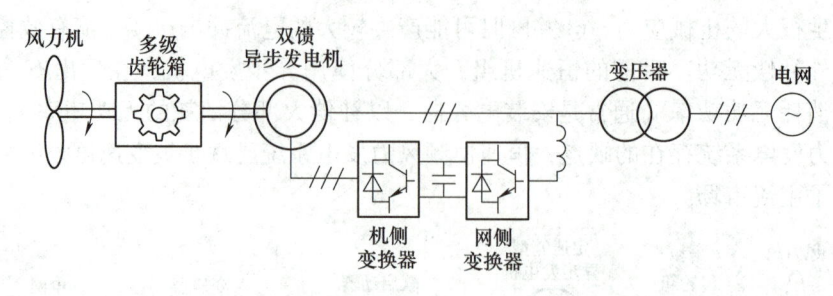

图 1-3　交流励磁双馈发电机变速恒频风力发电系统结构原理图

目前已经商用的有齿轮箱的变速恒频系统,大部分采用绕线转子异步发电机作为发电机,由于绕线转子异步发电机有集电环和电刷,需要定期维护,而且这种摩擦接触式结构在风力发电恶劣的运行环境中较易出现故障,是影响机组可靠性的重要因素。而无刷双馈电机定子有两套级数不同绕组,转子为笼型结构,无须集电环和电机,可靠性高。这些优点都使得无刷双馈电机成为当前研究的热点,但是目前这种电机在设计和制造上仍然存在着一些难题。

(3) 直驱全功率型变速恒频风力发电系统

近几年来,直接驱动技术在风电领域得到了重视。这类风力发电系统是将发电机定子通过与发电机功率相同的交-直-交全功率变流器连接并入电网,从而实现变速恒频发电运行,由于这类风力发电系统的发电机与电网无直接连接,因此有较好的电网适应性。直驱型变速恒频发电系统又可分为无齿轮箱的低速发电机的全功率直驱型设计与有齿轮箱的高速发电机的全功率设计。

其中采用低速发电机的直驱型变速恒频风力发电系统结构如图 1-4 所示。这种风力发电机组采用多极发电机与叶轮直接连接进行驱动的方式,从而免去了齿轮箱

图 1-4　直驱型变速恒频风力发电系统结构原理图

这一传统部件,由于其具有很多技术方面的优点,特别是采用永磁发电机技术,其可靠性和效率更高。直驱型变速恒频风力发电系统的发电机多采用永磁同步发电机,其转子为永磁式结构,无需外部提供励磁电源,提高了效率。其变速恒频控制也是在定子电路中实现的,把永磁发电机发出变频的交流电通过变频器转换为与电网同频的交流电,因此,变频器的容量与系统的额定容量相同。采用永磁发电机可做到风力机与发电机的直接耦合,省去了齿轮箱,即为直接驱动式结构,这样可大大减少系统运行噪声,提高可靠性,并降低系统成本。

(4) 混合式变速恒频风力发电系统

混合式变速恒频发电系统,也叫半直驱型变速恒频发电系统(其结构见图 1-5)。由于直驱式风力发电系统不仅需要低速、大转矩发电机而且需要全功率变流器,为了降低发电机设计难度,采用一级齿轮箱传动设计的混合型变速恒频风力发电系统得到实际应用。混合式变速恒频风力发电系统最大限度地克服了低速发电机和多级齿轮传动的不足,其发电机多采用永磁同步发电机,有效减小发电机和齿轮箱的体积与重量,并提高了发电机的运行效率。

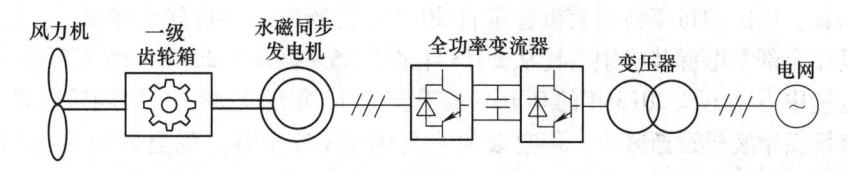

图 1-5 混合式变速恒频风力发电系统结构原理图

综上所述，从结构上来看，风力发电机组可分为机械、电气与控制三大部分，然而风力发电系统的高性能运行离不开电力电子技术的支撑，借助电力电子功率变换技术可以实现风力发电机组电气和控制两大部分的优化。

1.3 光伏发电

1.3.1 光伏发电概述

光伏发电是太阳能发电的一种，是利用半导体界面的光生伏打效应将光能直接转变为电能的一种技术。这种技术的关键元件是太阳能电池，太阳能电池经过串联后进行封装保护可形成大面积的太阳能电池组件，再配合上功率控制器等部件就形成了光伏发电装置。

光伏发电系统主要由太阳能电池板（组件）、控制器和逆变器三大部分组成，它们主要由电子元器件构成，不涉及机械部件，所以光伏发电设备具有可靠、稳定、寿命长、安装维护简便等优点。理论上讲，光伏发电技术可以用于任何需要电源的场合，上至航天器，下至家用电源；大到兆瓦级电站，小到玩具，光伏电源可无处不在。太阳能光伏发电的最基本元件是太阳能电池（片），有单晶硅、多晶硅、非晶硅和薄膜电池等。

光伏发电没有中间转换过程，发电形式极为简洁，发电过程不消耗资源，不排放温室气体、废气和废水，环境友好；没有机械旋转部件，不存在机械磨损，无噪声，发电不用冷却水；发电设备既能在无水的荒漠地带安装，也可安装在城市的屋顶和墙面，不单独占地，模块化结构，规模大小随意，运行维护和管理简单，可实现无人值守，维护成本极低。特别是太阳能取之不尽，用之不竭；光伏电池制造所需的硅资源在地壳中的含量高达 26%，没有资源短缺和耗尽问题。光伏发电是极具发展前景的发电技术，也是太阳能利用的重要形式。近年来，全球光伏产业发展迅速，到 2021 年年底，全球光伏发电容量已超过 9.42 亿 kW，光伏发电的竞争力不断提高，已成为全球最受重视的新能源发电技术。

我国光伏发电行业于 21 世纪初起步，近 20 年间经历了从无到有、且从有到强的发展历程，现已成为世界光伏发电行业的佼佼者。我国的光伏发电的发展可以分为四个阶段：第一阶段是在 2009 年前的光伏事业发展初期，该时期光伏市场发展缓慢，在这一阶段中国光伏行业主要为电池和组件的加工出口，其自身装机规模小并且没有明确的光伏政策支持，因此光伏发电的每年新增装机规模小，在全国全部发电源装机中所占比例小于 1%；第二阶段是 2010—2012 年，受金太阳示范工程政策的影响，我国的光伏发电行业开始步入市场化的进程，发展速度得到显著提升，2012 年新增装机容量比 2010 年增长了 7 倍；第三阶段是 2013—2017 年，在这一阶段，受光伏标杆电价补贴政策的支持，我国的光伏发电每年新增装机容量迅速增加，从 2013 年的 12.92GW 增加到 2017 年的 53.06GW，年均增速超过 40%，从国际市场看，中国的每年新增装机容量自 2013 年起连续五年位居全球第一，国内市场光伏累计装机在全部发电源装机中占比从 2013 年的 1.26% 提升至 2017 年的 7.33%，其发电量在全部发电量中占比也从 2013 年的 0.16% 提升至 2017 年的 1.49%；第四阶段是 2018 年至今，光伏市场新增装机逐渐减少，但总装机容量仍在不断上升。截至 2021 年年底，中国光伏发电累计装机达到 3.06 亿 kW。

作为我国的国家战略产业，光伏发电技术是实现我国乃至全世界人类可持续发展的重要技术。如今我国的光伏事业蓬勃发展，预计未来的光伏装机容量仍会逐渐上升。并且，有关光伏发电技术的研发投入力度将不断加大、生产工艺不断改进，光伏产品将向着高能量转换效率、低生产成本的方向继续发展，因此国内的光伏产业仍旧会有较大的发展潜力。此外，我国的光伏产业市场也将会出现一些变化，光伏市场将会从西部向中东部地区转移，光伏电站也将由大型集中式电站转向分布式光伏电站，分布式光伏电站的规模将会迅速扩大，这也将会成为新的关注点与成长点。

1.3.2 光伏发电原理及分类

1.3.2.1 光伏发电原理

光伏发电的主要原理是半导体的光生伏打效应，光生伏打效应也称光伏效应，是指半导体在受到光照射时产生电动势的现象。这种技术的关键元件是太阳能电池，太阳能电池经过串联后进行封装保护可形成大面积的太阳能电池组件，再配合上功率控制器等部件就形成了光伏发电装置。

传统的光伏电池由 p 型半导体和 n 型半导体组成，当半导体吸收能量大于其带隙能量的光子时，电子从价带跃迁到导带，产生电子-空穴对，产生的电子和空穴会扩散到 p 型和 n 型半导体的接触界面，并在内建电场的作用下分离，电子向 n 型半导体移动，空穴向 p 型半导体移动，从而使得 n 区有过剩的电子，p 区有过剩的空穴，在 p-n 结附近形成与内建电场方向相反的光生电场，当在 p 型半导体和 n 型半导体之间接通负载时，电子将在外电路中流动，从而产生电流。由于作为太阳能电池材料的半导体元素需要有较高的发电效率、绿色环保、成本较低便于工业化生产，因此常用作太阳能电池的半导体材料是硅。

光伏板阵列是光伏系统的重要组成部分。在有光照情况下，光伏板吸收光能，两端出现异号电荷的积累，即产生"光生电压"，这就是"光生伏打效应"。在光生伏打效应的作用下，太阳能电池的两端产生电动势，将光能转换成电能，是能量转换的器件。太阳能电池一般为硅电池，分为单晶硅太阳能电池、多晶硅太阳能电池和非晶硅太阳能电池三种。

逆变器是将直流电转换成交流电的设备。由于太阳能电池和蓄电池是直流电源，而负载是交流负载时，逆变器是必不可少的。逆变器按运行方式，可分为独立运行逆变器和并网逆变器。独立运行逆变器用于独立运行的太阳能电池发电系统，为独立负载供电；并网逆变器用于并网运行的太阳能电池发电系统。

为描述光伏发电系统的输出特性，定义光伏发电系统的输出电压为 U_L，输出电流为 I_L，U_L-I_L 即为光伏发电系统的输出特性，其数学关系可由下式表示：

$$U_L = \frac{AKT}{q}\ln\left(\frac{I_{sc} - I_L}{I_{D0}} + 1\right) \tag{1-2}$$

式中 A——常数因子，且正偏电压大时 $A=1$，正偏电压小时 $A=2$；

K——玻尔兹曼常数，且 $K=1.38\times10^{-23}$ J/K；

T——温度；

q——电子电荷，且 $q=1.6\times10^{-19}$ C；

I_{D0}——太阳能电池在无光照时的饱和电流；

I_{sc}——光子在太阳能电池中激发的电流，其大小取决于光照强度，即辐照度、电池面积和温度。

上述 U_L-I_L 的定量关系所定义的太阳能电池输出特性是光伏发电系统设计的重要基础。辐照度和温度是确定太阳能电池输出特性的两个重要参数，固定两者中的一个，并改变另一个参数就可以得到太阳能电池输出随负载变化的两个重要的输出特性，该特性反映了太阳能电池的输出随辐照度和温度的变化趋势。太阳能电池的输出特性表现为，太阳能电池是一个非线性直流电源：当太阳能电池的电压随负载电阻的增加从 0 开始增加时，首先太阳能电池的输出功率逐渐增大并在电压达到某个值时达到最大值；随后若负载电阻继续增大，输出功率将会逐渐减少至 0，此时太阳能电池的输出电压也叫开路电压。太阳能电池输出功率达到最大值的点称为最大功率点，需要在不同的工作环境下，使得太阳能电池始终保持在最大功率点，从而最大限度地提高光伏发电系统的输出功率。故需要在理论和实践中研究太阳能电池的最大功率点追踪（Maximum Power Point Tracking，MPPT）技术，通常通过电力电子变换实现 MPPT 控制。常见的太阳能电池 MPPT 方法有功率匹配电路、扰动观察法、滞环比较法、实际测量法和二次插值法等。

1.3.2.2 光伏发电系统分类

按照光伏发电系统是否与电网连接，可分为与电网连接的并网光伏系统和独立运行的离网型光伏系统。其中，并网光伏系统按照其并网电压等级、规模和安装特征等，还可以分为集中式光伏发电系统和分布式光伏发电系统。目前，全球主流的应用方式是并网光伏发电，即太阳能电池与电网相连，并向电网输送电能。离网光伏发电系统不与电力系统相连，一般用于偏远无电地区供电，或作为备用电源使用。以下对几种光伏发电系统进行简要介绍。

1. 集中式并网光伏系统

集中式并网光伏电站通常具有较大的容量与规模，离负载点较远，所发电量全部输入电网，并由电网统一调配给用户使用，一般通过中高压输电线路供给远距离负荷。在集中式并网光伏发电系统中，由多组光伏组件串并联构成的光伏阵列通过汇流箱与大功率集中式光伏逆变器相连，光伏逆变器实现光伏阵列的 MPPT 控制，并将光伏阵列输出的直流电转换为交流电，再经过升压变压器传输给高压电网。

集中式大型并网光伏电站通常建设在荒漠等空旷地方，其灵活的选址增加了光伏效率的稳定性，太阳辐射利用率较高。与分布式光伏相比，集中式并网光伏系统还具有灵活的运行方式，集中式光伏电站可以更好地进行无功和电压控制，更容易实现电网频率的调节。此外，集中式并网光伏电站极大缩短了建设周期，适应环境能力强，无需水源、燃料运输等原料保障，降低了运行成本，有利于集中管理和维护；又因空间限制小，便于实现扩容。

集中式并网光伏电站的缺点主要在于：①送电入网需要依赖长距离的输电线路，且电网本身是一个较大的干扰源，在此过程中，较容易出现输电线路的损耗、电压跌落、无功补偿等问题；②大容量的光伏电站是由多台变换装置组合实现的，目前统一管理这些设备的协同工作技术尚不成熟；③电网安全的保证、集中式并网光伏的大容量接入都需要有低电压穿越等新功能，这一技术与孤岛效应产生冲突，无法一起使用。

2. 分布式并网光伏系统

分布式并网光伏发电特指采用光伏组件，将太阳能直接转换为电能的分布式发电系统。它是一种新型的、具有广阔发展前景的发电和能源综合利用方式，倡导就近发电、就近并网、就近转换、就近使用的原则，不仅能够有效提高同等规模光伏电站的发电量，同时还有效解决了电力在升压及长途运输中的损耗问题。分布式并网光伏发电系统主要基于厂区、公用建筑表面、户用屋顶以及其他分散空闲场地。该类项目必须接入公共电网，与公共电网一起为附近的用户供电。

分布式并网光伏发电具有以下特点：

1）输出功率相对较小。一般而言，一个分布式并网光伏发电项目的容量在数百千瓦以内。与集中式电站不同，光伏电站的大小对发电效率的影响很小，因此对其经济性的影响也很小，小型光伏系统的投资收益率并不会比大型的低。

2）污染小，环保效益突出。分布式并网光伏发电项目在发电过程中，没有噪声，也不会对空气和水产生污染。

3）可以发电与用电并存。大型地面电站发电是升压接入输电网，仅作为发电电站而运行；而分布式并网光伏发电是接入配电网，发电与用电并存，且要求尽可能地就地消纳。并且其自给自足的发电运行模式可减少对电网的依赖程度，从而减轻对线路的损害，降低损耗。

4）安装在建筑物表面或屋顶的分布式并网光伏系统，实现了一地两用，有效减少了光伏系统的占地面积，是今后大规模光伏发电的重要形式。

3. 离网型光伏发电系统

离网型光伏发电系统是一种不与电网相连的独立光伏发电系统，广泛应用于偏僻山区、无电区、海岛、通信基站和路灯等应用场所。其设计容量一般不大，通常在100kW以内。

离网型光伏发电系统由太阳能电池方阵、蓄电池组、充放电控制器、逆变器、交流配电柜、太阳跟踪控制系统等设备组成。其工作的基本过程是：白天，在光照条件下，太阳能电池组件产生一定的电动势，通过组件的串、并联形成太阳能电池方阵，使得方阵电压达到系统输入电压的要求，再通过充放电控制器对蓄电池进行充电，将由光能转换而来的电能贮存起来；晚上，蓄电池组为逆变器提供输入电，通过逆变器的作用，将直流电转换成交流电，输送到配电柜，由配电柜的切换作用进行供电。蓄电池组的放电情况由控制器进行控制，保证蓄电池的正常使用。光伏电站系统还应有限荷保护和防雷装置，以保护系统设备的过负载运行及免遭雷击，维护系统设备的安全使用。

1.4 储能

1.4.1 储能概述

随着新能源的大规模开发与利用，以及人们对电能的多样性和可靠性要求逐渐提高，电力从生产至消费的各个环节都正经历着深刻变革。储能技术及系统，打破了传统电力系统中电力实时平衡的瓶颈，显著增强了电力系统的灵活性，进而直接推动着原本以化石能源为主的电力架构逐步转变为以新能源为主的电力架构，并使得这一进程不断深入。

相较于其他形式的储能技术，电池储能系统具备多样化的控制特性和较为丰富的集成方式。这一方面能够从不同方面满足电力系统和消费者的需求，进而受到广泛关注；另一方面电池储能集成技术的研究也直接推动了储能行业的发展，成为储能大规模应用与普及的关键技术之一。下面将对储能技术的发展现状做简单概述。

根据中关村储能产业技术联盟全球储能项目库的不完全统计，2021 年中国新增储能装机为 7397.9MW，累计装机已经达到 43.44GW。在电力储能中，抽水蓄能是较为传统的储能方式，而电化学储能等属于新型储能方式。从 2021 年中国储能市场结构看，抽水储能累计装机规模达到 37.57GW，占比超 86%，而电化学储能累计装机规模达到 5.12GW，占比达到 11.8%。在电化学储能中，锂离子电池占比达到 91%。

随着国家能源转型的不断深入和对电力系统灵活性要求的不断提高，储能将继续保持强劲的增长趋势，并已经成为各国实现能源战略目标的关键技术。随着全球对清洁电力的不断追求，以风电、光伏为代表的新能源发电比例正迅速提高。而风能、太阳能的随机波动性对以化石能源为主的传统电力系统在消纳能力、灵活性与安全性方面都提出了挑战。电力系统在面对负荷随机波动的同时，也将不得不把新能源作为一种波动负荷进行平衡，通过调度常规电厂运行出力、增加热备用常规机组容量的方式来保障新能源发电的送出与消纳。

新能源配合储能系统能够增强新能源发电的稳定性、连续性和可控性，使得电力系统获得了更快速、灵活的瞬时功率平衡能力，也使得新能源具备了能够向电网提供稳定性支撑的能力，是实现电网高比例新能源发电的必要支撑技术。具体体现在以下方面：

1. 可支撑大规模集中新能源并网接入

在一些电网建设较为薄弱的系统末端，由于新能源出力的波动性会对电力系统的稳定运行产生危害。通过配置相应容量的储能系统，根据指令进行快速动态能量吸收或释放，能够平抑新能源出力波动，降低对电能质量的影响；结合新能源场站功率预测系统，可以有效提高新能源跟踪发电计划的能力，减少对热备用机组容量的需求，避免出现弃光、弃风等现象；主动向电网提供系统阻尼，参与电网电压控制，抑制振荡。

2. 提高分布式新能源的高效利用与友好接入

利用储能系统实现新能源发电在时间上的迁移，更好地迎合负荷需求，实现就近消纳；削减等效负荷峰值，提高电网线路与设备利用率，优化资源配置成本，增强了电网对新能源的接纳与传输能力。

3. 提高新能源对电网提供支撑服务和实现故障穿越的能力

储能系统的配置与先进控制算法的应用使得新能源电站能够具备和常规机组类似的参与 AGC、一次调频与调峰能力；更使得新能源电站能够在电网故障情况下，不会出现随意脱网，而是能够按照电网规定和需要提供一定的无功支持帮助电网恢复正常。

储能与各种传统及智能化控制技术与理论相融合，使得传统的电力系统理论有了更广阔的应用空间，也具有了更丰富的调控手段；与传统的电力系统设备的协同应用，提升了旋转发电机组的动态性能，对电能质量治理装置和继电保护装置的应用提出了新的技术要求。

与先进数字化、智能化技术相融合，成为智能电网建设的关键一环。大数据云计算、神经网络、数字镜像等先进技术，将进一步扩展储能系统的商业运行模式，构建如"共享储能""虚拟电厂"等新兴的储能系统应用领域，也为储能系统内部设备的故障预警与诊断、寿命预测与管理等提供了更有效的技术手段。

1.4.2 储能原理及分类

在能源的开发、转换、运输和利用过程中，能量的供应和需求之间往往存在着数量上、形态上和时间上的差异。为了弥补这些差异，有效地利用能源，常采取储存和释放能量的人为过程或技术手段，称为储能技术。储能技术可在能量富余时，利用特殊装置将能量储存，并在能量不足时释放出来，从而调节能量供求在时间和强度上的不匹配。尽管储能系统本身不节约能源，但是它们的引入能够提高能源利用效率，促进新能源的发展。

能量有多种形式，例如机械能、热能、化学能、辐射能、电磁能、核能等。因此能量的储存方法有很多，除辐射能外，其他几种形式的能量均可以储存在一些普通种类的能量形式中。下面将对五种常见的储能形式进行简要介绍。

1. 抽水蓄能

抽水蓄能是最成熟、也是使用最广泛的物理储能方式，其基本原理是：电网低谷时利用过剩电力将作为液态能量媒体的水从地标低的水库抽到地标高的水库，电网峰荷时地标高水库中的水回流到地标低水库推动水轮机发电机发电。

抽水蓄能属于大规模、集中式能量储存，技术相当成熟，主要用于电力系统的调峰、谷值补偿、调频、调相、应急备用等。抽水蓄能的释放时间可以从几小时到几天不等，其能量转换效率在70%~85%之间。其优势有负荷响应速度快（10%负荷变化需10s），从全停到满载发电约5min，从全停到满载抽水约1min；并且具有日调节能力，适合于配合核电站、大规模风力发电、超大规模太阳能光伏发电。但是，抽水蓄能电站的建设周期长，并且受地形的限制。当电站远离功耗区域时，传输损耗比较大。

2. 飞轮储能

飞轮储能是一种大功率、快响应、高频次、长寿命的机械类储能技术，适用于交通（轨道交通、汽车）、应急电源、电网质量管理（调频）等领域。飞轮储能是一项集成性技术，高速化、复合材料转子、内定外转结构是其未来发展方向。飞轮储能具有广阔的应用前景，但目前处于市场发展前期。

飞轮储能是一种源于航天的先进物理储能技术，是指利用电能驱动飞轮高速旋转，将电能转换为机械能，在需要的时候通过飞轮惯性拖动电机发电，将储存的机械能变为电能输出（即所谓的飞轮放电）的一种储能方式。飞轮储能具有功率密度高、效率高、寿命长、无污染等优点，但是其能量密度低，自放电率高，适用于高功率、短时间放电、频繁充放电的场景，例如不间断电源、能量回收、电网调频、微网调试、能源质量管理等。

3. 压缩空气储能

压缩空气储能是指在电网负荷低谷期将电能用于压缩空气，将空气高压密封在报废矿井、沉降的海底储气罐、山洞、过期油气井或新建储气井中，在电网负荷高峰期释放压缩空气推动汽轮机发电的储能方式。可在用电低谷时将空气压缩储存于储气室中，将电能转化为空气能存储起来；在用电高峰时释放高压空气，带动发电机发电。

压缩空气储能可应用于电力系统调峰、电力系统调频、可再生能源、分布式能源系统等领域，但是由于地形和地质条件，尚未得到广泛推广。随着能源革命的逐步深入，储能技术不断发展，大规模压缩空气储能示范项目陆续建成，压缩空气储能产业也将进入发展快车道。

4. 电池储能

电池储能是目前最成熟，也是最可靠的储能技术。根据所用化学物质的不同，可分为铅酸电池、镍氢电池、锂离子电池、燃料电池等。

铅酸电池技术已经成熟，可以成为大容量的存储系统，单位能耗成本和系统成本均较低，并且具有良好的安全性，可靠性和可重复使用性均很好。它也是当前最实用的能量存储系统，已被广泛用于中小型分布式发电系统中，但是由于铅酸电池的比能量较低，并且铅是重金属污染的源头，铅酸电池并不是未来的发展趋势。

镍氢电池与铅酸电池相比，能量密度有显著提升，其功率密度高、循环寿命较长、环保无污染。但是镍氢电池价格昂贵、高温性能差、工作电压低，并且该产品的性能不及锂电池，目前不能满足储能的要求，其经济性差，难以实现商业化应用。

锂离子电池具有比能量高、循环性能好、无记忆效应、环保无污染等优点，是目前主流发展的电池种类。近年来，锂离子电池的应用范围越来越广，广泛应用于水力、火力、风力和太阳能电站等储能电源系统，以及电动工具、电动自行车、电动摩托车、电动汽车、军事装备、航空航天等多个领域。

燃料电池是一种将储存在燃料中的化学能直接转化为电能的发电方式，属于氢能利用技术，具备高效、洁净等多种优点，已成为当今能源领域的开发热点。在其工作过程中，当化学燃料（例如氢）被输入到燃料电池的阳极、氧气或空气作为氧化剂被送入其阴极时，两者就会在燃料电池内部的电极与电解质界面上发生电化学反应，直接产生电能。燃料电池的优点有能量转换效率高、环境友好、噪声低、模块化水平高等，因此在民用与航天等领域都有不错的应用前景。

5. 氢储能

氢储能技术是利用了电-氢-电互变性而发展起来的，其基本原理就是将水电解得到氢气和氧气。在可再生能源发电系统中，电力间歇产生和传输被限的现象常有发生，利用富余的、非高峰的或低质量的电力大规模制氢，将电能转化为氢能储存起来；在电力输出不足时利用氢气通过燃料电池或其他方式转换为电能输送上网。能够有效解决当前模式下的可再生能源发电并网问题，同时也可以将此过程中生产的氢气分配到交通、冶金等其他工业领域中直接利用，提高经济性。

氢储能系统主要包括三个部分：制氢系统、储氢系统、氢发电系统。该系统基于电能链和氢产业链两条路径实现能量流转，提升电网电能质量与氢气的附加价值。

氢储能作为一种清洁、高效、可持续的无碳能源存储技术，是化学储能的延伸，具有能量密度高、运行维护成本低、存储时间长、无污染、与环境兼容性好等优点。同时，氢储能的功率、能量可独立优化，储电和发电过程无需分时操作，是一种理想的绿色储能技术。另外，氢储能相比化学电池储能方式具有容量增减适应性强、大容量、成本低等优势。因此，氢储能将成为解决电网调峰和"弃风/弃光"等问题的重要手段。

储能系统可以依照储能密度、放电功率及储存时间来加以分类，这3个参数最终决定其储能能力。各类不同的储能系统，其应用范围也不尽相同，无论是从储能密度还是从储存时间来说，氢储能都有着绝对的优势，尤其适用于大规模储能中。

氢储能相较于其他储能方式的劣势在于能源转化效率低、投资成本高。目前氢储能的整体电-氢-电的能量效率仅为30%左右，能量损失高于其他常用的储能技术。

氢储能技术是极具发展潜力的规模化储能技术，该技术可用于可再生能源消纳、电网削峰填谷、用户冷热电气联供、微电网等诸多场景。

1.5 本章小结

本章介绍了我国能源现状及新能源发电技术的发展背景与实际意义，并对新能源发电技术的发展现状与未来发展趋势进行探讨。阐述了风力发电、光伏发电及储能等关键新能源发电技术的发展现状与基本原理，同时为后续章节对各项新能源发电技术的详细介绍作铺垫。

思 考 题

1. 光伏发电系统按并网方式可分为哪几种？
2. 简述我国能源消费与生产结构的特点。
3. 简述双馈风力发电和永磁风力发电系统的异同。
4. 简述电池储能与氢储能的优点。

第 2 章　网侧变流器控制技术

在太阳能光伏发电系统、变速恒频风力发电系统、储能系统等新能源发电系统中，由于其最终都要实现并网发电运行，因此网侧变流器的控制策略是新能源发电系统并网控制的关键。网侧变流器通常是三相电压型两电平 PWM 整流器，其主要优点有：①功率可以双向流动；②输入电流为正弦波形且谐波含量少；③功率因数灵活可调；④在电网电压固定的情况下可以获得大小可调的直流电压。新能源发电系统中网侧变流器的基本控制思想就是通过调节变流器交流侧输出电压的幅值和相位来控制其三相并网电流的幅值和相位，进而实现有功和无功功率的控制。

为了实现网侧变流器的并网运行控制，通常需要在控制环节中加入锁相同步环节获取准确的电网相角信息，因此锁相环的性能也将直接影响网侧变流器的控制效果。然而，新能源接入的电网通常呈现低短路比弱电网特性，并网点电压容易存在不平衡及谐波等电能质量问题，同时会因为负荷变化或者系统短路等原因引起电网频率、相位的突变，在这些非理想场景下若要保持新能源发电系统不脱网运行，其控制策略仍然依赖于锁相环所提供的并网点电压幅值和相位信息，同时也需要保证变流器输出电流能精准跟踪指令值。

根据上述网侧变流器控制技术的要求，本章将针对网侧变流器建立数学模型，分析其工作原理并设计有效的控制策略，在此基础上还将概述锁相同步方式和高精度电流跟踪控制方法。

2.1　网侧变流器数学模型

2.1.1　三相静止坐标系下网侧变流器数学模型

网侧变流器主电路如图 2-1 所示，图中，u_{ga}、u_{gb}、u_{gc} 分别为三相电网的相电压；i_{ga}、i_{gb}、i_{gc} 分别为网侧变流器的三相输入电流；v_{ga}、v_{gb}、v_{gc} 分别为网侧变流器的三相交流侧相电压；V_{dc} 为直流母线电压；i_{load} 为直流侧的负载电流；主电路拓扑中的 L_{ga}、L_{gb}、L_{gc} 分别为每相进线电抗器的电感；R_{ga}、R_{gb}、R_{gc} 分别为包括电抗器电阻在内的每相线路电

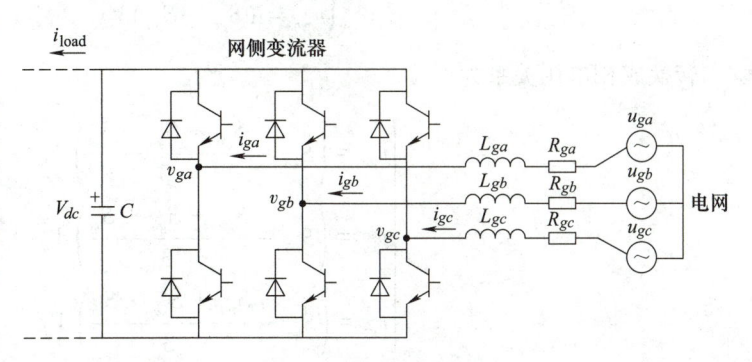

图 2-1　网侧变流器主电路

阻；C 为直流母线电容。

设图 2-1 中主电路的功率器件为理想开关，三相静止坐标系中网侧变流器的数学模型为

$$\begin{cases} u_{ga} - i_{ga}R_{ga} - L_{ga}\dfrac{\mathrm{d}i_{ga}}{\mathrm{d}t} - S_{ga}V_{dc} = u_{gb} - i_{gb}R_{gb} - L_{gb}\dfrac{\mathrm{d}i_{gb}}{\mathrm{d}t} - S_{gb}V_{dc} \\ u_{gb} - i_{gb}R_{gb} - L_{gb}\dfrac{\mathrm{d}i_{gb}}{\mathrm{d}t} - S_{gb}V_{dc} = u_{gc} - i_{gc}R_{gc} - L_{gc}\dfrac{\mathrm{d}i_{gc}}{\mathrm{d}t} - S_{gc}V_{dc} \\ C\dfrac{\mathrm{d}V_{dc}}{\mathrm{d}t} = S_{ga}i_{ga} + S_{gb}i_{gb} + S_{gc}i_{gc} - i_{\text{load}} \end{cases} \quad (2\text{-}1)$$

式中　S_{ga}、S_{gb}、S_{gc}——三相变流器各相桥臂的开关函数，且定义上桥臂元件导通时为 1，下桥臂元件导通时为 0。

网侧变流器通常采用三相无中线的接线方式，由基尔霍夫电流定律可知无论三相电网电压平衡与否其交流侧三相电流之和应为零，即

$$i_{ga} + i_{gb} + i_{gc} = 0 \quad (2\text{-}2)$$

将式（2-2）代入式（2-1）可以得到

$$\begin{cases} L_{ga}\dfrac{\mathrm{d}i_{ga}}{\mathrm{d}t} = u_{ga} - i_{ga}R_{ga} - \dfrac{u_{ga} + u_{gb} + u_{gc}}{3} - \left(S_{ga} - \dfrac{S_{ga} + S_{gb} + S_{gc}}{3}\right)V_{dc} \\ L_{gb}\dfrac{\mathrm{d}i_{gb}}{\mathrm{d}t} = u_{gb} - i_{gb}R_{gb} - \dfrac{u_{ga} + u_{gb} + u_{gc}}{3} - \left(S_{gb} - \dfrac{S_{ga} + S_{gb} + S_{gc}}{3}\right)V_{dc} \\ L_{gc}\dfrac{\mathrm{d}i_{gc}}{\mathrm{d}t} = u_{gc} - i_{gc}R_{gc} - \dfrac{u_{ga} + u_{gb} + u_{gc}}{3} - \left(S_{gc} - \dfrac{S_{ga} + S_{gb} + S_{gc}}{3}\right)V_{dc} \\ C\dfrac{\mathrm{d}V_{dc}}{\mathrm{d}t} = S_{ga}i_{ga} + S_{gb}i_{gb} + S_{gc}i_{gc} - i_{\text{load}} \end{cases} \quad (2\text{-}3)$$

网侧变流器三相交流侧输出的线电压与各相桥臂开关状态 S_{ga}、S_{gb}、S_{gc} 间关系为

$$\begin{cases} v_{gab} = (S_{ga} - S_{gb})V_{dc} \\ v_{gbc} = (S_{gb} - S_{gc})V_{dc} \\ v_{gca} = (S_{gc} - S_{ga})V_{dc} \end{cases} \quad (2\text{-}4)$$

转换成相电压关系为

$$\begin{cases} v_{ga} = \left(S_{ga} - \dfrac{S_{ga} + S_{gb} + S_{gc}}{3}\right)V_{dc} \\ v_{gb} = \left(S_{gb} - \dfrac{S_{ga} + S_{gb} + S_{gc}}{3}\right)V_{dc} \\ v_{gc} = \left(S_{gc} - \dfrac{S_{ga} + S_{gb} + S_{gc}}{3}\right)V_{dc} \end{cases} \quad (2\text{-}5)$$

将式（2-5）代入式（2-3）可以得到

$$\begin{cases} L_{ga}\dfrac{\mathrm{d}i_{ga}}{\mathrm{d}t}=u_{ga}-i_{ga}R_{ga}-\dfrac{u_{ga}+u_{gb}+u_{gc}}{3}-v_{ga} \\ L_{gb}\dfrac{\mathrm{d}i_{gb}}{\mathrm{d}t}=u_{gb}-i_{gb}R_{gb}-\dfrac{u_{ga}+u_{gb}+u_{gc}}{3}-v_{gb} \\ L_{gc}\dfrac{\mathrm{d}i_{gc}}{\mathrm{d}t}=u_{gc}-i_{gc}R_{gc}-\dfrac{u_{ga}+u_{gb}+u_{gc}}{3}-v_{gc} \\ C\dfrac{\mathrm{d}V_{dc}}{\mathrm{d}t}=S_{ga}i_{ga}+S_{gb}i_{gb}+S_{gc}i_{gc}-i_{\mathrm{load}} \end{cases} \quad (2\text{-}6)$$

由于式（2-6）的推导过程对网侧变流器的运行条件未做任何假定，故在电网电压波动、三相不平衡、电压波形畸变（存在畸变）等情况下均能有效适用。

2.1.2 两相同步旋转坐标系下网侧变流器数学模型

由三相静止坐标系到两相静止 αβ 坐标系的变换简称为 3s/2s 变换，从两相静止 αβ 坐标系到两相同步速 ω_1 旋转坐标系的变换简称为 2s/2r 变换，三相静止坐标系、两相静止 αβ 坐标系和两相同步速 ω_1 旋转坐标系的空间关系如图 2-2 所示。采用幅值守恒原则的 3s/2s 变换和 2s/2r 变换可采用如下变换矩阵来表示

$$C_{3s/2s}=\dfrac{2}{3}\begin{bmatrix} 1 & -\dfrac{1}{2} & -\dfrac{1}{2} \\ 0 & \dfrac{\sqrt{3}}{2} & -\dfrac{\sqrt{3}}{2} \end{bmatrix} \quad (2\text{-}7)$$

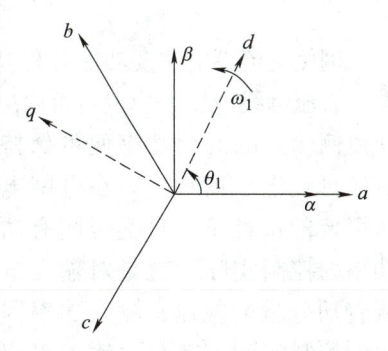

图 2-2 三相静止、两相静止和两相同步旋转坐标系中空间关系

$$C_{2s/2r}=\begin{bmatrix} \cos\theta_1 & \sin\theta_1 \\ -\sin\theta_1 & \cos\theta_1 \end{bmatrix} \quad (2\text{-}8)$$

根据式（2-7）和式（2-8），可得出三相静止坐标系到两相同步旋转坐标系间的变换矩阵为

$$C_{3s/2r}=\dfrac{2}{3}\begin{bmatrix} \cos\theta_1 & \cos(\theta_1-2\pi/3) & \cos(\theta_1+2\pi/3) \\ -\sin\theta_1 & -\sin(\theta_1-2\pi/3) & -\sin(\theta_1+2\pi/3) \end{bmatrix} \quad (2\text{-}9)$$

若三相进线电抗器的电感、电阻相等，即 $L_{ga}=L_{gb}=L_{gc}=L_g$，$R_{ga}=R_{gb}=R_{gc}=R_g$，利用式（2-9）对式（2-6）进行变换，可以得到两相同步旋转坐标系下网侧变流器的数学模型为

$$\begin{cases} u_{gd}=R_g i_{gd}+L_g\dfrac{\mathrm{d}i_{gd}}{\mathrm{d}t}-\omega_1 L_g i_{gq}+v_{gd} \\ u_{gq}=R_g i_{gq}+L_g\dfrac{\mathrm{d}i_{gq}}{\mathrm{d}t}+\omega_1 L_g i_{gd}+v_{gq} \\ C\dfrac{\mathrm{d}V_{dc}}{\mathrm{d}t}=\dfrac{3}{2}(S_d i_{gd}+S_q i_{gq})-i_{\mathrm{load}} \end{cases} \quad (2\text{-}10)$$

式中　u_{gd}、u_{gq}——是电网电压的 d 轴、q 轴分量；

i_{gd}、i_{gq}——变流器输入电流的 d 轴、q 轴分量；

v_{gd}、v_{gq}——变流器中三相交流侧电压的 d 轴、q 轴分量；

S_d、S_q——开关函数的 d 轴、q 轴分量。

令 $U_g = u_{gd} + \mathrm{j}u_{gq}$ 为电网电压矢量，当坐标系的 d 轴定向于电网电压矢量时，则有 $u_{gd} = |U_g| = U_g$，$u_{gq} = 0$，其中 U_g 为电网相电压幅值，于是式（2-10）可以改写为

$$\begin{cases} U_g = R_g i_{gd} + L_g \dfrac{\mathrm{d}i_{gd}}{\mathrm{d}t} - \omega_1 L_g i_{gq} + v_{gd} \\ 0 = R_g i_{gq} + L_g \dfrac{\mathrm{d}i_{gq}}{\mathrm{d}t} + \omega_1 L_g i_{gd} + v_{gq} \\ C \dfrac{\mathrm{d}V_{dc}}{\mathrm{d}t} = \dfrac{3}{2}(S_d i_{gd} + S_q i_{gq}) - i_{\mathrm{load}} \end{cases} \quad (2\text{-}11)$$

2.2　网侧变流器控制策略

网侧变流器的主要功能是保持直流母线电压的稳定、输入电流正弦和控制输入功率因数。直流母线电压的稳定与否取决于变流器交流侧与直流侧有功功率的平衡，即有效地控制交流侧输入的有功功率便可保持直流母线电压的稳定。在电网电压恒定的条件下，对交流侧有功功率的控制实际上就是对输入电流有功分量的控制；输入功率因数的控制实际上就是对输入电流无功分量的控制；而输入电流波形是否为正弦主要与电流控制的有效性和调制方式有关。因此，网侧变流器的控制系统包含电压外环控制和电流内环控制两个部分，如图 2-3 所示。

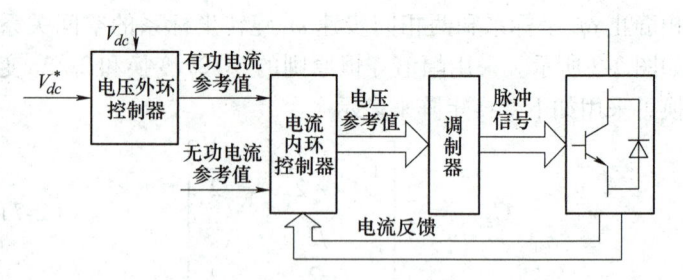

图 2-3　网侧变流器控制系统结构示意图

根据式（2-10）可以得到

$$\begin{cases} v_{gd} = -R_g i_{gd} - L_g \dfrac{\mathrm{d}i_{gd}}{\mathrm{d}t} + \omega_1 L_g i_{gq} + u_{gd} \\ v_{gq} = -R_g i_{gq} - L_g \dfrac{\mathrm{d}i_{gq}}{\mathrm{d}t} - \omega_1 L_g i_{gd} + u_{gq} \end{cases} \quad (2\text{-}12)$$

式（2-12）表明，网侧变流器的 d 轴、q 轴电流不仅受 v_{gd}、v_{gq} 的控制，还受到电流交叉耦合项 $\omega_1 L_g i_{gq}$、$\omega_1 L_g i_{gd}$ 以及电网电压 u_{gd}、u_{gq} 的影响。因此，为了实现对 d 轴、q 轴电流的有效控制，需要消除 d 轴、q 轴电流耦合以及电压扰动。令

$$\begin{cases} v'_{gd} = -R_g i_{gd} - L_g \dfrac{\mathrm{d}i_{gd}}{\mathrm{d}t} \\ v'_{gq} = -R_g i_{gq} - L_g \dfrac{\mathrm{d}i_{gq}}{\mathrm{d}t} \end{cases} \quad (2\text{-}13)$$

为了消除控制静差，通过比例积分调节器来设计如下电流控制器：

$$\begin{cases} v'_{gd} = k_{gip}(i^*_{gd} - i_{gd}) + k_{gii}\int(i^*_{gd} - i_{gd})\mathrm{d}t \\ v'_{gq} = k_{gip}(i^*_{gq} - i_{gq}) + k_{gii}\int(i^*_{gq} - i_{gq})\mathrm{d}t \end{cases} \tag{2-14}$$

式中 i^*_{gd}、i^*_{gq}——d 轴、q 轴电流参考值；

k_{gip}、k_{gii}——电流控制器的比例、积分系数。

将式（2-13）代入式（2-12）可以得到网侧变流器的电压指令为

$$\begin{cases} v^*_{gd} = v'_{gd} + \omega_1 L_g i_{gq} + u_{gd} \\ v^*_{gq} = v'_{gq} - \omega_1 L_g i_{gd} + u_{gq} \end{cases} \tag{2-15}$$

式（2-15）表明，在网侧变流器的控制中引入了电流状态反馈量 $\omega_1 L_g i_{gq}$、$\omega_1 L_g i_{gd}$ 来实现解耦，同时引入电网扰动电压项 u_{gd}、u_{gq} 进行前馈补偿，从而实现 d 轴、q 轴电流的独立控制，并提高系统的动态性能。

根据图 2-1 所示三相输入电流 i_{ga}、i_{gb}、i_{gc} 的正方向规定和幅值守恒的坐标变换原则，网侧变流器向电网输出的有功功率和无功功率分别为

$$P_g = -\frac{3}{2}(u_{gd}i_{gd} + u_{gq}i_{gq}) \tag{2-16}$$

$$Q_g = -\frac{3}{2}(u_{gq}i_{gd} - u_{gd}i_{gq}) \tag{2-17}$$

在 d 轴定向于电网电压矢量的同步旋转坐标系中则有

$$P_g = -\frac{3}{2}u_{gd}i_{gd} \tag{2-18}$$

$$Q_g = \frac{3}{2}u_{gd}i_{gq} \tag{2-19}$$

在忽略各种损耗的前提下，网侧变流器直流侧与交流侧的功率平衡关系为

$$P_g = -\frac{3}{2}u_{gd}i_{gd} = V_{dc}i_{\text{load}} = P_{\text{load}} \tag{2-20}$$

当交流侧输入的功率大于直流侧负载消耗的功率时，多余的能量会使直流母线电压升高；反之，则直流母线电压降低。因此只要能控制交流侧输入的有功电流，就可以控制变流器有功功率的平衡，从而保持直流母线电压的稳定。

电压外环控制器可以采取类似式（2-14）所示电流控制器的方式设计，即 d 轴电流参考值为

$$i^*_{gd} = k_{vp}(V^*_{dc} - V_{dc}) + k_{vi}\int(V^*_{dc} - V_{dc})\mathrm{d}t \tag{2-21}$$

式中 V^*_{dc}——直流母线电压的参考值；

k_{vp}、k_{vi}——直流电压控制器的比例、积分系数。

在实际应用中，网侧变流器通常保持单位功率因数运行，即无功电流参考值为零，即

$$i^*_{gq} = 0 \tag{2-22}$$

于是，根据式（2-14）、式（2-15）、式（2-21）和式（2-22），可以得出带解耦和扰动补偿的网侧变流器直流电压、电流双闭环控制框图，如图 2-4 所示。

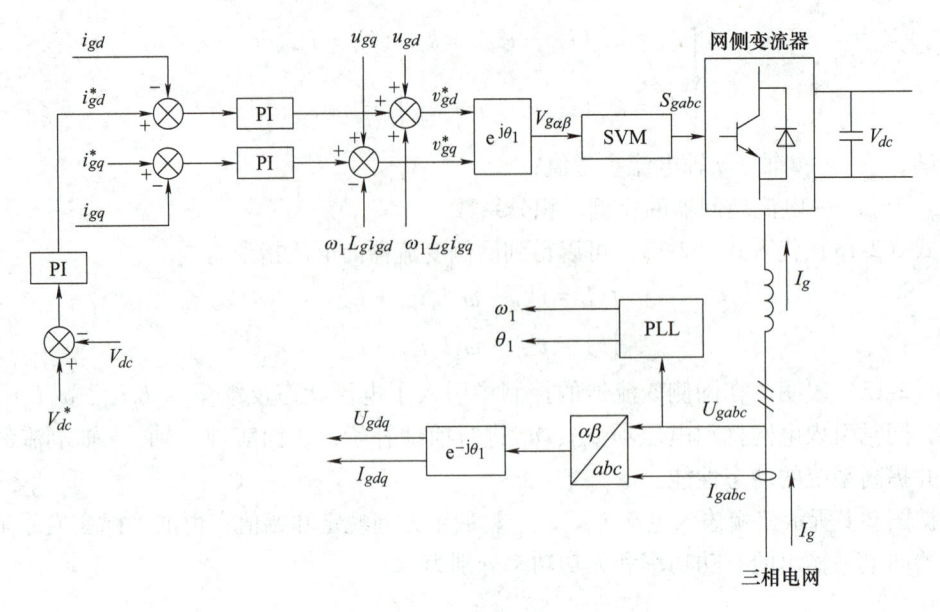

图 2-4　网侧变流器控制系统框图

2.3　锁相同步方式

2.3.1　锁相同步的作用及基本类型

随着以风能与光伏为主的新能源得到越来越广泛的开发和利用，与新能源发电、输电、配电有关的电力电子装置也得到了广泛的研究，电力电子设备可实现能量之间的高效率转换。但这类电力电子设备在并网时需要获取电网的频率和相位信息进行锁相同步控制。新能源并网设备通常采用矢量控制，在同步旋转坐标变换过程中需要用到电网的相位角信息；并且新能源设备为了实现有功功率与无功功率之间的解耦控制，也都依赖于电网当前相位与频率。除此之外，越来越多的并网规则明确了新能源设备需要运行在规定的电压和频率范围内，防止脱网；而且这些并网规则规定在电网发生故障时，新能源设备需要对电网进行一定的动态支撑，这都离不开准确的电网信息。

为了准确获取电网的电压幅值、相位和频率信息，通常在新能源并网设备中加入锁相环（Phase-Locked Loop，PLL）来实现锁相同步。PLL 的性能直接影响新能源设备的并网控制性能，因此 PLL 是新能源设备控制技术中的核心部分，需要对其进行合理的结构设计和参数设计。PLL 主要可以分为开环 PLL 和闭环 PLL 两大类结构。开环 PLL 主要包括基于过零鉴相器的 PLL、基于低通滤波器的 PLL、基于空间矢量滤波器的 PLL、基于扩展卡尔曼滤波器的 PLL 和基于加权最小二乘法估计的 PLL。但是开环 PLL 一般都存在锁相稳态精度不高、动态响应时间长、不能适用于薄弱电网下电压不平衡和频率突变等情况，因此其实际应用受到很大的限制。为了有效提高 PLL 的动态响应速度和抗干扰能力，一般采用闭环 PLL 技术。

然而大部分新能源设备运行在偏远地区或者远海地区，与负荷呈现逆向分布，此时新能源设备接入的电网存在电压不平衡及谐波等电能质量问题，以及呈现电网阻抗显著薄弱特性，并且会因为系统负载变化和短路处阻抗的阻感比变化而引起电网频率和相位的突变。当出现不平衡谐波分量、频率相位突变，或者低短路比任意一种情况时，电网都可以归属为薄弱电网，如何高效可靠地控制这些薄弱电网下的新能源设备是一个关键的问题。此外，当薄弱电网下的电压幅值和频率超过电网标准限制值时，新能源设备仍然需要及时按照电网准则进行响应，满足孤岛检测、低电压穿越等要求，这都依赖于锁相同步方式检测得到的并网点电压幅值和频率变化信息。

图 2-5 给出了同步旋转坐标系下的 PLL 的结构，其主要由鉴相器（Phase Detector, PD）、环路滤波器（Loop Filter, LF）、压控振荡器（Voltage-Controlled Oscillator, VCO）

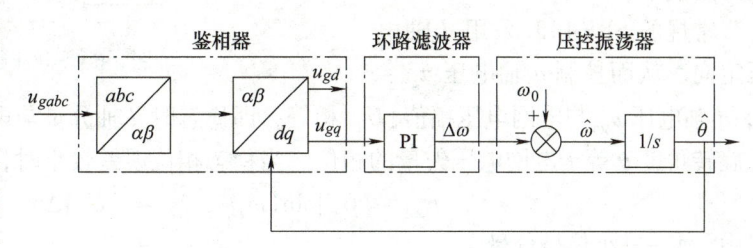

图 2-5 基于同步旋转坐标系的锁相环结构

三部分构成。其中 PD 将输入电压与输出电压作差后得到相位偏差量，经过 LF 滤除其中的谐波，最后利用 VCO 计算相位信息，通过负反馈调节缩小输入信号和输出信号的相位误差，从而实现锁相同步。但在负序扰动、频率突变的实际电网环境中，这种典型的锁相环无法快速精确检测电网同步信号。为克服该问题，许多研究者给出了多种基于同步旋转坐标系的锁相环的实施方案，其基本思想可概括为：重构具有相序分离功能的鉴相器、配置具有频率选择功能的环路滤波器，这些经过优化配置的锁相环的实施方案可大体分为鉴相器重构方案、环路滤波器优化方案两大类。

针对不平衡及谐波电网，可以通过基于延时信号消除、基于直接解耦法、基于正负序计算、基于复系数滤波器、基于滑动平均滤波器、基于陷波器等改进型锁相同步方式提升不对称电网电压下的锁相同步性能和谐波电网下的锁相同步的滤波能力。针对频率相位突变的薄弱电网，可以通过 3 型 PLL 和改进型锁频环来更快跟踪斜坡输出的频率变化。目前越来越多的新能源并网设备都开始受到电网阻抗的影响，而传统的锁相同步方式在低短路比薄弱电网下会因为引入负阻尼而造成稳定性问题，需要利用阻抗建模的方式重新对锁相同步方式进行分析，再对传统的锁相同步方式进行改造。

在此背景下，本节给出了薄弱电网下新能源设备并网的锁相同步方式，通过改变锁相同步方式的结构进一步改善新能源并网设备的性能，为薄弱电网下锁相同步方式设计提供一定的参考方案。首先介绍了常规锁相同步方式的结构，理想电网以及低短路比电网下锁相同步方式的建模与设计；然后总结了不平衡和谐波电网下的改进型锁相同步方式，并介绍了适用于频率相位突变情况下的改进型锁相同步方式；最后归纳了适用于低短路比薄弱电网的改进型锁相同步方式。

2.3.2 常规锁相同步方式建模

理想的强电网没有谐波分量的干扰，一般采用基于同步坐标系的锁相环（Synchronous Reference Frame-PLL，SRF-PLL）获取电网电压的频率和相位信息实现锁相同步。SRF-PLL 首先通过 Park 变换将三相电网电压矢量从 abc 三相静止坐标系变换到 dq 旋转坐标系，通过

控制 q 轴电压为 0，从而获得电网电压的角速度和相位，其结构如图 2-6 所示。图中黑斜体变量表示矩阵或者矢量；下标 dq 和 $\alpha\beta$ 分别表示旋转坐标系下的分量和两相静止坐标系下的分量；ω_1 为电网角频率。

常规的 SRF-PLL 采用 d 轴电压定向，从而控制 q 轴电压 $u_{gq} =$

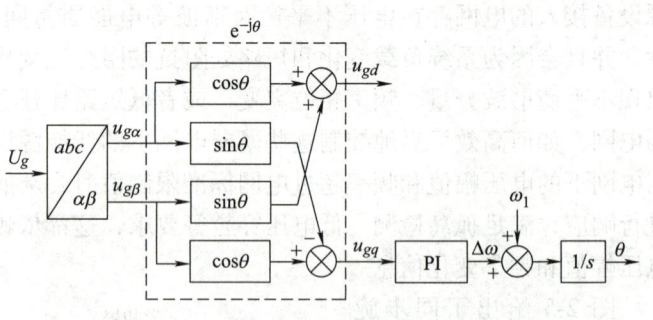

图 2-6 SRF-PLL 结构图

0，d 轴电压 u_{gd} 与电网电压幅值 $|\boldsymbol{U}_g|$ 相等，即稳态时 d 轴分量与电压矢量重合，同步坐标系的旋转角度 θ 等于电网电压矢量的相位。当稳态相位误差较小时，可得

$$u_{gq} = |\boldsymbol{U}_g|\sin(\omega_1 t - \theta) \approx |\boldsymbol{U}_g|\Delta\theta \tag{2-23}$$

式中　Δ——小信号分量。

理想电网下对 SRF-PLL 的参数设计主要是通过对比例参数和积分参数的设计使得角度获取具有快速的动态性能和稳态的抗干扰特性。根据图 2-6，角度的闭环传递函数 $H_\theta(s)$ 和角度误差传递函数 $E_\theta(s)$ 可以分别表示为

$$H_\theta(s) = \frac{2\zeta\omega_n s + \omega_n^2}{s^2 + 2\zeta\omega_n s + \omega_n^2} \tag{2-24}$$

$$E_\theta(s) = \frac{s^2}{s^2 + 2\zeta\omega_n s + \omega_n^2} \tag{2-25}$$

式中　ω_n——截止频率，且 $\omega_n = \sqrt{k_i}$；

ζ——阻尼比，且 $\zeta = \dfrac{k_p}{2\sqrt{k_i}}$；

k_p、k_i——PI 控制器的比例和积分系数。

通过图 2-6 可以发现 SRF-PLL 是一个 2 型系统，开环传递函数存在两个极点，从而保证系统能够无误差跟踪斜坡输入信号。并且式（2-24）表明 SRF-PLL 呈现低通滤波器性质，因此其可以抑制噪声和高次谐波引起的检测误差。

为分析 SRF-PLL 的动态特性，可以对角度闭环传递函数 $H_\theta(s)$ 的极点分布进行分析，其极点表示如下：

$$p_{1,2} = \frac{-k_p \pm \sqrt{k_p^2 - 4k_i}}{2} = -\omega_n(\zeta \pm \sqrt{\zeta^2 - 1}) \tag{2-26}$$

当 $\zeta<1$（欠阻尼）时，相位阶跃误差和频率阶跃的误差表达式分别为

$$\theta_e^{\Delta\theta}(t) = \frac{\Delta\theta}{\sqrt{1-\zeta^2}} e^{-\zeta\omega_n t}\sin(\omega_n\sqrt{1-\zeta^2}\,t + \varphi) \tag{2-27}$$

$$\theta_e^{\Delta\omega}(t) = \frac{\Delta\omega}{\omega_n\sqrt{1-\zeta^2}} e^{-\zeta\omega_n t}\sin(\omega_n\sqrt{1-\zeta^2}\,t) \tag{2-28}$$

式中，$\varphi = \arctan(\sqrt{1-\zeta^2}/\zeta)$。

当 $\zeta>1$（过阻尼）时，相位阶跃误差和频率阶跃的误差表达式分别为

$$\theta_e^{\Delta\theta}(t) = \frac{\Delta\theta}{2\sqrt{\zeta^2-1}}\left[\left(1-\sqrt{\zeta^2-1}\right)e^{p_2 t} - \left(1+\sqrt{\zeta^2-1}\right)e^{p_1 t}\right] \tag{2-29}$$

$$\theta_e^{\Delta\omega}(t) = \frac{\Delta\omega}{2\omega_n\sqrt{\zeta^2-1}}\left[e^{p_2 t} - e^{p_1 t}\right] \tag{2-30}$$

当极点负实部值越大时，暂态响应越快；虚部值越大时，系统超调越大。对于电压相位阶跃而言，阻尼系数小时，响应速度快但是超调量大；阻尼系数大时，超调量小但系统响应速度慢。因此需要在响应速度和系统超调之间权衡，从而选择合适的阻尼系数。为兼顾快速的响应速度和合理的超调，一般选取阻尼系数为 1，即临界阻尼时超调量和系统响应速度取得最佳效果。此时 PI 控制器的比例系数和积分系数满足如下的关系：

$$k_p^2 = 4k_i \tag{2-31}$$

与强电网不同的是，低短路比薄弱电网的电网阻抗不可忽略，锁相同步方式对新能源设备电流控制的影响也不可忽略。由于传统的 SRF-PLL 是非线性装置，因此需要通过小信号模型研究其对新能源设备控制的影响。

当电网电压产生扰动时，电网电压的小信号表达式为

$$u_{gd1} + \Delta U_{gdq}^c = e^{-j\theta} U_{g\alpha\beta} = (u_{gd1} + \Delta U_{gdq})e^{-j\Delta\theta} \approx (u_{gd1} + \Delta U_{gdq})(1 - j\Delta\theta) \Rightarrow$$

$$\Delta U_{gdq}^c = \Delta U_{gdq} - ju_{gd1}\Delta\theta \tag{2-32}$$

低短路比薄弱电网下 SRF-PLL 获得的相位角受到电压扰动的影响，可表示为

$$\Delta\theta = -jH_{pll}(s)\Delta U_{gdq} = -j\frac{H_p(s)}{u_{gd1}H_p(s) + s - j\omega_1}\Delta U_{gdq} \tag{2-33}$$

$$H_p(s) = \frac{k_p(s-j\omega_1) + k_i}{s - j\omega_1} \tag{2-34}$$

SRF-PLL 得到的角度信号会影响并网输出电压 V_c 和输出电流 I_g 的坐标变化，都涉及相位角的小信号分量，因此得到的电网角度信息会影响系统的阻抗特性。

为了准确描述传统 SRF-PLL 在低短路比薄弱电网下对新能源机组的影响，仅仅建立孤立的 PLL 模型是不够的，需要建立考虑 PLL 后完整的新能源机组阻抗模型，考虑电网电压通过 PLL 影响电流控制的阻抗模型见图 2-7 所示。通过阻抗建模的方法可以发现，SRF-PLL 会通过引入两个电网电压前馈矩阵 G_{pni} 和 G_{pnu}，从而改变系统的稳定裕度。设计合理的比例和积分参数会提高新能源系统在低短路比薄弱电网下的稳定性。

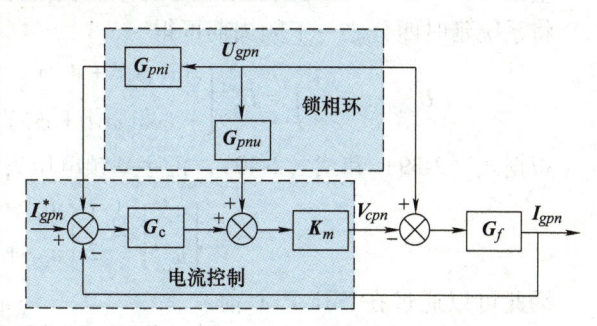

图 2-7 考虑 SRF-PLL 的逆变器阻抗模型

$$\Delta I_{gpn}^c = \Delta I_{gpn} + G_{dqi}\Delta U_{gpn} \tag{2-35}$$

$$\Delta V_{cpn} = \Delta V_{cpn}^c + G_{pnu}\Delta U_{gpn} \tag{2-36}$$

$$\boldsymbol{G}_{pni} = \begin{bmatrix} -\boldsymbol{I}_{gdq1}H_{pll}(s) & \boldsymbol{I}_{gdq1}H_{pll}(s) \\ \hat{\boldsymbol{I}}_{gdq1}H_{pll}(s) & -\hat{\boldsymbol{I}}_{gdq1}H_{pll}(s) \end{bmatrix} \tag{2-37}$$

$$G_{pnu} = \begin{bmatrix} V_{cdq1}H_{\text{pll}}(s) & -V_{cdq1}H_{\text{pll}}(s) \\ -\hat{V}_{cdq1}H_{\text{pll}}(s) & \hat{V}_{cdq1}H_{\text{pll}}(s) \end{bmatrix} \tag{2-38}$$

式中 I_{gdq1} 和 V_{cdq1}——并网电流和输出电压；

ΔI_{gpn}^c——控制坐标系下并网输出电流的小信号分量；

ΔV_{cpn}^c——控制坐标系下并网输出电压的小信号分量；

"^"表示共轭运算；下标 pn 表示正负序分量。

值得注意的是，本章给出的是 SRF-PLL 对网侧变流器的影响，这是因为网侧变流器是一种最简单常见的新能源并网设备，本节所叙述的建模方法和分析过程及结果，也适用于其他新能源机组，例如双馈风电机组等。

2.3.3　薄弱电网下的改进型锁相同步方式

2.3.3.1　不平衡及谐波电网下的锁相同步方式

当电网存在不平衡时，由于负序分量的存在，电压矢量的幅值和旋转频率都不恒定，因此不能直接采用传统的 SRF-PLL 进行正序基频分量信息的提取及锁相同步。本节重点分析了几种常见的可以提取负序分量的改进型锁相同步方式，以实现在不平衡电网情况下电网电压矢量的正负序分离。除此之外，当电网中存在其他频率的低次谐波时，只滤除负序分量往往仍然不能达到理想效果，因此需要增加一些改进型的滤波器，使新能源并网设备在谐波电网下也可以准确锁相同步。

1. 基于延时信号消除的锁相同步方式

电网电压不平衡时，三相电压 $\alpha\beta$ 分量可以表示如下：

$$U_{g\alpha\beta} = U_g^{+1}\begin{bmatrix} \cos(\omega_1 t + \phi_1^+) \\ \sin(\omega_1 t + \phi_1^+) \end{bmatrix} + U_g^{-1}\begin{bmatrix} \cos(\omega_1 t + \phi_1^-) \\ -\sin(\omega_1 t + \phi_1^-) \end{bmatrix} \tag{2-39}$$

式中　ϕ——相位；

上标"+"和"-"分别表示正序分量和负序分量。

将系统延时四分之一工频周期可得

$$U'_{g\alpha\beta}\left(t - \frac{T}{4}\right) = U_g^{+1}\begin{bmatrix} \sin(\omega_1 t + \phi_1^+) \\ -\cos(\omega_1 t + \phi_1^+) \end{bmatrix} + U_g^{-1}\begin{bmatrix} \sin(\omega_1 t + \phi_1^+) \\ \cos(\omega_1 t + \phi_1^+) \end{bmatrix} \tag{2-40}$$

根据式（2-39）和式（2-40），正序基频电压矢量可表示为

$$\begin{bmatrix} u_{g\alpha}^{+1} \\ u_{g\beta}^{+1} \end{bmatrix} = \frac{1}{2}\begin{bmatrix} u_{g\alpha} - u'_{g\beta} \\ u_{g\beta} + u'_{g\alpha} \end{bmatrix} \tag{2-41}$$

因此可以通过在 SRF-PLL 前加入基于鉴相器的延时信号消除 DSC（Delayed Signal Cancellation）控制器来消除输出的 2 倍频波动量，获得只含有基波正序矢量的相位误差信息，消除了电网不平衡对 SRF-PLL 的影响。DSC-PLL 结构图如图 2-8 所示。

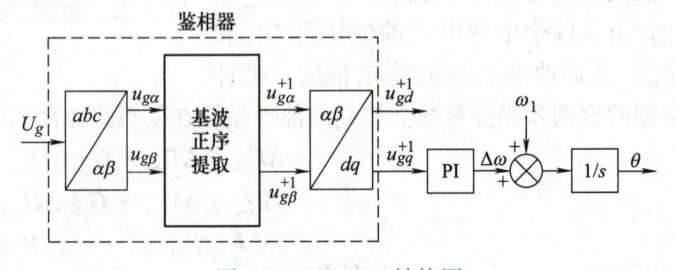

图 2-8　DSC-PLL 结构图

前置的 DSC 环节增加了 SRF-PLL 控制环路中的相位延迟，因此减慢了锁相同步的动态响应；而且，电网频率变化时会出现延时偏差导致正负序分离误差；另外，频率反馈环路使系统具有强非线性，因此很难分析系统的稳定性。而一些改进型的频率检测器，使 DSC 可以适应频率变化，有更好的稳定性，但计算较为复杂。延时间隔保持固定的 DSC-PLL 可以进行小信号建模分析，并且所需计算量小，但该策略的缺点是当频率偏离基准值时，不能自适应调节，因此抗干扰能力较差。

2. 基于直接解耦法的锁相同步方式

基于直接解耦法的锁相同步方式主要可以分为基于解耦双二阶广义积分（Decoupled Double Second-Order Generalized Integrator，DDSOGI）和基于解耦双同步坐标系（Decoupled Double Synchronous Reference Frame，DDSRF）的锁相同步方式，其中 DDSOGI-PLL 在静止坐标系下实现，DDSRF-PLL 在旋转坐标系下实现，两者的结构图分别见图 2-9 和图 2-10 所示。其中 q 代表该反馈变量已经经过积分环节。

DDSOGI 包含正交信号发生器，在 αβ 静止坐标系下，其正序分量和负序分量的传递函数分别为

$$P(s) = \frac{u'_{g\alpha p}(s)}{u_{g\alpha}(s)} = \frac{D(s) + \frac{\omega_1}{\omega} D^2(s)}{1 - \frac{\omega_1^2}{s^2} D^2(s)} \quad (2\text{-}42)$$

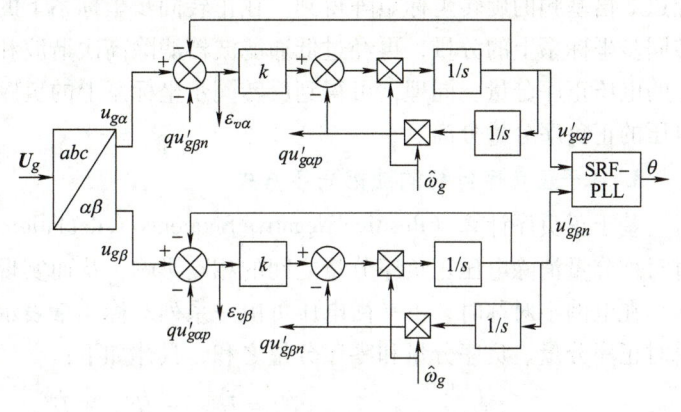

图 2-9　DDSOGI-PLL 结构图

$$N(s) = \frac{U'_{g\alpha n}(s)}{U_{g\alpha}(s)} = \frac{D(s) - \frac{\omega_1}{\omega} D^2(s)}{1 - \frac{\omega_1^2}{\omega^2} D^2(s)} \quad (2\text{-}43)$$

图 2-10　DDSRF-PLL 结构图

式中　$D(s)$——正交信号传递函数。

经过 DDSOGI 后，正序分量等效于经过一个中心频率为基波频率的带通滤波器，负序分量则等效于经过一个基波频率的陷波器，而谐波信号可以被低通滤波滤除，因此可以获得正序基波信号。

DDSRF-PLL 中包含两个旋转坐标系，利用正负序之间的角速度和相位关系，实现正负序之间的分离。基于正负序计算的同步旋转坐标系下的电压矢量分别表示为

$$\boldsymbol{U}_{gdq}^{+1} = \begin{bmatrix} U_{gd}^{+1} \\ U_{gq}^{+1} \end{bmatrix} = U_g^{+1} \begin{bmatrix} \cos(\phi_1^+) \\ \sin(\phi_1^+) \end{bmatrix} + U_g^{-1} \begin{bmatrix} \cos(2\omega_1 t + \phi_1^-) \\ -\sin(2\omega_1 t + \phi_1^-) \end{bmatrix} \qquad (2\text{-}44)$$

$$\boldsymbol{U}_{gdq}^{-1} = \begin{bmatrix} U_{gd}^{-1} \\ U_{gq}^{-1} \end{bmatrix} = U_g^{-1} \begin{bmatrix} \cos(\phi_1^-) \\ \sin(\phi_1^-) \end{bmatrix} + U_g^{+1} \begin{bmatrix} \cos(2\omega_1 t + \phi_1^+) \\ \sin(2\omega_1 t + \phi_1^+) \end{bmatrix} \qquad (2\text{-}45)$$

由上式可知，负序分量在正转同步坐标系中为 2 倍频分量，而正序分量在反转同步坐标系也表现为 2 倍频分量。因此负序电压在正转同步坐标系下的交流分量可以由负序直流分量经过 2 倍基频的旋转坐标矩阵得到。在正转同步坐标系下的电压分量减去负序电压分量在正转同步坐标系上的分量，再经过低通滤波器滤除高次谐波和噪声，可以得到正转同步坐标系上的电压正序分量。同理，可得到反转同步坐标系上的负序电压直流分量，从而实现不平衡电压的正负序分量分离。

3. 基于正负序计算的锁相同步方式

基于正负序计算（Positive Negative Sequence Calculation，PNSC）的锁相同步方式利用瞬时对称分量消除电压正负序分量之间的相互影响，从而实现正负序的分离。

在电网不对称时，不平衡电压可由一系列对称相量表示，从而将不平衡三相电压分解为瞬时正序分量、负序分量和零序分量之和，具体如下：

$$\dot{U}_g = \dot{U}_{gabc}^+ + \dot{U}_{gabc}^- + \dot{U}_{gabc}^0 \qquad (2\text{-}46)$$

$$\begin{bmatrix} u_{ga}^+ \\ u_{gb}^+ \\ u_{gc}^+ \end{bmatrix} = \frac{1}{3} \begin{bmatrix} 1 & a & a^2 \\ a^2 & 1 & a \\ a & a^2 & 1 \end{bmatrix} \begin{bmatrix} u_{ga} \\ u_{gb} \\ u_{gc} \end{bmatrix}$$

$$\begin{bmatrix} u_{ga}^- \\ u_{gb}^- \\ u_{gc}^- \end{bmatrix} = \frac{1}{3} \begin{bmatrix} 1 & a^2 & a \\ a & 1 & a^2 \\ a^2 & a & 1 \end{bmatrix} \begin{bmatrix} u_{ga} \\ u_{gb} \\ u_{gc} \end{bmatrix} \qquad (2\text{-}47)$$

$$\begin{bmatrix} u_{ga}^0 \\ u_{gb}^0 \\ u_{gc}^0 \end{bmatrix} = \frac{1}{3} \begin{bmatrix} 1 & 1 & 1 \\ 1 & 1 & 1 \\ 1 & 1 & 1 \end{bmatrix} \begin{bmatrix} u_{ga} \\ u_{gb} \\ u_{gc} \end{bmatrix}$$

式中　a——120°相移信号，$a = e^{-j2\pi/3}$；

上标 0 表示零序分量。

为实现静止坐标系下正序分量和负序分量的分离，需要利用正交信号发生器得到 $\boldsymbol{U}_{g\alpha\beta}$ 及其 90°相位滞后的正交信号。对于交流信号的提取，可以在静止坐标系下采用带通滤波器，也可以在旋转坐标系下采用低通滤波器。例如：DDSOGI-PNSC 将三相电压经 Clarke 变换后，再经 DDSOGI 得到其正交信号，根据正负序计算公式可以实现正负序分离；逆 Park（Inverse Park Transformation，IPT）PNSC 可以在旋转坐标系下实现，其与基于 $\alpha\beta$ 分量滤波的正负序计算法相似，只是对正交信号发生器进行了改造。

4. 基于复系数滤波器的锁相同步方式

为了提取不平衡电网下的基频正序分量，一般会使用带通滤波器，但是所用到的滤波器通常是实数滤波器,只有频率选择特性,而没有极性选择特性。复系数滤波器(Complex Coefficient Filter, CCF)同时具有频率选择和极性选择的功能,因此 CCF-PLL 无需利用对称分量方法或者太多的旋转坐标转换,能在电网电压受扰动不平衡时,准确提取出电压正序基频分量。

CCF 在选择频率处保持单位增益和零相位偏移,在其他频率处的增益大幅衰减,同时具有快速的实时信号滤波功能。典型一阶 CCF 可表示为

$$G_{CCF}(s) = \frac{\omega_c}{s - j\omega_1 + \omega_c} \tag{2-48}$$

式中 ω_c——带通频率,一般设为电网频率或 n 次谐波频率。

CCF 的具体滤波实现结构图如图 2-11 所示,通过在静止坐标下对相对相位差 90°的信号进行反馈来实现复数信号 j,从而分别提取所需的正序分量和负序分量。

此外,通过改进 CCF 中心滤波频率,可以扩展得到双复系数滤波器 PLL(Dual Complex Coefficient Filter PLL, DCCF-PLL)以滤除其他低次谐波。利用比例-积分-微分(Proportional-Integral-Derivative, PID)控制器可以进行零极点抵消,最大限度地减少 CCF 中滤波分量动态交互的影响,从而可以改善 DCCF-PLL 的动态性能。

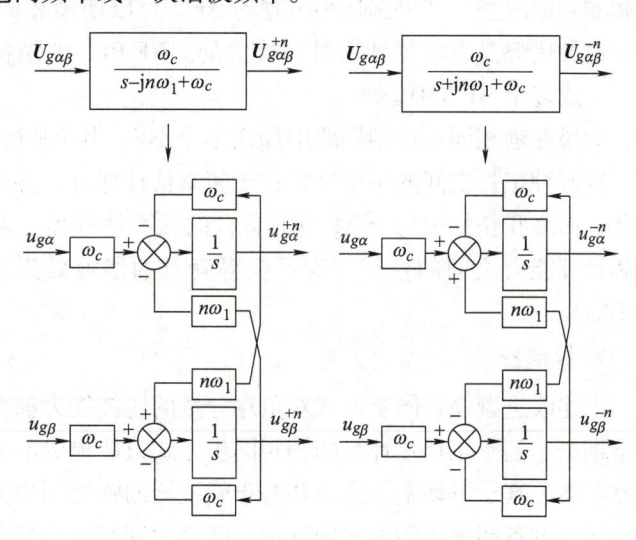

图 2-11 CCF 滤波模块结构图

5. 基于滑动平均滤波器的锁相同步方式

滑动平均滤波器(Moving Average Filter, MAF)是一种线性相位滤波器,可以用作理想的低通滤波器,可以表示为:

$$G_{MAF}(s) = \frac{1 - e^{-T_w s}}{T_w s} \tag{2-49}$$

式中 T_w——MAF 的窗口长度。

MAF-PLL 在实际应用中很容易实现,并且计算量小。MAF-PLL 虽然可以显著提高其滤波能力,但会降低其动态响应,因为 MAF-PLL 有明显的相位延迟。为了改善 MAF-PLL 的动态性能,同时保持其良好的滤波能力,可以使用 PID 控制器代替传统的 PI 控制器,也可以通过在 PI 控制器之前加入一些特定超前补偿器。该超前补偿器的传递函数几乎与 MAF 的传递函数相反,因此能够显著降低 MAF-PLL 控制环路中的相位延迟。

此外还有去除内环的 MAF,这种 MAF 在 SRF-PLL 中等效为一个前置滤波器,可有效阻止干扰分量,并且对于锁相同步的动态性能影响小。但是该前置滤波器需要一个额外的频率检测器,在 d 轴也可以加入一个 MAF,通过校正非自适应 MAF 前置滤波后引起的相移和幅

度变化，以避免这种额外的频率检测器。MAF-PLL 结构图如图 2-12 所示。

6. 基于陷波器的锁相同步方式

陷波器（Notch Filter，NF）是一种带阻滤波器，它可以显著衰减目标频段内的信号，而其他频段的

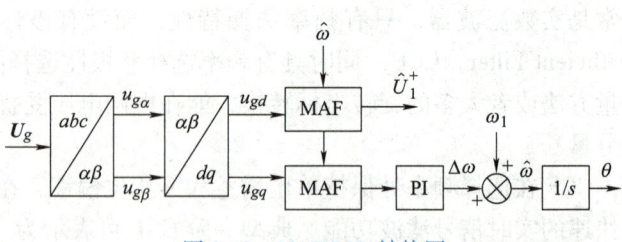

图 2-12 MAF-PLL 结构图

信号不会受到影响，加入 NF 后可以提升谐波电网下 PLL 的工作性能，NF 可以分为自适应型和非自适应型。如果选择小带宽的 NF，可以使锁相同步控制环路中的相位延迟最小，当然，这种优势是以增加计算量为代价的。NF-PLL 的结构与标准 MAF-PLL 类似，只是 MAF 被一个或多个 NF 取代。

如果在锁相同步控制环路中加入多个 NF，其 NF 可以分为级联拓扑结构和并联拓扑结构。这两种拓扑之间的主要区别在于频率估计部分，并联拓扑对所有 NF 使用相同的频率估计器，而级联拓扑中每个 NF 都有各自的频率估计器。两种拓扑中的 NF 数量都涉及滤波能力和计算能力之间的权衡，为了获得满意的滤波效果，通常使用的陷波频率为 $2\omega_1$、$6\omega_1$ 和 $12\omega_1$。

7. 性能比较

上述改进型锁相同步方式对负序分量的滤波能力都很强。基于延时信号消除的、基于直接解耦法、基于正负序计算的锁相同步方式只能提取不平衡电网下的负序分量；而基于复系数滤波器、基于滑动平均滤波和基于陷波器的锁相同步方式也可以提取其他低次谐波，从而使新能源设备能够在谐波电网下进行准确的锁相同步控制；基于延时信号消除的和基于滑动平均滤波的锁相同步方式动态响应较慢，但两者对控制器计算能力要求最低。

2.3.3.2 电网频率相位突变下的锁相同步方式

薄弱电网中往往会存在频率与相位突变，为了实现有效的频率相位追踪和稳定的锁相同步控制，需要对锁相同步方式进行改进。

1. 3 型 PLL

薄弱电网下，频率可能会突变，而大部分锁相同步方式是二阶及以下的系统，如果需要对斜坡输入的频率变化进行零误差的稳态追踪，需要二阶以上的锁相同步系

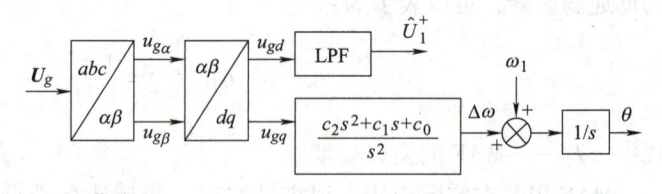

图 2-13 3 型 PLL 结构图

统。3 型 PLL 的特征是在其控制环路中加入三阶积分器，可以实现准确追踪斜坡输入的频率信号。典型的 3 型 PLL 如图 2-13 所示。但这些 3 型 PLL 具有负增益裕度的特点，在低环路增益下有不稳定的风险。因此，在 3 型 PLL 中使用幅值归一化策略非常重要。

从控制的角度来看，准 2 型 PLL（Quasi-Type-2 PLL，QT2-PLL）也是 3 型控制系统，这意味着它们可以在零稳态相位误差的情况下跟踪频率。QT2-PLL 与 3 型 PLL 的区别在于不受电压骤降的不稳定影响，因此并不强制在 QT2-PLL 中使用幅值归一化策略。典型的 QT2-

PLL 的结构如图 2-14 所示。

2. 改进型 PLL

与 PLL 不同的是，锁频环（Frequency-Locked Loop，FLL）是根据频率进行直接定向控制，并且其相位角是在环路外部进行计算得到的。在薄弱电网下，当相位突变时，瞬时条件下 PLL 估计的准确性和动态响应受相位角跳变的影响很大。然而如果使用 FLL 估计输入信号的频率，所得到的频率分量不会受到相位变化的干扰。因此与基于 PLL 的算法相比，当输入的相位角改变时，FLL 的性能更为优越。并且 FLL 也具有较强的拓展性能，在不同的工况下可以采用改进型的 FLL 以实现各种工况下的控制目标，其中单相 DDSOGI-FLL 结构如图 2-15 所示，可以提高动态响应与增强扰动抑制能力。

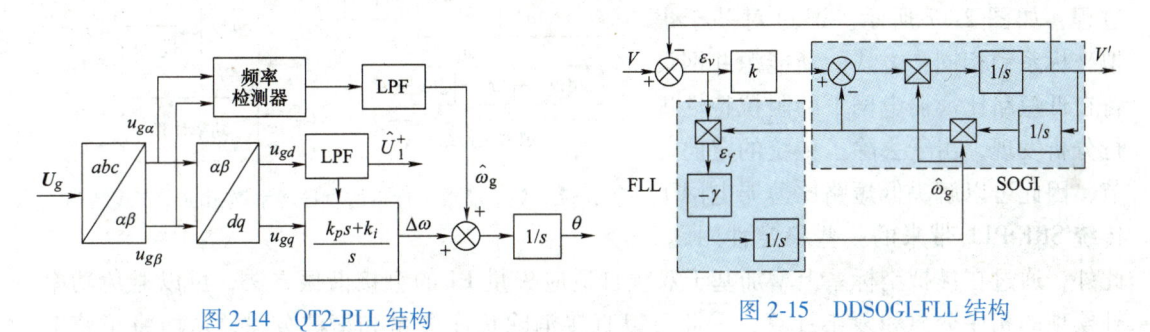

图 2-14　QT2-PLL 结构

图 2-15　DDSOGI-FLL 结构

2.3.3.3　低短路比电网下的锁相同步方式

上述的锁相同步方式虽然提高了新能源并网系统在不平衡谐波电网以及频率相位突变时提取正序分量的能力，从而实现更精准的锁相同步，但大部分改进型锁相同步方式都是建立在 SRF-PLL 的基础上的。而传统的 SRF-PLL 会在 PLL 频段引入负阻性，从而影响低短路比薄弱电网下的稳定裕度，产生谐振风险。因此许多文献提出了低短路比电网下改进型锁相同步方式。

与不平衡及谐波、频率相位突变的薄弱电网相比，适用于低短路比薄弱电网的改进型锁相同步方式仍然处于研究阶段，本节介绍基于电网电压调制型的锁相同步方式、基于虚拟坐标系的直接功率锁相同步方式和对称 PLL 来提升低短路比薄弱电网下的稳定性并简化稳定性分析。

1. 基于电网电压调制型的锁相同步方式

电网电压调制型（Grid Voltage Modulated，GVM）的锁相同步方式可以利用电网电压信息进行锁相同步，从而去除了传统的 SRF-PLL。基于 GVM 的逆变器输出电流控制结构如图 2-16 所示，GVM 方法由非线性 GVM 控制器、前馈及 PI 控制器和非线性阻尼组成。GVM 的主要特点是能够使系统成为线性时不

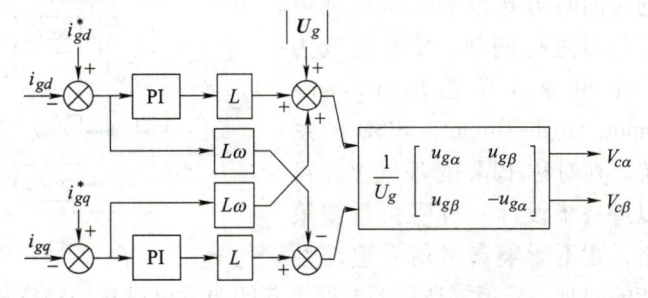

图 2-16　基于 GVM 的逆变器输出电流控制结构

变系统，从而便于控制器参数设计。

GVM 可以大幅降低有功功率和无功功率的纹波，并且对电网电压和线路阻抗有良好的鲁棒性。GVM 不仅可以保证收敛速度和快速的动态响应能力，还可以减小 SRF-PLL 带来的失稳风险。根据基于 GVM 的逆变器状态空间模型，可分析其在低短路比薄弱电网下具有良好的稳定裕度。

2. 基于虚拟坐标系的直接功率锁相同步方式

基于虚拟坐标系的直接功率锁相同步方式是在固定角速度的同步参考系中实现的，避免了传统 SRF-PLL 的计算过程，如图 2-17 所示。通过对基于虚拟坐标系锁相同步方式的新能源并网设备在低短路比薄弱电网下的阻抗特性进行分析发现，由于去除了传统的定向环节，因此可以解决低短路比薄弱电网下传统 SRF-PLL 带来的一些稳定性问题。

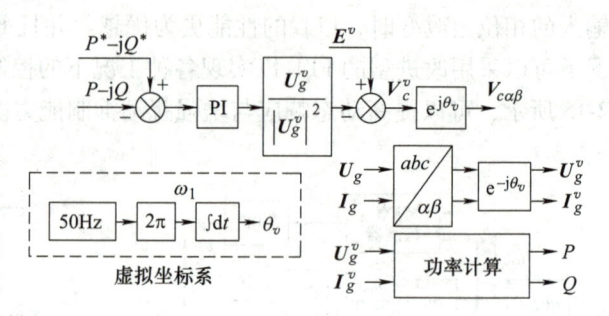

图 2-17 基于虚拟坐标系的直接功率锁相同步方式结构

此外，通过在虚拟坐标系上增加基于双频自适应矢量 PI 的直接谐振方法，可以避免功率补偿项的相序分离和复杂计算，因此可以直接消除负序分量和谐波分量，从而将正弦电流注入电网。同时，也可以通过改进的频率估计方案实现在实际情况下对电网频率变化的自适应。

由于直接功率控制环带宽较大，因此容易影响高频段设备的阻抗性质，易导致高频的稳定性问题。

3. 对称 PLL

当新能源设备具有不对称的参数或者结构时，在低短路比薄弱电网下都会出现频率耦合现象，即产生谐振时会同时出现两个频率相差 100Hz 的谐振分量。传统的 SRF-PLL 由于只对 q 轴电压进行控制，因此是一个不对称的系统，其引入的频率耦合特性使新能源并网设备的阻抗模型变为了一个多输入多输出（Multiple-Input Multiple-Output，MIMO）模型，增大稳定性分析的复杂性。

如图 2-18 所示的对称 PLL 通过同时对 d 轴和 q 轴电网电压信号进行调制，使系统成为一个单输入单输出（Single-Input Single-Output，SISO）系统。在对称 PLL 的基础上，可以进一步设计一种阻抗重塑策略，在不影响参考信号追踪性

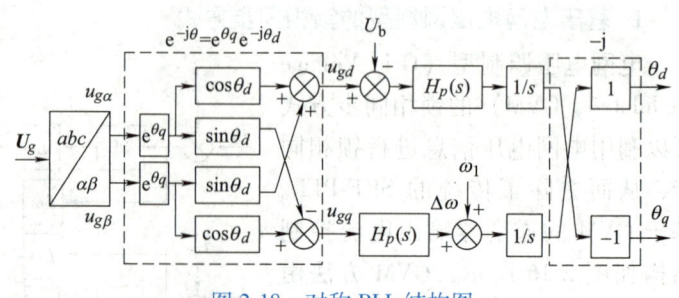

图 2-18 对称 PLL 结构图

能的同时，显著提高薄弱电网下新能源发电设备的稳定裕度。当电网电压变化后，对称 PLL 由于存在 q 轴变化分量，会自适应地对工作点进行调整。

2.4 高精度电流跟踪控制方法

高精度电流跟踪控制环节作为新能源机组控制系统的重要调节单元,在新能源机组控制中起到至关重要的作用,并且所选取的电流跟踪控制精度的高低将对新能源机组控制方案的有效性产生决定性影响。尽管目前对于新能源机组存在多种适用于不平衡电压的控制方案,但这些不同类型控制方案具有相同的目标,即实施对多运行目标所配置的正、负序指令电流的高精度跟踪控制。这些调节器可分为线性调节器、非线性调节器两大类。

2.4.1 线性调节器

比例积分(Proportional Integral,PI)调节器,作为在同步旋转坐标系中最常用的线性调节器,由于其结构简单、数字实现便捷、单输入单输出的优势而得到了最广泛的应用。PI调节器对于直流量或低频交流量(一般小于3Hz)具有很好的跟踪控制,但对于正弦形式的指令电流跟踪能力较差,会出现明显的相位和幅值的静差。

当采用PI调节器时,对于正弦形式的指令电流,会导致并网输出端电流出现相位和幅值误差,从而降低了新能源发电机组的运行品质,故可引入前馈调节器。然而,在前馈补偿效果不佳时,电压扰动将会引起输出端电流的谐波畸变,降低输出电能质量。

一般地,由于工频以及工频整数倍的谐波电流在各自对应的同步旋转坐标系中表现为直流量形式,并采用低通滤波器获取相应的直流量。因此,可采用实施于多同步旋转坐标系多PI调节器的跟踪控制方案,详见图2-19。然而,由于在被控电流环中嵌入低通滤波器,这将会增加控制回路等效传递函数的极点个数,导致控制系统参数调节繁琐复杂且稳定性降低,严重时控制系统甚至会出现振荡不稳定状态。

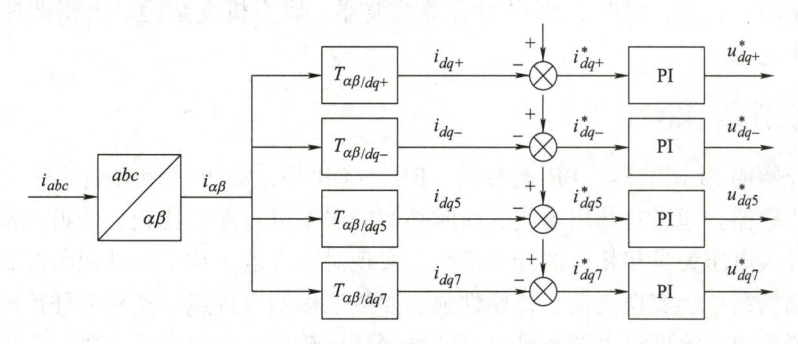

图2-19 多PI调节器并网电流控制结构

此外,可借鉴同步旋转dq坐标系是由静止$\alpha\beta$坐标系旋转得到的思路,将同步旋转坐标系PI调节器进行旋转。由于旋转变换过程对比例(Proportion,P)调节器不产生任何影响,而对于积分调节器,将其从同步旋转坐标系变换到静止坐标系,可得到等效传递函数为

$$G_{dc1}(s) = \frac{k_i}{s} \Rightarrow G_{ac1}(s) = G_{dc1}(s - j\omega_h) = \frac{k_i}{s - j\omega_h} \tag{2-50}$$

式中 ω_h——基频或谐波的同步旋转坐标系角频率。

式(2-50)所给出的传递函数表达式具有单一极点$s=j\omega_h$,因此在不同旋转方向的同样频率点处幅值增益不同,对同频率的正、负序分量具有区分能力。在实际应用中,有时更为

关注其频率选择能力，而无需正、负序区分能力。则可将式（2-50）中的复数因子 j 消去，得到等效的传递函数为

$$G_{ac2}(s) = G_{dc1}(s - j\omega_h) + G_{dc1}(s + j\omega_h) = \frac{k_i}{s - j\omega_h} + \frac{k_i}{s + j\omega_h} = \frac{2k_i s}{s^2 + (\omega_h)^2} \quad (2\text{-}51)$$

$G_{ac1}(s)$ 和 $G_{ac2}(s)$ 属于具有交流信号积分能力的谐振控制器，可与 P 调节器相结合，构成比例谐振调节器。与具有直流分量积分能力的 PI 调节器相对比，比例谐振 PR 调节器也可称为交流 PI 调节器。此外，亦可与同步旋转坐标系中 PI 调节器相结合，构成比例积分谐振（Proportional Integral Resonance，PIR）调节器。

一般地，为了对更多频率的谐波电流进行控制，可采用多个具有单谐振峰值的谐振控制器并联，从而构成多频谐振控制器。然而，对于多频谐振控制器而言，特别是在高频谐振频率处，在数字实现中容易产生非预期频率偏移。

为解决多频谐振控制器的不足，可采用重复控制器（Repetitive Controller，RC），其基于内模控制原理，对即时输入误差信号经过恰当的延时再叠加后即是输入误差信号，可获取重复 RC 输出。RC 相当于多个理想交流积分器并联运行，可实现对工频以及工频整数倍信号的交流积分。采用"$T_0/6$"延时的 RC 可以确保并网功率变流器和双馈发电机的正弦输出电流，在此基础上针对频率偏移问题可以采用自适应 RC 和具有带宽参数的 RC。

线性二次型调节器（Linear Quadratic Regulator，LQR），是一种基于状态观测器的线性最优控制方案，通过建立线性模型并引入对控制系统输出电能质量评价的二次型积分函数作为评价函数，以评价函数最小为目标获得状态反馈用的反馈矩阵。同时，可基于内模原理设计高精度电流跟踪控制方案。与 PI 调节器相比较，在实现形式上二者具有相似之处，然而，LQR 在 PI 调节器状态直接反馈的基础上引入基于反馈矩阵的评价函数，进而实现闭环控制的最优状态调节。目前，LQR 已在电力有源滤波器、风力机变桨距、电机调速等控制系统中得到了初步应用。

2.4.2 非线性调节器

在前面介绍的 PI 调节器、PR 调节器、RC、LQR 外，亦可采用典型的非线性跟踪控制器——滞环比较器。通过对输出电流、瞬时功率的误差进行滞环比较，并根据预设的开关表选取合适的开关电压矢量和相应的开关信号，实现对电力电子功率器件通断的有效控制。滞环控制具有结构简单、实现便捷、鲁棒性强、参数依赖低等优点，然而滞环控制的开关频率不确定，使得输出电流理论上的频带可高达其滞环比较器工作频率的 2 倍，对于输出滤波器设计造成不必要的困难，同时也会导致输出电流、瞬时功率存在明显的脉动。

为获取固定的开关频率，一般地可采用滑模控制器（Sliding Mode Control，SMC）作为高精度电流跟踪控制以构造滑模变结构控制。这种典型控制结构的特点在于：可按一定特性迫使系统沿预设状态与运行轨迹的无限小的邻域内运动，系统的预设状态与运行轨迹仅取决于滑动面方程，而不受系统参数与外界扰动影响。SMC 可按滑模面的存在性和正常运行的动态品质要求、滑动面聚集性和强制滑模运行等实际技术要求进行设计。

在实际连续控制系统中，由于模拟切换装置、数字控制系统的采样与开关延时，使得实际由符号函数构成的切换函数频率不可能无限大，而是存在一个极限。这种非理想的切换函数，导致实际滑模运动在滑模面两侧附近区域内做高频、小幅振动，这种现象又称为抖振现

象。这种非理想抖振现象的出现不仅影响系统控制精确性、增加系统能量消耗，还可能激发系统未建模部分成为新的振动源。

除上述几种控制方式外，亦可以采用预测控制，其基本思想可概括为：根据系统的状态方程和反馈信号，在每个采样瞬间对当前动作进行预测和寻优以选择合适的开关矢量以及通断时间。

作为预测控制的主要分支，基于模型预测控制（Model Predictive Control，MPC）的方案因为具有原理简单、寻优精确等优势，得到了广泛的研究。MPC 方案以被控对象的数学模型作为预测模型，其核心在于构建以输出电流或瞬时功率等指标为基础的目标函数，在每一个采样瞬间，通过求解有限时域开环最优控制方程预测和寻优，直接获取最优的开关状态组合。然而，实际被控对象参数失配与预测模型离散化误差也会对 MPC 效果造成负面影响，这是 MPC 在实际应用中首要考虑的问题。

作为 MPC 的另一个主要分支，无差拍（Dead-Beat，DB）控制具有动态响应速度快、稳态精度高的优势，并可直接预测出在下一个开关周期内电压矢量的作用时间。在 DB 控制中，可根据零电压矢量与非零电压矢量之间电力电子开关器件跳变次数最少的基本原则，按需选取一个或两个非零电压矢量；然后，将零电压矢量与所选取的一个或两个非零电压矢量相结合以共同构成参考电压矢量，从而实现参考电压矢量与指令电压矢量的精确匹配。

然而，DB 控制自身缺点也十分明显：DB 控制效果取决于预测模型、被控对象参数以及信号测量的准确程度，并需通过繁琐复杂计算方可获取不同参考电压矢量的作用时间。然而，被控对象的参数随工作状态、励磁状态的不同而发生变化，无法获取精确的数学模型；同时由于实际模/数转换存在非预期偏差，而无法准确测量外部信号。这些都将对 DB 控制系统造成不可避免的负面效应。

2.4.3 不同高精度电流跟踪控制器对比

根据前文对高精度电流跟踪控制的综述，表 2-1 对比分析了 PI 调节器、PR 调节器、RC、LQR、滞环比较调节器、SMC 调节器、MPC、DB 控制这 8 类典型控制结构在谐波抑制、数字实现、鲁棒性、参数依赖性等方面的优势与劣势。

表 2-1 不同高精度电流跟踪控制器的差异性对比分析

	优势	劣势
PI 调节器	控制简单、实现便捷	易受负序电压的扰动影响，谐波抑制能力不足
PR 调节器	交流调节器，可实现指定频率信号的误差跟踪	嵌入高幅值增益的谐振控制，可能会降低相位裕度
RC	具有多谐振峰值，可实施对谐波电流的统一调节	谐振峰值处有效带宽不足，幅值增益随频率增加而下降
LQR	适用于多变量反馈调节系统，可解决最优求解问题	输出反馈项无法体现在 LQR 方程中，无法直接跟踪指令
滞环比较调节器	无需额外的复杂计算，结构简单、鲁棒性强、动态响应快速	开关频率不确定，输出电流谐波频段宽
SMC 调节器	对模型误差和系统内外部扰动不敏感，鲁棒性强	数字离散实现的滑模运行偏差，易产生高频小幅抖振
MPC	设置多种目标函数、动态响应快	采样频率高，对建模准确性要求高
DB 控制	稳态控制精度高、输出电流正弦度高	控制系统的参数依赖性强，需要繁琐复杂的计算

高精度电流跟踪控制，主要关注的是不平衡电压下新能源发电机组输出电流对指令电流的跟踪能力。现有关于高精度电流跟踪控制的文献多研究由 PI 调节器和谐振调节器混合集成的 PIR 调节器的重构与应用，而有部分文献认识到 PI 调节器和谐振控制器可作为两个独立控制器分别调节正序和负序分量的可行性。因此，为适合无相序分离的多运行目标指令配置，如何构造高精度电流跟踪控制环节，这将从执行机构上解决多运行目标配置的实施难题，具有极高的实用价值。

2.5　本章小结

网侧变流器作为新能源发电系统并网的关键，通常为三相电压型两电平 PWM 整流器，其基本控制思想就是通过调节变流器交流侧输出电压的幅值和相位来控制其三相并网电流的幅值和相位，进而实现有功和无功功率的控制。本章重点对网侧变流器的数学模型和控制策略、锁相同步方式、高精度电流跟踪控制方法进行了介绍。

网侧变流器的数学模型和控制策略方面，本章首先介绍了三相静止坐标系下和两相同步旋转坐标系下的数学模型；进一步地，介绍了带解耦和扰动补偿的网侧变流器直流电压、电流双闭环控制。网侧变流器的主要功能为保持直流母线电压的稳定、输入正弦电流和控制输入功率因数，直流母线电压的稳定需要有效地控制交流侧输入的有功功率，保持变流器交流侧和直流侧有功功率的平衡；输入功率因数的控制实际上就是对输入电流无功分量的控制；而输入电流波形是否正弦主要与电流控制的有效性和调制方式有关。因此，网侧变流器控制策略通常采用外环为直流电压环、内环为电流环的双闭环控制结构。

锁相同步方面，本章首先介绍了锁相同步的作用和基本类型。由于网侧变流器在实现并网、有功功率和无功功率的解耦控制时都需要电网电压的相位信息，通常在网侧变流器中加入锁相环来获取电网相位。因此，锁相环的性能直接影响网侧变流器的并网控制性能，PLL 主要可以分为开环 PLL 和闭环 PLL 两大类结构。开环 PLL 一般都存在锁相稳态精度不高、动态响应时间长、不能适用于薄弱电网下电压不平衡和频率突变等情况，为了有效提高 PLL 的动态响应速度和抗干扰能力，一般采用闭环 PLL 技术。由于新能源设备和负荷存在逆向分布的特点，新能源设备接入的电网容易出现不平衡谐波分量、频率相位突变，或者低短路比等薄弱特性，因此本章分别介绍了常规电网电压锁相同步方式以及薄弱电网下的改进锁相同步方式。

高精度电流跟踪控制方面，选取的电流跟踪控制精度的高低将对网侧变流器控制方案的有效性产生决定性影响，因此高精度电流控制在网侧变流器乃至新能源设备的控制中至关重要。高精度电流控制方法可以分为线性调节器和非线性调节器两种，本章就 PI 调节器、PR 调节器、RC、LQR 等线性调节器以及滞环比较调节器、SMC、MPC、DB 控制等非线性调节器进行了例述，并对比了各个高精度电流跟踪控制器的优劣。

思 考 题

1. 为了提升网侧变流器控制的动态性能，如何实现 d 轴、q 轴电流的独立控制？
2. 阻尼系数对锁相环响应特性的影响是什么？如何选取合适的阻尼系数？

3. 有哪些常用的不平衡及谐波电网下的锁相同步方式，各有什么特点？
4. 对称锁相环具有哪些特点？

参 考 文 献

［1］ 赵仁德．变速恒频双馈风力发电机交流励磁电源研究［D］．杭州：浙江大学，2005．
［2］ 贺益康，胡家兵，徐烈．并网双馈异步风力发电机运行控制［M］．北京：中国电力出版社，2012．
［3］ 张兴．新能源发电变流技术［M］．北京：机械工业出版社，2018．
［4］ CHUNG S K．Phase-locked loop for grid-connected three-phase power conversion systems［J］．IEE Proceedings-Electric Power Applications，2000，147（3）：213-219．
［5］ GOLESTAN S，FREIJEDO F D，VIDAL A，et al．An efficient implementation of generalized delayed signal cancellation PLL［J］．IEEE Transactions on Power Electronics，2016，31（2）：1085-1094．
［6］ GOLESTAN S，MONFARED M，FREIJEDO F D．Design-oriented study of advanced synchronous reference frame phase-locked loops［J］．IEEE Transactions on Power Electronics，2013，28（2）：765-778．
［7］ YAN Q，ZHAO R，YUAN X，et al．A DSOGI-FLL-based dead-time elimination PWM for three-phase power converters［J］．IEEE Transactions on Power Electronics，2019，34（3）：2805-2818．
［8］ LI W，RUAN X，BAO C，et al．Grid synchronization systems of three-phase grid-connected power converters：a complex-vector-filter perspective［J］．IEEE Transactions on Industrial Electronics，2013，61（4）：1855-1870．
［9］ GOLESTAN S，RAMEZANI M，GUERRERO J M，et al．Moving average filter based phase-locked loops：performance analysis and design guidelines［J］．IEEE Transactions on Power Electronics，2014，29（6）：2750-2763．
［10］ GONZALEZ-ESPIN F，FIGUERES E，GARCERA G．An adaptive synchronous-reference-frame phase-locked loop for power quality improvement in a polluted utility grid［J］．IEEE Transactions on Industrial Electronics，2012，59（6）：2718-2731．
［11］ GOLESTAN S，RAMEZANI M，GUERRERO J M．An analysis of the PLLs with secondary control path［J］．IEEE Transactions on Industrial Electronics，2014，61（9）：4824-4828．
［12］ MATAS J，MARTIN H，HOZ J，et al．A new THD measurement method with small computational burden using a SOGI-FLL grid monitoring system［J］．IEEE Transactions on Power Electronics，2020，35（6）：5797-5811．
［13］ GUI Y，LI M，LU J，et al．A voltage modulated DPC approach for three-phase PWM rectifier［J］．IEEE Transactions on Industrial Electronics，2018，65（10）：7612-7619．
［14］ NIAN H，CHENG P，ZHU Z．Coordinated direct power control of DFIG system without phase-locked loop under unbalanced grid voltage conditions［J］．IEEE Transactions on Power Electronics，2016，31（4）：2905-2918．
［15］ NIAN H，HU B，WU C，et al．Analysis and reshaping on impedance characteristic of DFIG system based on symmetrical PLL［J］．IEEE Transactions on Power Electronics，2020，35（11）：11720-11730．
［16］ 胡彬，吴超，年珩，等．薄弱电网下新能源设备并网锁相同步方式综述［J］．电力自动化设备，2020，40（9）：26-34+41．
［17］ XU L，ANDERSEN B R，CARTWRIGHT P．VSC transmission operating under unbalanced AC conditions-analysis and control design［J］．IEEE Transactions on Power Delivery，2005，20（1）：427-434．

[18] LASCU C, ASIMINOAEI L, BOLDEA I, et al. High performance current controller for selective harmonic compensation in active power filters [J]. IEEE Transactions on Power Electronics, 2007, 22 (5): 1826-1835.

[19] CHEN D, ZHANG J, QIAN Z. Research on fast transient and $6n±1$ harmonics suppressing repetitive control scheme for three-phase grid-connected inverters [J]. IET Power Electronics, 2013, 6 (3): 601-610.

[20] OLALLA C, LEYVA R, AROUDI A E, et al. Robust LQR control for PWM converters: an LMI approach [J]. IEEE Transactions on Industrial Electronics, 2009, 56 (7): 2548-2558.

[21] 全宇, 年珩. 不平衡及谐波电网下并网逆变器的谐振滑模控制技术 [J]. 中国电机工程学报, 2014, 34 (9): 1345-1352.

[22] 孙丹, 邓伦杰, 孙士涛, 等. 双馈异步风力发电机优化预测直接功率控制 [J]. 电工技术学报, 2013, 28 (11): 78-85.

[23] 年珩, 於妮飒, 曾嵘. 不平衡电压下并网逆变器的预测电流控制技术 [J]. 电网技术, 2013, 36 (5): 1223-1229.

[24] Hu J. Improved dead-beat predictive dpc strategy of grid-connected DC-AC converters with switching loss minimization and delay compensations [J]. IEEE Transactions on Industrial Informatics, 2013, 9 (2): 728-738.

[25] 程鹏. 双馈风电机组直接谐振与无锁相环运行控制研究 [D]. 杭州: 浙江大学, 2016.

第3章 风力发电控制技术

在风力发电机组中，发电机及其控制系统是风电装备的主要电气部件，它负责机械能与电能的转换，决定风电整机的发电效率与发电品质。其中，变速恒频风电机组利用电力电子功率变流器控制发电机的电磁转矩，实现风力机转速可调可控，可在较宽范围内维持最大能量转换效率。

根据电力电子功率变流器与电网连接的不同，可将变速恒频风电机组分为：非耦合型结构的直驱风电机组和半耦合型结构的双馈风电机组。其中，非耦合型结构指的是风力发电机定子端与电网不存在直接连接。例如，永磁直驱风力发电机组中永磁同步发电机（Permanent Magnetic Synchronous Generator，PMSG）的转子和风轮同轴连接，定子绕组通过一个交-直-交变流器和进线滤波器接入电网；风轮带动发电机转动发出功率，经过机侧和网侧变流器转化为电网能接受的能量输送到电网上。由于发电机发出的所有功率全都需要通过变流器，因此直驱风电机组的交-直-交变流器为全功率变流器。

半耦合型结构指的是风力发电机定子与电网直接相连的情况下，同时存在通过电力电子变流器与电网相连的连接端口，即风电机组同时具有两个功率并网端口。双馈风力发电机组就是典型的半耦合型风电机组，其感应发电机具有两个能量馈送端口，即直接与电网相连接的发电机定子端口、通过功率变流器与电网间接连接的发电机转子端口，因而可称为双馈异步发电机（Doubly Fed Induction Generator，DFIG）。同时，不同于直驱风电机组的全功率变流器，在双馈风电机组中，流经交-直-交变流器的功率仅为机组的转差功率。

3.1 变速恒频风力发电系统的运行控制

3.1.1 风力机的运行特性

变速恒频风力发电系统的运行控制除与所用发电机类型有关外，还与作为机械能来源的风力机的运行特性密切相关。风力机是风力发电系统中能量转换的首要环节，用来截获流动空气所携带的动能，并将其中的一部分转换为机械能。因此风力机不仅决定了整个风电系统的输出功率，更直接影响风电机组的运行安全、稳定、可靠等性能，是风电系统中的关键功能部件。

根据空气动力学知识，风力机的输入功率可表达为

$$P_v = \frac{1}{2}(\rho S_w v)v^2 = \frac{1}{2}\rho S_w v^3 \tag{3-1}$$

式中 ρ——空气密度；

S_w——风力机叶片迎风扫掠面积；

v——进入风力机扫掠面之前的空气流速(即未扰动风速)。

由于通过叶轮旋转面的风能并非全部都能被风力机吸收,故可定义出一个风能利用系数 C_p 来表征风力机捕获风能的能力,即

$$C_p = \frac{风力机输出的机械功率}{输入风轮面内的功率} = \frac{P_o}{P_v} \tag{3-2}$$

这样风力机的输出机械功率为

$$P_o = C_p P_v = \frac{1}{2}\rho S_w v^3 C_p = \frac{\pi}{8}\rho D_w^2 v^3 C_p \tag{3-3}$$

式中 D_w ——叶轮的直径。

风能利用系数 C_p 是表征风力机运行功效的重要参数,它与风速、叶片转速、叶轮直径、桨叶节距角均有关。为了便于讨论 C_p 的特性,再定义另一个风力机的重要参数——叶尖速比 λ,它是叶片尖端的线速度与风速之比,即

$$\lambda = R_w \omega_w / v = \pi R_w n_w / (30v) \tag{3-4}$$

式中 R_w ——叶轮半径,且 $R_w = 0.5 D_w$;

 ω_w ——叶片旋转的角速度;

 n_w ——叶片的转速,且 $n_w = 30/(\pi\omega_w)$。

值得说明的是,因为风力机常通过一增速比为 N 的变速齿轮箱来驱动发电机,故发电机转速与风力机转速之间有如下关系:

$$\omega_m = N\omega_w \text{ 或 } n_m = N n_w \tag{3-5}$$

风力机可分为变桨距和定桨距两种。变桨距风力机特性通常由一簇风能利用系数 C_p 的曲线来表示,如图 3-1 所示。风能利用系数 C_p 是叶尖速比 λ、桨叶节距角 β 的综合函数,即 $C_p(\lambda, \beta)$。可以看出,当桨叶节距角 β 增大时,$C_p(\lambda)$ 曲线将显著缩小;保持桨叶节距角 β 不变时,C_p 只与叶尖速比 λ 有关系,可用一条曲线来描述,这就是定桨距风力机性能曲线 $C_p(\lambda)$,如图 3-2 所示。

一个特定的定桨距风力机具有唯一的一个可使 C_p 达最大值的叶尖速比,称为最佳叶尖速比 λ_{opt},其对应的 C_p 为最大风能利用系数 C_{pmax}。当 λ 大于或小于最佳叶尖速比 λ_{opt} 时,C_p 都会偏离最大值 C_{pmax},引起风电机组运行效率下降。根据贝茨理论,风能利用系数的理论最大值为 0.593,一般水平轴风力机 $C_p = 0.2 \sim 0.5$,如再考虑到风场中的风力机要受到风速与风向波动的影响,实际的 C_{pmax} 在 0.4 左右。

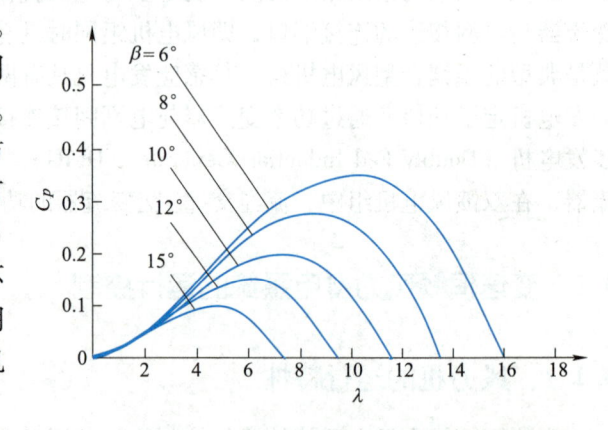

图 3-1 变桨距风力机性能曲线

虽然变桨距风力机是定桨距风力机的改进和发展,但定桨距风力机特性则是变桨距风力机特性的基础,具有代表意义,是讨论最大风能追踪运行的依据。从以上分析可以得知,在某一固定的风速 v 下,随着风力机转速 n_w 的变化其 C_p 值会作相应变化,从而使风力机输出的机械功率 P_o 发生变化。根据图 3-2 和式(3-3)可导出不同风速下定桨距风力机输出功率

和转速的关系，如图 3-3 所示，图中，不同风速下风力机功率-转速曲线上最大功率点 P_{opt} 的连线称为最佳功率曲线，运行在 P_{opt} 曲线上风力机将获得最大风能，输出最大功率 P_{max}，且

$$P_{max} = k_w \omega_w^3 \tag{3-6}$$

式中　k_w——一个与风力机有关的常数，且 $k_w = 0.5\rho S_w (R_w/\lambda_{opt})^3 C_{pmax}$。

式 (3-6) 表明，一台确定的风力机其最佳功率曲线也是确定的，其最大功率与转速成三次方关系。

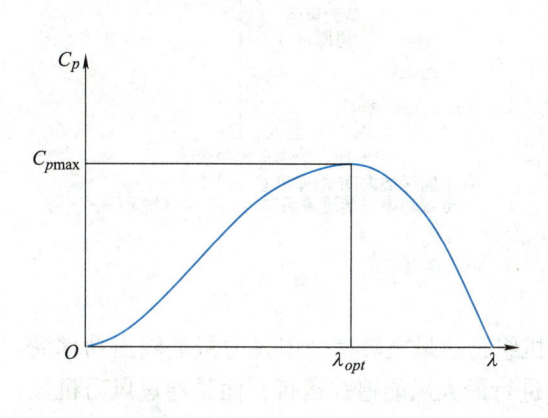

图 3-2　定桨距风力机性能曲线

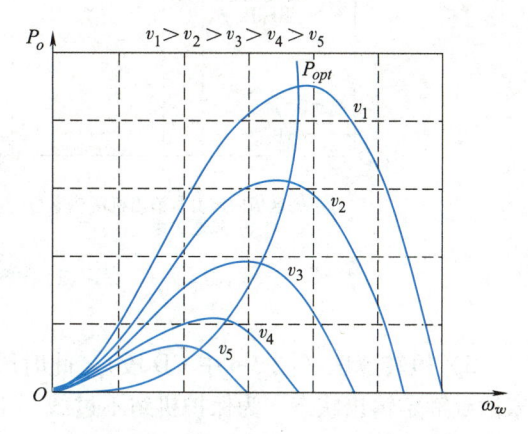

图 3-3　定桨距风力机功率与转速的关系

3.1.2　变速恒频风力发电系统的运行控制策略

根据不同的风况，变速恒频风力发电系统的运行可按 4 个区域来实施控制，即起动区、最大风能追踪区、恒转速区和恒功率区，如图 3-4 所示。其中，图 3-4a 为风力机输出机械功率与风速之间的关系曲线，其中 P_{oN} 为风力机的额定输出功率；图 3-4b 为 DFIG 总电磁功率与转速的关系曲线，其中 ω_{m_min} 为风电机组应从电网中切除的最低转速（切出转速），ω_{m1} 为同步转速；ω_{m_max} 为最高转速，P_{eN} 为额定总电磁功率。一个风力发电系统主要由风力机控制子系统和发电机控制子系统组成，两个子系统协调工作，共同确保整个风电系统的正常运行。图 3-4 则表明了 4 个运行区域内它们的控制方法、控制任务、控制目标和协调关系。

1) 启动区（图 3-4 中 $\overset{\frown}{AB}$ 段）。此段内风速从接近零上升到切入风速，切入风速以下发电机与电网脱离，风速大于或等于切入风速时发电机并网发电。该区域的主要任务是实现发电机的并网控制，并网中风力机控制子系统通过变桨距系统改变桨叶节距来调节机组的转速，使其保持恒定或在一个允许的范围内变化；发电机控制子系统则调节发电机定子电压使其满足并网条件，并在适当的时候进行并网操作。

2) 最大风能追踪区（图 3-4 中 $\overset{\frown}{BC}$ 段）。此时风电机组已并网且运行在最高转速以下，风力机桨叶节距角处于不调节的定桨距运行状态。该区域内实行最大风能追踪控制的变速运行，风电机组的转速随风速作相应变化，以确保风力机的风能利用系数始终保持为最大值 C_{pmax}，故又称为 C_p 恒定区。在追踪最大风能运行时，风力机控制子系统实行定桨距控制，发电机控制子系统通过发电机的输出功率控制来调节机组的转速，实现变速恒频运行。

a) 不同区域内风力机输出机械功率与风速关系

b) 不同区域内DFIG输出总电磁功率与转速关系

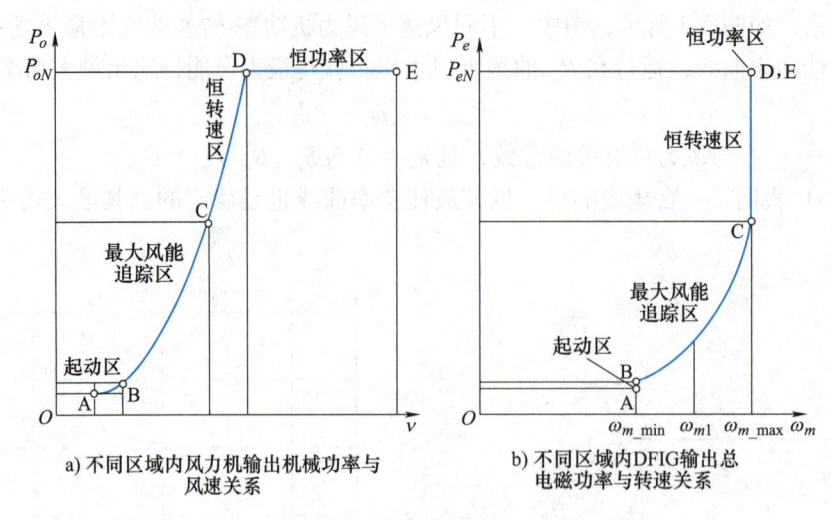

图 3-4 变速恒频风力发电系统的运行区域

3）恒转速区（图 3-4 中 $\overset{\frown}{CD}$ 段）。此时风电机组已达最高转速，但风力机的输出功率尚未达到额定输出状态。为保护机组不过载，不再进行最大风能追踪运行，而是通过风力机控制子系统的变桨距控制来调节桨叶节距角，确保允许最高转速上的恒转速发电运行。

4）恒功率区（图 3-4 中 $\overset{\frown}{DE}$ 段）。随着风速的增大风力机输出机械功率不断增大，发电机达到其功率极限。此时须控制机组的输出功率使之不超过额定值，风电机组处于恒转速、恒功率运行状态，在图 3-4b 所示总电磁功率与转速关系曲线上表现为一个运行点 D、E。该区域的恒功率控制由风力机控制子系统通过变桨距来实现，即风速增加时增大桨叶节距角 β 使 C_p 值迅速降低，以此保持功率恒定。

根据以上运行区域分析，可以确立交流励磁变速恒频风力发电机组的运行控制策略：低于额定风速时实行最大风能追踪控制或变转速运行，以期获得最大的风电能量或控制机组转速；高于额定风速时实行功率控制，保持输出功率稳定。在设计变速恒频双馈异步风力发电系统的时候，应将最常出现的风速范围作为最大风能追踪区域，以此提高风电机组的运行效率。

3.2 风力发电系统最大风能追踪运行机理

不同风速 $v_1 > v_2 > v_3$ 下，定桨距控制风力机输出功率 P_o 与转速 ω_w 之间关系如图 3-5 所示。可以看出，同一风速、不同机组转速下输出功率不同，同一风速下存在有一个最佳转速，此转速下风力机能达到最佳叶尖速比，可捕获到该风速下的最大能量、输出最大的功率，因此定桨距风力机的最大风能追踪控制与风力机的转速控制密切相关。由于齿轮箱的升速作用使得发电机转速 ω_m 增大为风力机转速 ω_w 的 N 倍（N 为齿轮箱的变比），故只要有效控制发电机转速就可使风力机运行于某风速所对应的最佳转速上，获得最佳叶尖速比和最大功率输出。

连接不同风速下与最佳转速对应的最大功率点就可形成一条最佳功率 P_{opt} 曲线，如图 3-5

所示。参考式 (3-6)，P_{opt} 可进一步表达为

$$P_o = C_p P_v = \frac{1}{2}\rho S_w v^3 C_p = \frac{\pi}{8}\rho D_w^2 v^3 C_p \tag{3-7}$$

由于实际运行中风速较难准确检测，无法直接给出与之相对应的最佳转速指令，故一般不直接采取转速闭环控制，而是控制从风力机轴上吸收的机械功率，借此实现对转速的间接控制。这种控制方式不以转速为直接目标，而是

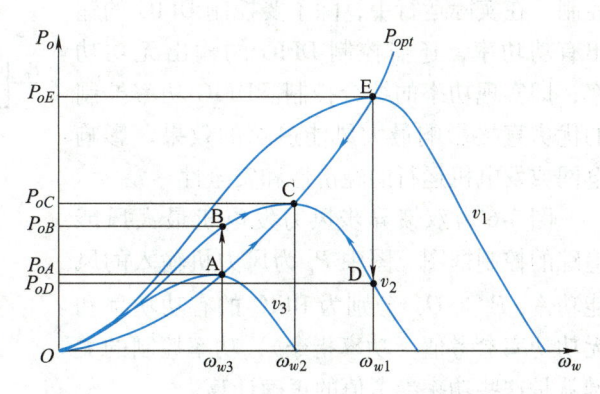

图 3-5 不同风速下风力机输出机械功率与转速关系

通过最佳功率曲线获得最佳转速和最佳叶尖速比为最终目的。实施中应时刻检测风电机组的转速，按式 (3-7) 计算出此转速下的最佳功率，直接或经过处理后作为发电机控制子系统的有功功率参考值。若实现了功率的无静差控制，则变速运行中从风力机吸收的机械功率也应是转速-功率曲线上的最佳功率 P_{opt}。

实际运行中的最大风能追踪过程是依据风力机的输出特性，通过对发电机的控制来完成，如图 3-5 所示。设风速为 v_3 时风电机组稳定运行于图中的 A 点；当风速突变为 v_2 瞬间由于机组的巨大机械惯量使转速仍暂时保持为 ω_{w3} 而不会突变，但此时风力机输出的机械功率已由 A 点的 P_{oA} 突变为风速 v_2 上 B 点对应的 P_{oB}，而发电机输出总电磁功率仍保持为 P_{oA}，轴上多余的机械功率迫使机组转速上升。转速上升过程中风力机输出机械功率沿曲线 $\overset{\frown}{BC}$ 运动，发电机的总电磁功率则沿曲线 $\overset{\frown}{AC}$ 上升，最后二者重新平衡于 C 点，即风速 v_2 下风力机的最大输出功率点。

从图 3-5 可以看出，定桨距控制时同一风速、不同转速下风力机输出功率不同，要实现追踪最佳功率曲线运行必须在风速变化时及时调整转速 ω_w，以期随时保持最佳叶尖速比 λ_{opt}。因此最大风能追踪过程可以理解为风力机的转速调节过程，转速调节的精度决定了最大风能追踪的效果。

风电机组的最大风能追踪控制可通过风力机控制或通过发电机控制来实现。由于最大风能追踪运行实质上就是风电机组的转速控制过程，既可通过风力机控制也可通过发电机控制来实现。采用风力机控制时最大困难在于巨大风轮致使机组机械时间常数很大，调速过程动态响应很慢，赶不上风速的急剧变化；且机械式桨距调节机构复杂、维护困难。采用发电机控制时控制对象为电磁转矩，这是一个时间常数小、动态响应快的电气量，电气系统的控制也相对简单。因此，变速恒频风电机组通常就是通过控制发电机输出有功功率来调节风电系统的电磁转矩，改变整个系统转矩平衡关系，进而调节风电系统的转速来实现最大风能追踪运行。

3.3　双馈异步风力发电机的最大风能追踪控制

最大风能追踪的本质是通过控制 DFIG 输出有功功率，控制其电磁转矩来实现最佳转速

控制。在实际运行中，除了要控制 DFIG 的输出有功功率，还需控制 DFIG 的输出无功功率，即实现功率的综合控制。DFIG 功率控制的优劣直接影响最大风能追踪的效果，影响电网或发电机运行的经济性和安全性。

图 3-6 为双馈异步风力发电机最大风能追踪的控制框图。图中 P_v 为风力机输入的风能功率，P_s^*、Q_s^* 分别为 DFIG 的有功功率和无功功率参考值（功率指令），功率控制的关键就是这些功率参考值的正确计算。

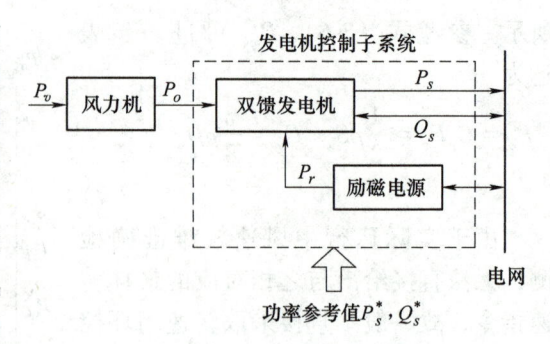

图 3-6 DFIG 最大风能追踪控制框图

3.3.1 有功功率参考值 P_s^* 的计算

图 3-7 给出了在忽略铁耗、机组机械损耗的条件下 DFIG 的有功功率关系。其中，P_s、P_r 为定子、转子有功功率；P_{es}、P_{er} 为定子、转子电磁功率；P_{cus}、P_{cur} 为定子、转子铜耗；P_o 为风力机输出的机械功率；s 为 DFIG 的运行滑差。

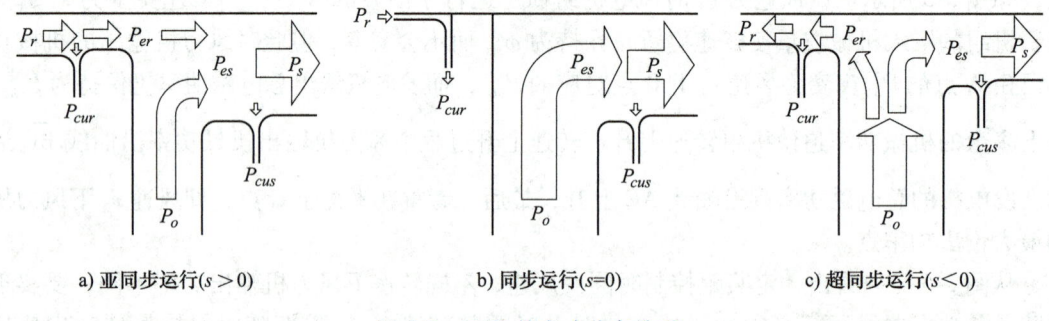

a) 亚同步运行($s>0$)　　b) 同步运行($s=0$)　　c) 超同步运行($s<0$)

图 3-7 DFIG 的有功功率关系

根据最大风能追踪的原理，当风力机输出的机械功率 P_o（见式（3-3））与 P_{opt} 曲线上最大输出功率 P_{max}（见式（3-6））相等时，即 $P_o = P_{max} = k_w\omega_w^3$，定子功率 P_s 即为 DFIG 有功功率参考值 P_s^*。考虑到定子电磁功率 $P_{es} = P_s + P_{cus}$，可以导出

$$P_s^* = \frac{1}{1-s}(P_{max} - P_{ms}) - P_{cus} \tag{3-8}$$

式中　P_{ms}——风电机组机械损耗。

将 $P_{max} = k_w\omega_w^3$ 和 $P_{cus} = 3I_s^2 R_s$ 关系代入式（3-8）后有

$$P_s^* = \frac{1}{1-s}(k_w\omega_w^3 - P_{ms}) - 3I_s^2 R_s \tag{3-9}$$

经恒等变换后，可从上式求得如下关系

$$A(P_s^*)^2 + BP_s^* + C = 0 \tag{3-10}$$

式中

$$\begin{cases} A = \dfrac{R_s}{3U_s^2} \\ B = 1 \\ C = \dfrac{1}{s-1}(k_w\omega_w^3 - P_{ms}) + \dfrac{R_s}{3U_s^2}Q_s \end{cases} \quad (3\text{-}11)$$

式中 U_s——定子电压；

R_s——定子电阻；

Q_s——定子无功功率。

在满足 $B^2 - 4AC \geq 0$ 条件下，式（3-10）关于 P_s^* 的实数解为

$$P_s^* = \frac{1}{2A}(-B + \sqrt{B^2 - 4AC}) \quad (3\text{-}12)$$

可以看出，有功功率参考值 P_s^* 的计算中除用到 DFIG 和电网的参数外，还需风力机转速 ω_w（或 DFIG 角速度 $\omega_r = n_p N \omega_w$，$n_p$ 为 DFIG 极对数，N 为齿轮箱增速比），以及 DFIG 定子无功功率 Q_s。图 3-8 给出了 DFIG 功率参考值计算模型，其中图 3-8a 给出了基于最大风能追踪的有功功率参考值 P_s^* 计算模型。

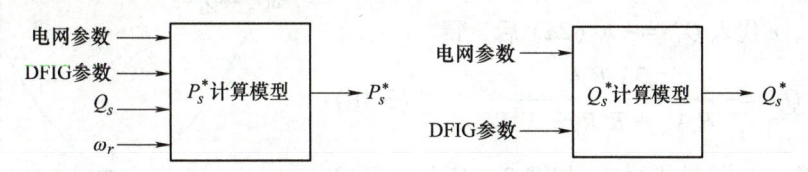

a) 基于最大风能追踪的 P_s^* 计算模型　　b) 基于 DFIG 运行优化的 Q_s^* 计算模型

图 3-8　DFIG 功率参考值计算模型

3.3.2 无功功率参考值 Q_s^* 的计算

无功功率参考值 Q_s^* 的计算原则是在 DFIG 允许运行范围内，选取能使某一性能评价函数 f 达到最优的那个无功功率值。这样，选用不同的性能评价函数将会有不同的 Q_s^* 值计算原则：①从提高电力系统的功率调节能力和稳定性、优化电力系统的运行工况来选取性能评价函数；②从降低 DFIG 损耗、优化风电系统运行效率来选取性能评估函数。

当采取最大程度降低风电系统运行损耗作为选取无功功率参考值 Q_s^* 的原则时，应将 DFIG 各种功率损耗 P_i 之和作为评价函数，即

$$f = \sum P_i \quad (3\text{-}13)$$

考虑到与无功功率 Q_s 有关的损耗主要是 DFIG 定、转子铜耗，即

$$f = P_{cus} + P_{cur} \quad (3\text{-}14)$$

这样，将 DFIG 中定子电流有功分量 $I_{sP} = \dfrac{P_s}{3U_s}$、无功分量 $I_{sQ} = \dfrac{Q_s}{3U_s}$，以及定子电流 $I_s = (I_{sP}^2 + I_{sQ}^2)^{\frac{1}{2}} = \dfrac{(P_s^2 + Q_s^2)^{\frac{1}{2}}}{3U_s} = \dfrac{S_s}{3U_s}$、转子电流 $I_r = \dfrac{1}{X_m}[I_s^2(R_s^2 + X_s^2) + U_s^2 + 2U_s(I_{sP}R_s - I_{sQ}X_s)]^{\frac{1}{2}}$

等关系，代入定、转子铜耗 $P_{cus} = 3I_s^2 R_s$、$P_{cur} = 3I_r^2 R_r$；其中 $S_s = \sqrt{P_s^2 + Q_s^2}$ 为 DFIG 输出视在功率，$X_s = X_{s\sigma} + X_m$、$X_r = X_{r\sigma} + X_m$ 为定、转子全电抗，$X_{s\sigma}$、$X_{r\sigma}$、X_m 分别为定、转子漏抗和互感电抗，R_s、R_r 为定、转子电阻；则可将 f 整理成关于 Q_s 的一元二次表达式为

$$f = aQ_s^2 + bQ_s + c \tag{3-15}$$

式中 系数 a、b、c 分别为

$$\begin{cases} a = \dfrac{1}{3X_m^2 U_s^2}(R_s X_m^2 + R_s^2 R_r + X_s^2 R_r) \\ b = \dfrac{6X_s R_r U_s^2}{3X_m^2 U_s^2} \\ c = \dfrac{1}{3X_m^2 U_s^2}[(R_s X_m^2 + R_s^2 R_r + X_s^2 R_r)P_s^2 + 6R_s R_r U_s^2 P_s + 9R_r U_s^4] \end{cases} \tag{3-16}$$

当 $Q_s^* = -b/(2a)$ 时，评估函数 f 达最小极值

$$f_{\min} = \frac{4ac - b^2}{4a} \tag{3-17}$$

将 a、b、c 代入 $Q_s^* = -b/(2a)$ 后，得

$$Q_s^* = -\frac{3X_s R_r U_s^2}{R_s X_m^2 + R_s^2 R_r + X_s^2 R_r} \tag{3-18}$$

评估函数 f 及其最优值 $f_{\min}$ 如图 3-9 所示。可以看出 Q_s^* 只与 DFIG 和电网参数有关，与 DFIG 运行状况无关。

此外，无功功率参考值 Q_s^* 更直接的设定方法，就是按照电网的无功需求或 DFIG 的运行要求来给定。

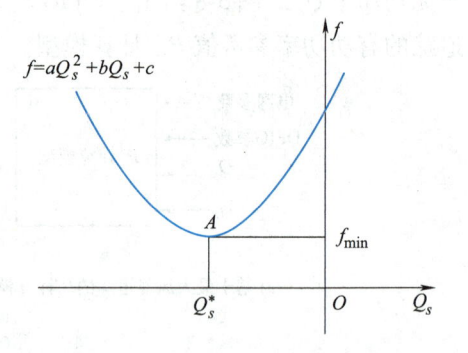

图 3-9 评估函数 f 的最优值

3.3.3 最大风能追踪控制的实现

计算出 P_s^* 和 Q_s^* 后，可以此为依据实施对 DFIG 的功率控制，以期实现追踪最大风能的变速恒频运行。众所周知，DFIG 是一个高阶、多变量、非线性、强耦合的时变机电系统，为了实现 DFIG 的高性能控制，必须采用磁场定向的矢量变换控制策略。

矢量变换控制是交流电机实现解耦控制的核心技术，它通过坐标变换和磁场定向，将交流电机定子电流矢量分解成励磁分量和转矩分量，对其分别控制就能实现交流电机磁通和转矩的解耦控制，使交流电动机获得如同直流电动机那样优良的调速控制性能。同样可以将矢量变换控制技术移植到对发电机的控制上，将 DFIG 定子电流分解成为相互解耦的有功分量和无功分量，它们分别对应于发电机的输出有功功率和无功功率。通过对这两个分量的解耦控制就可以实现对 DFIG 输出有功功率 P_s、无功功率 Q_s 的独立调节，进而实现最大风能追踪的变速恒频运行。

3.4 风电机组的系统结构与数学模型

3.4.1 双馈异步风力发电机的系统结构

随着电力电子技术和微机控制技术的发展，双馈异步发电机（DFIG）在可再生能源的发电方式利用中得到了广泛的应用，特别是在风力发电领域。由于发电机的定子接电网、转子接交流励磁变频器，定、转子都参与了馈电，故被称之为"双馈"发电机。从运行特性来看，DFIG 兼有异步发电机和同步发电机的双重特性，因为其运行转速可以与由电网频率与电机极对数决定的同步转速不同，应当被称为异步发电机；但从性能上看又具有很多同步发电机的特点。例如，与同步发电机一样 DFIG 具有独立的转子励磁绕组，可对其功率因数进行独立调节，所以有交流励磁同步发电机、同步感应发电机、异步化同步发电机之称。实际上，它是具有同步发电机特性的交流励磁异步发电机，比同步发电机具有更多的优点。

同步发电机采用直流电流励磁，可调量只有幅值，只能用于无功功率的调节。DFIG 采用交流励磁，可调量有励磁电流的幅值、频率和相位。改变励磁电流频率可以实现变速恒频运行；改变励磁电流相位可使所建立的转子磁场在空间上有一个相应的位移，进而改变了发电机电动势矢量与电网电压矢量之间的相对位置，也即调节了发电机的功率角。所以采取交流励磁方式不仅具有无功功率调节、还具有有功功率调节功能，控制上更加灵活。若采用矢量变换控制技术，就可综合改变转子励磁电流的相位和幅值，实现输出有功功率和无功功率的解耦控制。因此，DFIG 比同步发电机在功率调节上具有更大的优越性。

DFIG 具有的变速恒频运行能力，使它在以下三个方面比同步发电机具有更为优良的运行性能。

1. 可在原动机变速运行条件下实现高效、优质发电

有很多场合拖动发电机的原动机转速是时刻变化的，如潮汐电站中水头的变化导致水轮机转速也变化；风力发电中风速的变化使得风力机转速也在变化；船舶与航空发电机的转速随推进器的速度而变化。这些变速驱动的环境中如采用同步发电机作常规方式运行就无法实现恒频发电，然而采用双馈异步发电机则可通过调节转子励磁电流的幅值、频率与相位，在原动机的变速驱动条件下也可输出恒频电能，特别是在风电机组中可实现最大风能追踪所需的变速恒频运行，有效提高了 DFIG 的发电运行效率。

2. 参与电力系统的无功功率调节，提高了电网系统的运行稳定性

现代风电系统的发展趋势是单机容量越来越大，送电距离日益增长，输电线电压等级逐渐提高。此外，电网负荷变化率也越来越剧烈，经常会出现输电线传输的有功功率高于其自然功率的工况，此时线路会出现过剩的无功功率，引起工频过电压、损耗增加并危及电力系统的运行安全。由于 DFIG 可以调节励磁电流的相位，能快速改变发电机运行功率角，从而使发电机能吸收更多无功功率，以此抑制电网电压的上升，进而提高电网电能质量、电力系统运行效率与稳定性。

3. 可实现发电机安全、快捷的柔性并网

常规同步发电机或异步发电机并网控制较为复杂，往往需要精确的转速控制和整步、准同步操作。而采用交流励磁的 DFIG 则可通过对转子的励磁控制，精确地调节发电机定子输出电压的频率、幅值、相位使其满足并网要求,理论上可在任何速度下实现安全而快速的"柔性"并网。

可以看出,变速恒频运行能力是 DFIG 非常重要的运行特性和优势,是用作风力发电机的重要依据。

DFIG 风电系统结构和变速恒频运行原理可用图 3-10 来说明。

DFIG 定子直接连接电网,转子通过三相励磁变频器进行交流励磁,电磁功率通过定子、转子双通道与电网进行交换。为了实现变速恒频运行,当风速变化、发电机转速作相应变化时,应调节转子励磁电流的频率以保证定子输出频率恒定。根据电机学的原理,若要实现有效的机电能量转换,发电机定、转子旋转磁场必须保持相对静止,即要求转子旋转磁场相对静止空间的转速(即转子转速与转子旋转磁场相对于转子的转速之和或之差)等于定子旋转磁场的转速。图中 f_1、f_2 分别为 DFIG 定、转子电流的频率,n_1 为定子磁场的同步转速,n_2 为转子磁场相对于转子的转速,n_r 为转子本身的转速。稳定运行时各转速间有如下关系:

$$n_1 = n_2 + n_r \tag{3-19}$$

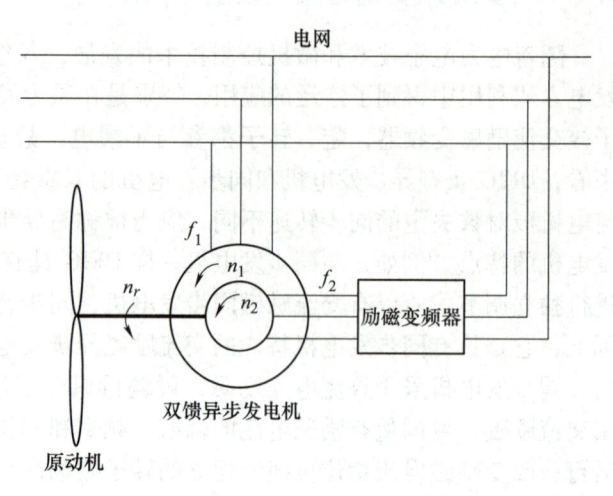

图 3-10 DFIG 风电系统结构和变速恒频运行原理框图

因 $f_1 = n_p n_1/60$ 及 $f_2 = n_p n_2/60$,其中 n_p 为发电机极对数,故有

$$\frac{n_p n_r}{60} + f_2 = f_1 \tag{3-20}$$

以此可知,当发电机转速 n_r 变化时,可通过调节转子励磁电流频率 f_2 来保持定子输出频率 f_1 恒定,实现变速恒频发电运行。这样,当发电机转速低于同步转速时,DFIG 处于亚同步运行状态,$f_2>0$,转子励磁电流产生的旋转磁场转向与转子转向相同,发电机转子通过励磁变频器从电网输入转差功率;当发电机转速高于同步转速时,DFIG 处于超同步运行状态,$f_2<0$,转子励磁电流建立的旋转磁场方向与转子转向相反,转子绕组通过励磁变频器向电网输出转差功率;当发电机转速等于同步速时,即 DFIG 处于同步运行状态,$f_2=0$,电网与转子绕组之间无功率交换,励磁变频器向转子提供直流励磁。综上所述,采取交流励磁的 DFIG 风电系统结构形式,确保了变速恒频发电运行的实现。

3.4.2 直驱风电机组系统结构和数学模型

直驱风力发电系统的主要运行目标是实现对 PMSG 定子输出有功、无功功率的精准调节,而 PMSG 的有功、无功功率是通过机侧变流器对定子电流的有效控制来实现。因此,直驱风电机组机侧变流器的控制系统设计与 PMSG 的数学模型密不可分。

直驱风电机组机侧变流器及发电机的主电路结构简图如图 3-11 所示,图中 u_{ma}、u_{mb}、u_{mc} 分别为机侧变流器输出端口的三相相电压,同时也为永磁同步发电机的三相定子相电压;

i_{ma}、i_{mb}、i_{mc} 分别为机侧变流器的三相输入电流,同时也为永磁同步发电机的三相定子相电流;V_{dc} 为直流母线电压。

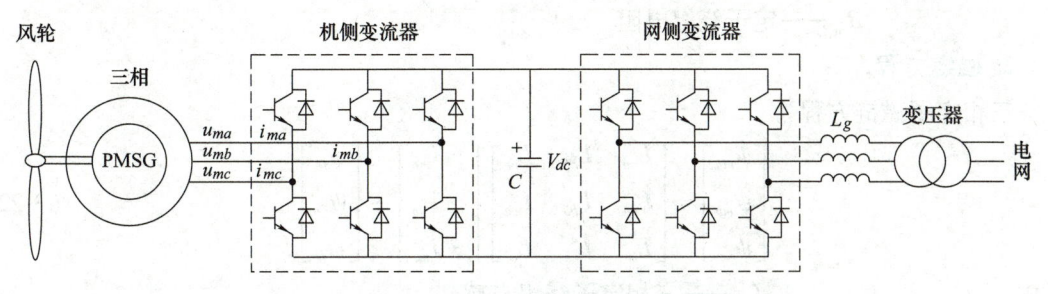

图 3-11 直驱风电机组主电路结构简图

3.4.2.1 三相静止坐标系下直驱风电机组机侧变流器的数学模型

直驱风电机组中的永磁同步发电机是一个多变量、强耦合、非线性、时变的高阶系统,为了便于对其进行建模分析,通常作如下的假设:

1)永磁同步发电机三相定子绕组完全对称,各绕组轴线在空间中互差 120° 电角度,且绕组上电阻电感相等,同时绕组间互感也相等。

2)气隙均匀分布,转子永磁体磁场和定子绕组产生的电枢反应磁动势沿气隙按正弦规律分布。

3)忽略磁路非线性饱和,认为各绕组的自感和互感与磁路工作点有关,但都为恒值。

4)忽略转子上的阻尼绕组。

5)忽略频率变化、温度变化对永磁体以及发电机参数的影响。

在接下来的分析中,正方向的定义为:定子绕组采用发电机惯例,即正电流从端电压正极性流出,正值电流产生负值磁链。按照以上规定,各绕组电流和磁链方向如图 3-12 所示。

根据以上模型假设以正方向定义,可以在三相静止坐标系下建立直驱风电机组中永磁同步发电机的数学模型。

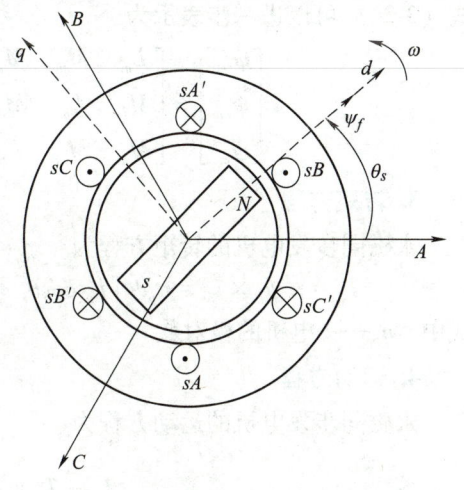

图 3-12 永磁同步发电机的结构简图

1. 电压方程

三相定子电压方程为

$$\begin{cases} u_{ma} = -R_m i_{ma} + \dfrac{\mathrm{d}\psi_{ma}}{\mathrm{d}t} \\ u_{mb} = -R_m i_{mb} + \dfrac{\mathrm{d}\psi_{mb}}{\mathrm{d}t} \\ u_{mc} = -R_m i_{mc} + \dfrac{\mathrm{d}\psi_{mc}}{\mathrm{d}t} \end{cases} \quad (3\text{-}21)$$

式中 u_{ma}、u_{mb}、u_{mc}——三相定子瞬时相电压;

i_{ma}、i_{mb}、i_{mc}——三相定子瞬时相电流；

ψ_{ma}、ψ_{mb}、ψ_{mc}——三相定子绕组磁链；

R_m——定子绕组电阻。

2. 磁链方程

三相定子磁链方程为

$$\begin{bmatrix} \psi_{ma} \\ \psi_{mb} \\ \psi_{mc} \end{bmatrix} = \begin{bmatrix} L_{aa} & L_{ab} & L_{ac} \\ L_{ba} & L_{bb} & L_{bc} \\ L_{ca} & L_{cb} & L_{cc} \end{bmatrix} \begin{bmatrix} -i_{ma} \\ -i_{mb} \\ -i_{mc} \end{bmatrix} + \begin{bmatrix} \psi_{fa} \\ \psi_{fb} \\ \psi_{fc} \end{bmatrix} \quad (3\text{-}22)$$

式中　L_{aa}、L_{bb}、L_{cc}——三相定子绕组自感；

L_{ab}、L_{ac}、L_{ba}、L_{bc}、L_{ca}、L_{cb}——绕组之间的互感；

ψ_{fa}、ψ_{fb}、ψ_{fc}——转子永磁体反映在定子三相绕组上的磁链。

转子磁链可以表示为

$$\begin{bmatrix} \psi_{fa} \\ \psi_{fb} \\ \psi_{fc} \end{bmatrix} = \psi_f \begin{bmatrix} \cos\theta_r \\ \cos(\theta_r - 2\pi/3) \\ \cos(\theta_r + 2\pi/3) \end{bmatrix} \quad (3\text{-}23)$$

式中　θ_r——转子直轴与定子 A 相轴线的夹角。

根据上文的假设，定子绕组中各相电感相等，且绕组之间的互感均相等，因此式（3-22）中的自感满足 $L_{aa} = L_{bb} = L_{cc} = L_m$，互感满足 $L_{ab} = L_{ac} = L_{ba} = L_{bc} = L_{ca} = L_{cb} = M_m$。于是，式（3-22）可以进一步表示为

$$\begin{bmatrix} \psi_{ma} \\ \psi_{mb} \\ \psi_{mc} \end{bmatrix} = \begin{bmatrix} L_m & M_m & M_m \\ M_m & L_m & M_m \\ M_m & M_m & L_m \end{bmatrix} \begin{bmatrix} -i_{ma} \\ -i_{mb} \\ -i_{mc} \end{bmatrix} + \psi_f \begin{bmatrix} \cos\theta_r \\ \cos(\theta_r - 2\pi/3) \\ \cos(\theta_r + 2\pi/3) \end{bmatrix} \quad (3\text{-}24)$$

3. 转矩方程

永磁同步发电机的转矩方程为

$$T_e = n_p \psi_f \times i_m = n_p \psi_f [i_{ma}\cos\theta_r + i_{mb}\cos(\theta_r - 2\pi/3) + i_{mc}\cos(\theta_r + 2\pi/3)] \quad (3\text{-}25)$$

式中　n_p——电机的极对数。

4. 运动方程

永磁同步发电机的运动方程为

$$T_e - T_L = \frac{J}{n_p}\frac{\mathrm{d}\omega_r}{\mathrm{d}t} + \frac{D}{n_p}\omega_r + \frac{K}{n_p}\theta_r \quad (3\text{-}26)$$

式中　T_L——风力机提供的拖动转矩；

J——机组的转动惯量；

D——与转速成正比的阻转矩阻尼系数；

K——扭转弹性转矩系数。

通常假定 $D=0$，$K=0$，则有

$$T_e - T_L = \frac{J}{n_p}\frac{\mathrm{d}\omega_r}{\mathrm{d}t} \quad (3\text{-}27)$$

同时，永磁同步发电机的机械角速度与电角速度分别满足

$$\omega_r = \frac{d\theta_r}{dt} \tag{3-28}$$

$$\omega = n_p \omega_r \tag{3-29}$$

式中 ω_r、ω——转子的机械角速度和电角速度。

3.4.2.2 两相同步旋转坐标系下直驱风电机组机侧变流器的数学模型

与网侧变流器类似，直驱风电机组机侧变流器在三相静止坐标系下的数学模型也可以根据坐标变换关系得到两相旋转坐标系下的数学模型。

根据式（3-21），可以得到 dq 旋转坐标系下的电压方程为

$$\begin{bmatrix} u_{md} \\ u_{mq} \end{bmatrix} = -\begin{bmatrix} R_m & 0 \\ 0 & R_m \end{bmatrix}\begin{bmatrix} i_{md} \\ i_{mq} \end{bmatrix} + \begin{bmatrix} p & \omega_r \\ -\omega_r & p \end{bmatrix}\begin{bmatrix} \psi_{md} \\ \psi_{mq} \end{bmatrix} \tag{3-30}$$

根据式（3-22），可以得到 dq 旋转坐标系下的定子磁链方程

$$\begin{bmatrix} \psi_{md} \\ \psi_{mq} \end{bmatrix} = \begin{bmatrix} -L_{md} & 0 \\ 0 & -L_{mq} \end{bmatrix}\begin{bmatrix} i_{md} \\ i_{mq} \end{bmatrix} + \begin{bmatrix} 0 \\ \psi_f \end{bmatrix} \tag{3-31}$$

将磁链方程式（3-31）代入电压方程式（3-30）可得

$$\begin{bmatrix} u_{md} \\ u_{mq} \end{bmatrix} = -\begin{bmatrix} R_m & 0 \\ 0 & R_m \end{bmatrix}\begin{bmatrix} i_{md} \\ i_{mq} \end{bmatrix} + \begin{bmatrix} -L_{mq}p & -\omega_r L_{md} \\ \omega_r L_{mq} & -L_{md}p \end{bmatrix}\begin{bmatrix} i_{md} \\ i_{mq} \end{bmatrix} + \begin{bmatrix} \omega_r \psi_f \\ 0 \end{bmatrix} \tag{3-32}$$

式（3-30）~式（3-32）中 u_{md}、u_{mq}——定子电压的 d、q 分量值；

i_{md}、i_{mq}——定子电流的 d、q 分量值；

ψ_{md}、ψ_{mq}——磁链的 d、q 分量值；

p——微分算子；

L_{md}、L_{mq}——定子 d、q 轴电感。

在两相同步旋转坐标系下，永磁同步发电机输出的瞬时有功功率和无功功率分别为

$$\begin{cases} P_m = u_{md}i_{md} + u_{mq}i_{mq} \\ Q_m = u_{mq}i_{md} - u_{md}i_{mq} \end{cases} \tag{3-33}$$

同理，在两相同步旋转坐标系下，电磁转矩方程可以表示为

$$T_e = n_p \psi_f \times i_m = n_p \psi_f [i_{mq} + (L_{md} - L_{mq})i_{md}i_{mq}] \tag{3-34}$$

3.4.3 双馈风电机组机侧变流器的数学模型

双馈风力发电系统的主要运行目标是实现对 DFIG 定子输出有功、无功功率的精确调节，而 DFIG 的有功、无功功率间接地通过机侧变流器对转子电流的有效控制来实现。为了对控制对象实现有效控制，机侧变流器的控制应以 DFIG 的数学模型为基础来进行设计。由此可见，机侧变流器的控制系统设计与 DFIG 的数学模型密不可分。

双馈风电机组机侧变流器及发电机的主电路结构简图如图 3-13 所示，图中 u_{ga}、u_{gb}、u_{gc} 分别为电网三相相电压；i_{sa}、i_{sb}、i_{sc} 分别为定子绕组的三相输入电流；i_{ra}、i_{rb}、i_{rc} 分别为转子绕组的三相输入电流，同时也为机侧变流器的三相输出电流；V_{dc} 为直流母线电压。

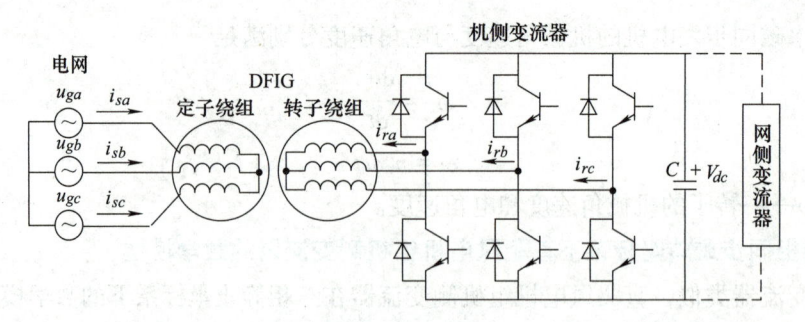

图 3-13　双馈风电机组机侧变流器及发电机的主电路结构简图

3.4.3.1　三相静止坐标系下双馈风电机组机侧变流器数学模型

由于双馈异步电机是一个多变量、强耦合、非线性、时变的高阶系统，为了便于分析问题，通常作如下的假设：

1）忽略空间谐波，设三相绕组对称，在空间中互差120°电角度，所产生的磁动势沿气隙按正弦规律分布。

2）忽略磁路非线性饱和，认为各绕组的自感和互感与磁路工作点有关，但都为恒值。

3）忽略铁心损耗。

4）不考虑频率变化和温度变化对绕组电阻的影响。

5）如无特别说明，机侧的参数都是经折算到定子侧的参数，折算后的定子和转子绕组匝数相等。

在接下来的分析中，正方向惯例定义为：定、转子绕组均采用电动机惯例，即向绕组内部看时，电压降的正方向与绕组电流的正方向一致，正值电流产生正值磁链（即符合右手螺旋法则）。

根据以上模型假设以正方向定义，三相静止 ABC 坐标系中 DFIG 的数学模型可描述如下：

1. 定转子电压方程

三相定子电压方程为

$$\begin{cases} u_{sa} = R_s i_{sa} + \dfrac{\mathrm{d}\psi_{sa}}{\mathrm{d}t} \\ u_{sb} = R_s i_{sb} + \dfrac{\mathrm{d}\psi_{sb}}{\mathrm{d}t} \\ u_{sc} = R_s i_{sc} + \dfrac{\mathrm{d}\psi_{sc}}{\mathrm{d}t} \end{cases} \tag{3-35}$$

三相转子电压方程为

$$\begin{cases} u_{ra} = R_r i_{ra} + \dfrac{\mathrm{d}\psi_{ra}}{\mathrm{d}t} \\ u_{rb} = R_r i_{rb} + \dfrac{\mathrm{d}\psi_{rb}}{\mathrm{d}t} \\ u_{rc} = R_r i_{rc} + \dfrac{\mathrm{d}\psi_{rc}}{\mathrm{d}t} \end{cases} \tag{3-36}$$

式中 u_{sa}、u_{sb}、u_{sc}、u_{ra}、u_{rb}、u_{rc}——定、转子瞬时相电压；

i_{sa}、i_{sb}、i_{sc}、i_{ra}、i_{rb}、i_{rc}——定、转子瞬时相电流；

ψ_{sa}、ψ_{sb}、ψ_{sc}、ψ_{ra}、ψ_{rb}、ψ_{rc}——定、转子各相绕组磁链；

R_s、R_r——定、转子绕组电阻。

上述转子各量都已折算到定子侧。为了简单起见，表示折算后量的上标"'"均省略。

将电压方程写成矩阵形式，则有

$$\boldsymbol{U} = \boldsymbol{R}\boldsymbol{I} + \frac{\mathrm{d}\boldsymbol{\psi}}{\mathrm{d}t} \tag{3-37}$$

式中 $\boldsymbol{U} = [\boldsymbol{U}_s, \boldsymbol{U}_r]^\mathrm{T} = [u_{sa}, u_{sb}, u_{sc}, u_{ra}, u_{rb}, u_{rc}]^\mathrm{T}$；

$\boldsymbol{I} = [\boldsymbol{I}_s, \boldsymbol{I}_r]^\mathrm{T} = [i_{sa}, i_{sb}, i_{sc}, i_{ra}, i_{rb}, i_{rc}]^\mathrm{T}$；

$\boldsymbol{\psi} = [\boldsymbol{\psi}_s, \boldsymbol{\psi}_r]^\mathrm{T} = [\psi_{sa}, \psi_{sb}, \psi_{sc}, \psi_{ra}, \psi_{rb}, \psi_{rc}]^\mathrm{T}$；

$$\boldsymbol{R} = \begin{bmatrix} R_s & 0 & 0 & 0 & 0 & 0 \\ 0 & R_s & 0 & 0 & 0 & 0 \\ 0 & 0 & R_s & 0 & 0 & 0 \\ 0 & 0 & 0 & R_r & 0 & 0 \\ 0 & 0 & 0 & 0 & R_r & 0 \\ 0 & 0 & 0 & 0 & 0 & R_r \end{bmatrix}。$$

2. 磁链方程

矩阵形式的磁链方程可表示为

$$\boldsymbol{\psi} = \begin{bmatrix} \boldsymbol{\psi}_s^\mathrm{T} \\ \boldsymbol{\psi}_r^\mathrm{T} \end{bmatrix} = \begin{bmatrix} \boldsymbol{L}_{ss} & \boldsymbol{L}_{sr} \\ \boldsymbol{L}_{rs} & \boldsymbol{L}_{rr} \end{bmatrix} \begin{bmatrix} \boldsymbol{I}_s^\mathrm{T} \\ \boldsymbol{I}_r^\mathrm{T} \end{bmatrix} = \boldsymbol{L}\boldsymbol{I} \tag{3-38}$$

式中 $\boldsymbol{L}_{ss} = \begin{bmatrix} L_{ms} + L_{ls} & -\frac{1}{2}L_{ms} & -\frac{1}{2}L_{ms} \\ -\frac{1}{2}L_{ms} & L_{ms} + L_{ls} & -\frac{1}{2}L_{ms} \\ -\frac{1}{2}L_{ms} & -\frac{1}{2}L_{ms} & L_{ms} + L_{ls} \end{bmatrix}$；

$\boldsymbol{L}_{rr} = \begin{bmatrix} L_{mr} + L_{lr} & -\frac{1}{2}L_{mr} & -\frac{1}{2}L_{mr} \\ -\frac{1}{2}L_{mr} & L_{mr} + L_{lr} & -\frac{1}{2}L_{mr} \\ -\frac{1}{2}L_{mr} & -\frac{1}{2}L_{mr} & L_{mr} + L_{lr} \end{bmatrix}$；

$$\boldsymbol{L}_{sr} = \boldsymbol{L}_{rs}^\mathrm{T} = L_{ms} \begin{bmatrix} \cos\theta_r & \cos(\theta_r - 120°) & \cos(\theta_r + 120°) \\ \cos(\theta_r + 120°) & \cos\theta_r & \cos(\theta_r - 120°) \\ \cos(\theta_r - 120°) & \cos(\theta_r + 120°) & \cos\theta_r \end{bmatrix} \tag{3-39}$$

式中 L_{ms}——与定子一相绕组交链的最大互感磁通所对应的定子互感值；

L_{mr}——与转子一相绕组交链的最大互感磁通所对应的转子互感值。

L_{ls}、L_{lr}——定、转子漏电感；

θ_r——转子的电气位置角；

由于折算后定、转子绕组匝数相等，且各绕组间互感磁通都通过相同气隙，磁阻相同，故可认为 $L_{ms}=L_{mr}$。

值得注意的是，式（3-39）中两个分块矩阵互为转置，且均与转子位置角 θ_r 有关，它们的元素都是变参数，这是系统非线性的表现和根源。为了把变参数矩阵转换成常参数矩阵，必须进行相应的坐标变换。

如果把磁链方程式（3-38）代入电压方程式（3-37），展开后的电压方程为

$$U = RI + \frac{d}{dt}(LI) = RI + L\frac{dI}{dt} + I\frac{dL}{dt} = RI + L\frac{dI}{dt} + \omega_r I \frac{dL}{d\theta_r} \quad (3\text{-}40)$$

式中　$L dI/(dt)$——电磁感应电动势中的变压器电动势；

　　　$\omega_r I dL/(d\theta_r)$——电磁感应电动势中的旋转电动势，其大小与转子电角速度 ω 成正比。

3. 转矩方程

根据机电能量转换原理，双馈电机的电磁转矩可表达为

$$T_e = \frac{1}{2} n_p \left(I_r^T \frac{d L_{rs}}{d\theta_r} I_s + I_s^T \frac{d L_{sr}}{d\theta_r} I_r \right) \quad (3\text{-}41)$$

式中　n_p——电机的极对数。

4. 运动方程

$$T_e - T_L = \frac{J}{n_p}\frac{d\omega_r}{dt} + \frac{D}{n_p}\omega_r + \frac{K}{n_p}\theta_r \quad (3\text{-}42)$$

式中　T_L——风力机提供的拖动转矩；

　　　J——机组的转动惯量；

　　　D——与转速成正比的阻转矩阻尼系数；

　　　K——扭转弹性转矩系数。

通常假定 $D=0$，$K=0$，则有

$$T_e - T_L = \frac{J}{n_p}\frac{d\omega_r}{dt} \quad (3\text{-}43)$$

综合式（3-40）和式（3-43），再考虑到

$$\omega_r = \frac{d\theta_r}{dt} \quad (3\text{-}44)$$

便构成了一组三相静止 ABC 坐标系中的 DFIG 数学模型。这是一个非线性、时变性、强耦合的多变量系统方程，必须通过坐标变换实现解耦和简化才能适应线性控制策略的实施。

3.4.3.2　两相同步旋转坐标系下机侧变流器数学模型

如图 3-14 所示，当采用定子电压正序基频分量定向时，两相同步旋转坐标系 dq^+ 以角速度 ω_1 旋转，其 d^+ 轴与定子电压三相静止坐标系中的 A 轴分量存在初始相位角差 θ_{s0}，因此，

定子电压正序基频分量相位角 θ_s，以及转子绕组相位角 θ_r 可表示为

$$\begin{cases} \theta_s = \int \omega_1 dt + \theta_{s0} \\ \theta_r = \int \omega_r dt + \theta_{r0} \end{cases} \quad (3-45)$$

式中 θ_s、θ_r——定子绕组相位角，以及转子绕组相位角，而 θ_{s0} 和 θ_{r0} 分别为两者的初始相位角；

ω_1——定子电压正序基频分量矢量旋转角速度（$\omega_1 = 2\pi f_1$，f_1 为电网频率）；

ω_r——转子旋转电角速度。

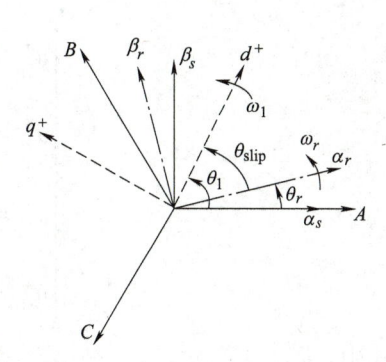

图 3-14 三相定子静止坐标系、两相转子旋转坐标系和两相同步旋转坐标系的空间矢量关系图

则由式（3-45）可得，三相定、转子绕组到两相同步旋转坐标系的变换矩阵分别为

$$T^s_{3s/2r} = \frac{2}{3}\begin{bmatrix} \cos\theta_s & \cos(\theta_s - 2\pi/3) & \cos(\theta_s + 2\pi/3) \\ -\sin\theta_s & -\sin(\theta_s - 2\pi/3) & -\sin(\theta_s + 2\pi/3) \end{bmatrix} \quad (3-46)$$

$$T^r_{3s/2r} = \frac{2}{3}\begin{bmatrix} \cos(\theta_1 - \theta_r) & \cos(\theta_1 - \theta_r - 2\pi/3) & \cos(\theta_1 - \theta_r + 2\pi/3) \\ -\sin(\theta_1 - \theta_r) & -\sin(\theta_1 - \theta_r - 2\pi/3) & -\sin(\theta_1 - \theta_r + 2\pi/3) \end{bmatrix} \quad (3-47)$$

利用式（3-46）和式（3-47）的坐标变换关系，将三相定子静止坐标系中 DFIG 数学模型变换到两相同步旋转坐标系 dq^+ 中的数学模型，可表示如下：

1. 磁链方程

以式（3-38）的三相静止坐标系下磁链方程为基础，并采用所示的变换矩阵，可以得到两相同步旋转坐标系 dq^+ 下的磁链方程为

$$\begin{cases} \psi^+_{sd} = L_s i^+_{sd} + L_m i^+_{rd} \\ \psi^+_{sq} = L_s i^+_{sq} + L_m i^+_{rq} \\ \psi^+_{rd} = L_m i^+_{sd} + L_r i^+_{rd} \\ \psi^+_{rq} = L_m i^+_{sq} + L_r i^+_{rq} \end{cases} \quad (3-48)$$

式中 ψ^+_{sd}、ψ^+_{sq}、ψ^+_{rd}、ψ^+_{rq}——定、转子磁链在两相同步旋转坐标系 dq^+ 下的 d、q 轴分量；

i^+_{sd}、i^+_{sq}、i^+_{rd}、i^+_{rq}——定、转子电流在两相同步旋转坐标系 dq^+ 下的 d、q 轴分量；

L_m——dq^+ 坐标系中定子与转子同轴等效绕组间的互感 $L_m = 1.5 L_{ms}$；

L_s——dq^+ 坐标系中定子等效两相绕组的自感，$L_s = L_m + L_{ls}$；

L_r——dq^+ 坐标系下转子等效两相绕组的自感，$L_r = L_m + L_{lr}$。

2. 电压方程

同理，以式（3-21）的三相静止坐标系下电压方程为基础，并采用式（3-46）和式（3-47）所示的变换矩阵，可以得到两相同步旋转坐标系下的定转子电压方程为

$$\begin{cases} u_{sd}^+ = R_s i_{sd}^+ + \dfrac{\mathrm{d}}{\mathrm{d}t}\psi_{sd}^+ - \omega_1 \psi_{sq}^+ \\[2mm] u_{sq}^+ = R_s i_{sq}^+ + \dfrac{\mathrm{d}}{\mathrm{d}t}\psi_{sq}^+ + \omega_1 \psi_{sd}^+ \\[2mm] u_{rd}^+ = R_r i_{rd}^+ + \dfrac{\mathrm{d}}{\mathrm{d}t}\psi_{rd}^+ - (\omega_1 - \omega_r)\psi_{rq}^+ \\[2mm] u_{rq}^+ = R_r i_{rq}^+ + \dfrac{\mathrm{d}}{\mathrm{d}t}\psi_{rq}^+ + (\omega_1 - \omega_r)\psi_{rd}^+ \end{cases} \qquad (3\text{-}49)$$

式中 u_{sd}^+、u_{sq}^+、u_{rd}^+、u_{rq}^+——定、转子电压在两相同步旋转坐标系 dq^+ 下的 d、q 轴分量。

3. 转矩方程

电磁转矩的表达式为

$$T_e = 1.5 n_p L_m (i_{sq}^+ i_{rd}^+ - i_{sd}^+ i_{rq}^+) \qquad (3\text{-}50)$$

这样，由式（3-48）~式（3-50）就完整地构成了两相同步旋转坐标系 dq 中 DFIG 的数学模型。

3.5　风电机组的矢量控制技术

3.5.1　矢量控制原理

网侧变流器、机侧变流器与三相交流电机在三相静止坐标系下的数学模型均是一个高阶、多变量、非线性、强耦合的系统，很难进行控制系统的分析与设计。为了实现对三相交流系统有功、无功功率的有效控制，二者必须实现解耦。矢量控制技术由于其电流控制能力强、有功与无功电流独立解耦等优势，被广泛应用于电机、变流器控制系统中。

矢量控制的基本原理最初是在 1971 年德国西门子公司工程师 Felix Blaschke 发表的论文《异步电机矢量变换（transvector）控制的磁场定向原理》(《西门子评论》1971 年德文，1972 年英文）中提出，其在异步电机的物理模型上提出了在磁场定向坐标上控制电流的概念，意图想和直流电机一样实现对异步电机的转矩控制。这些论断奠定了矢量控制的基础。

根据上文的数学模型，在产生相同旋转磁动势的准则下，三相交流电动机的定子交流电流 i_a、i_b 和 i_c 通过 Clarke（3s/2s）变换，可以与两维静止坐标系上的交流电流 i_α、i_β 等效。再通过 Park（2s/2r）同步旋转变换，可以与两维旋转坐标系上的直流电流 i_d、i_q 等效。当观察者站在转子上与坐标系同步旋转时，三相交流电动机可以被视为一台"直流电动机"。通过控制，可以使交流电动机的转子磁链 ψ_r 等效为旋转"直流电动机"的励磁磁链。于是，d 绕组可以相当于直流电动机的励磁绕组，i_d 相当于励磁电流；q 绕组相当于直流电动机的电枢绕组，i_q 相当于转矩电流。

交流电动机经过坐标变换可以等效成直流电动机，所以类比直流电动机的控制策略，就可以控制这个等效的"直流电动机"，从而获得如同直流电动机一般好的转矩特性，也就能很好地控制交流电动机电磁转矩了。这种依靠矢量变换来简化模型，然后模仿直流电动机转矩控制的控制方法就叫作"矢量控制"（Vector Control，VC）。由于是以转子磁链的方向作为 d 轴的方向，因而这种控制方法又叫作"磁场定向控制"（Field Orientation Control，FOC）。

风电机组的矢量控制实际上是先利用两次坐标变换，然后在旋转坐标系下得到 PMSG 正交解耦之后的数学模型。此时，可以看出电磁转矩由 d、q 轴电流决定，d、q 轴电流 i_d 和 i_q 分别相当于直流电动机中的励磁电流和转矩电流，从而可以模仿直流电动机的控制方法，通过控制 i_d 和 i_q 来完成对机组输出转矩的控制。

3.5.2 直驱风电机组的矢量控制

电流矢量控制策略作为一种经典的控制策略已具有较长的发展历史，其具有稳态控制精度高、动态响应能力优异等优势，因此得以广泛应用于各类变流器控制中。对直驱风电机组而言，机组中的机侧变流器和网侧变流器作为电压源型两电平变流器同样适用于电流矢量控制策略。

PMSG 最常用的分析方法是建立两相同步速旋转 d-q 坐标系的数学模型，它不仅可以用于电机稳态运行分析，也可以分析电机瞬态运行，下面将先建立 PMSG 在 d-q 坐标系上的数学模型。两相同步速旋转 d-q 坐标系和两相静止 α-β 坐标系、三相静止 A-B-C 坐标系的关系如图 3-15 所示，α 轴和 A 轴重合，d-q 坐标系以同步速（PMSG 转子电角速度）ω 旋转，转向与电机转子旋转方向相同，d 轴与 α（A）轴之间的夹角 θ 为转子电角度，即转子位置角。

在两相同步速旋转 d-q 坐标系下，采用转子磁链定向（即将 d 轴定为转子永磁体产生的磁链方向），电压电流方向采用发电机惯例，PMSG 的数学模型如下：

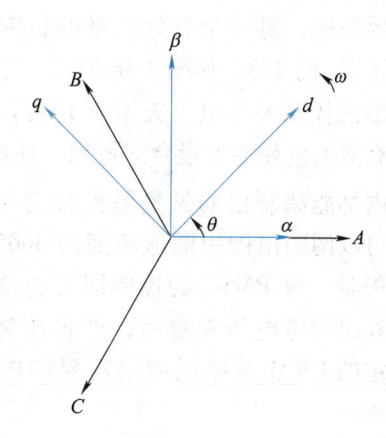

图 3-15 永磁同步电机分析常用坐标系

定子电压方程为

$$u_{md} = -R_m i_{md} - \omega \psi_{mq} + p\psi_{md} \tag{3-51}$$

$$u_{mq} = -R_m i_{mq} + \omega \psi_{md} + p\psi_{mq} \tag{3-52}$$

定子磁链方程为

$$\psi_{md} = -L_{md} i_{md} + \psi_r \tag{3-53}$$

$$\psi_{mq} = -L_{mq} i_{mq} \tag{3-54}$$

电磁转矩方程为

$$T_e = n_p(\psi_{mq} i_{md} - \psi_{md} i_{mq}) \tag{3-55}$$

机械运动方程为

$$\frac{J}{n_p}\frac{d\omega}{dt} = T_L - T_e \tag{3-56}$$

将定子磁链方程分别代入定子电压方程和电磁转矩方程，可得
定子电压方程为

$$u_{md} = -R_m i_{md} - L_{md}\frac{di_{md}}{dt} + \omega L_{mq} i_{mq} \tag{3-57}$$

$$u_{mq} = -R_m i_{mq} - L_{mq}\frac{\mathrm{d}i_{mq}}{\mathrm{d}t} - \omega L_{md} i_{md} + \omega \psi_r \tag{3-58}$$

电磁转矩方程为

$$T_e = \frac{3}{2} n_p [\psi_r i_{mq} + (L_{md} - L_{mq}) i_{md} i_{mq}] \tag{3-59}$$

电磁功率方程为

$$P_e = \omega T_e \tag{3-60}$$

变流器的结构为三相六开关电压源型变流器，通过不同的开关状态这种变流器可以调制出 8 个电压矢量，其中 2 个零矢量、6 个有效矢量，每一个有效矢量的长度为直流侧电压 V_{dc} 的 2/3，如图 3-16 所示，图中虚线六边形内任意一个电压矢量 V 均可以通过某两个有效矢量和零矢量合成得到，在 0°~360°范围内都能调制出的矢量最大长度为 $V_{dc}/\sqrt{3}$，即可以调制出图中圆形范围内 360°旋转的电压矢量。对 PMSG 的控制即可通过控制策略计算出参考电压矢量后，再通过变流器按照一定的 PWM 策略调制出需要的电压矢量来实现。

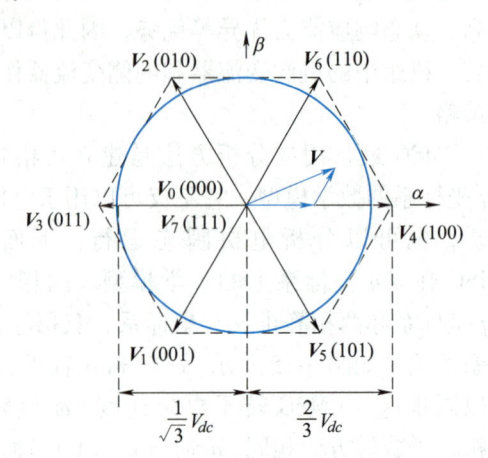

图 3-16 电压源型三相六开关变流器的电压空间矢量

永磁同步电机的控制方法众多，如矢量控制、直接转矩控制等，其中矢量控制因其出色的稳态控制性能、优良的动态控制性能是使用最为广泛的控制方法；而直接转矩控制有着非常好的动态控制性能、但稳态性能与矢量控制相比略有不足，考虑到风能转换系统（Wind Energy Conversion System，WECS）中对发电机的动态性能要求不高，本书在研究各种 WECS 时，对 PMSG 均采用矢量控制。PMSG 的矢量控制算法又可以细分为多种，如 $i_d = 0$ 控制、单位功率因数控制、弱磁控制等。这些矢量控制算法的有功电流参考值（i_{mq}^*）基本都是由有功功率（转矩、转速）外环调节而来，而其不同之处在于无功电流参考值（i_{md}^*）的设定，$i_d = 0$ 控制是把 i_{md}^* 值设为 0，单位功率因数控制是通过功率因数闭环调节 i_{md}^* 的大小，而弱磁控制的 i_{md}^* 由电压幅值闭环调节得到。这些矢量控制算法在本质上没有大的区别，都属于双闭环控制，为了简便，本书为 PMSG 设计的控制算法均为 $i_d = 0$ 矢量控制，在此做出说明，后文不再赘述。

矢量控制又叫磁场定向控制，因为这种控制方法需要把两相同步旋转坐标系的一个轴定为某个磁场方向；本书采用转子磁场定向控制，控制精度取决于转子位置角及转速的准确获取，这是矢量控制的基础和关键。传统的方法是由机械式的位置/速度传感器来获得转子位置角和速度，由于机械式传感器的使用使得风电系统成本增加而可靠性降低，因此永磁风力发电机的无位置/速度传感器控制得到了广泛的研究。现有的永磁同步电机转子位置估计算法中常用的有两类：①能适应于全速范围的高频信号注入法；②只适合于中高速的基于电机反电动势计算的方法。高频信号注入法在整个转速范围都有较高的精度，且对电机参数依赖性小，缺点是高频信号的注入会增加额外的损耗和需要考虑信号处理及滤波技术；而电机反电动势估算法容易实现，其不足之处在于电机低转速时因受电压、电流传感器精度的影响估算精度较低。

风力发电中，风轮能捕获到的能量与风速的三次方成正比，当 PMSG 转速较低，即风速较低时风力机捕获到的能量相对较少，PMSG 并不处于发电运行状态，因此电机反电动势估算法在低转速时估算精度低的缺点对风力发电系统的运行影响较小，因此本书将采用基于反电动势计算的转子位置/速度估算方法。

为了提高反电动势法的估算精度和稳定性，可引入锁相环（Phase-Locked Loop，PLL）结构，PLL 是闭环相位自动控制系统，具有稳定、准确、快速等优点。PLL 用到基于反电动势的转子位置估算的原理如图 3-17 所示，其中 $d\text{-}q$ 坐标系为实际基于转子磁链定向的坐标系，$\hat{d}\text{-}\hat{q}$ 是估计的坐标系，$\Delta\theta$ 为两个坐标系之间的误差角度。转子磁链 ψ_r 在 $\hat{q}$ 上的分量 $\hat{\psi}_{rq}$ 的大小可以反映出误差角度 $\Delta\theta$ 的大小，当 $\hat{\psi}_{rq}=0$ 时，$d\text{-}q$ 坐标系与 $\hat{d}\text{-}\hat{q}$ 坐标系重合，即转子

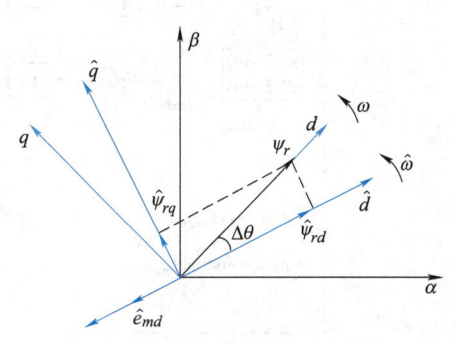

图 3-17 PMSG 转子位置/速度估算原理

位置角 θ 估算准确。而 $\hat{\psi}_{rq}$ 的大小可以反映为电机反电动势在 $\hat{d}$ 轴上分量的大小 $\hat{e}_{md}$，若 $\hat{e}_{md}=0$，则转子位置同样估算准确。根据 PMSG 的数学模型，$\hat{e}_{md}$ 可由下式计算得到

$$\hat{e}_{md} = u_{md} + R_m i_{md} + L_{md}\frac{\mathrm{d}i_{md}}{\mathrm{d}t} - \omega L_{mq} i_{mq} \tag{3-61}$$

在一个采样周期内 i_{md} 变化较小，为了简化计算，忽略掉微分项，则

$$e_{md} = u_{md} + R_m i_{md} - \omega L_{mq} i_{mq} \tag{3-62}$$

PMSG 转子位置/转速估算的控制框图如图 3-18 所示，三相定子端电压 u_{mabc}、电流 i_{mabc} 通过旋转坐标变换得到旋转坐标系上的分量 u_{mdq}、i_{mdq}，由式（3-62）可计算得到 $\hat{e}_{md}$，$\hat{e}_{md}$ 的参考值设置为零，通过一个 PI 调节器进行调节，PI 调节器的输出为转子速度估计值 $\hat{\omega}$，$\hat{\omega}$ 的积分即为转子位置

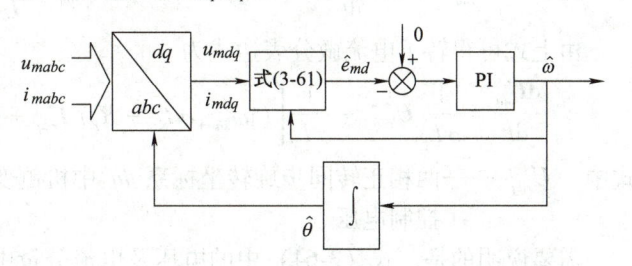

图 3-18 PMSG 转子位置/速度观测器控制框图

的估计值 $\hat{\theta}$。当 PI 调节器将 $\hat{e}_{md}$ 调节为零时，则获得了准确的转子位置估算角 θ 和转子估算电角速度 ω。

直驱风电系统机侧变流器的电流矢量控制框图如图 3-19 所示，图中电磁功率外环输出为有功电流参考值 i_{mq}^*，实际电磁功率 P_e 由式（3-40）和式（3-41）计算得到，采用 $i_d=0$ 控制，无功电流参考值设为 $i_{md}^*=0$。d、q 轴电流实际值 i_{md}、i_{mq} 由电流传感器采集到，三相实际电流 i_{mabc} 经坐标变化计算得到（本书中采用的旋转坐标变化均为恒幅值坐标变化）。转子

位置角 θ、ω 由如图 3-18 所示观察器估算得到。内环电流环的输出加上补偿项及解耦项分别作为参考电压 d、q 轴分量 u_{md}^*、u_{mq}^*，经过坐标变化得到参考电压 α、β 轴上的分量 $u_{m\alpha\beta}^*$，最后通过空间矢量脉宽调制（Space Vector Pulse Width Modulation，SVPWM）方式得到变流器的开关信号。

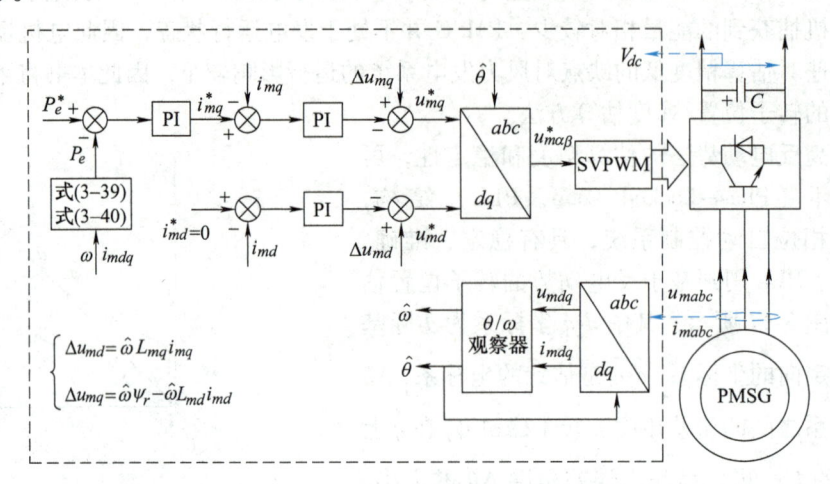

图 3-19　直驱风力发电系统机侧变流器电流矢量控制框图

3.5.3　双馈风电机组的矢量控制

对双馈风电机组而言，机组中的机侧变流器和网侧变流器作为电压源型两电平变流器同样适用于电流矢量控制策略。

不平衡及谐波电网电压条件下两相正转同步旋转坐标系 dq^+ 中的 DFIG 转子电压方程可表示为

$$U_{rdq}^+ = \sigma L_r \frac{dI_{rdq}^+}{dt} + (j\omega_{slip}\sigma L_r + R_r)I_{rdq}^+ + \frac{L_m}{L_s}(U_{sdq}^+ - R_s I_{sdq}^+ - j\omega_r \psi_{sdq}^+) \tag{3-63}$$

由上式可得转子电流微分表达式为

$$\frac{dI_{rdq}^+}{dt} = \frac{1}{\sigma L_r}U_{rdq}^{+*} - \frac{1}{\sigma L_r}\left[(j\omega_{slip}\sigma L_r + R_r)I_{rdq}^+ + \frac{L_m}{L_s}(U_{sdq}^+ - R_s I_{sdq}^+ - j\omega_r \psi_{sdq}^+)\right] \tag{3-64}$$

式中　U_{rdq}^{+*}——两相正转同步旋转坐标系 dq^+ 中机侧变流器所采用的电流控制器输出的参考控制电压。

需要说明的是，式（3-64）中的电压及电流分量中均包含了正序基频分量、负序基频分量以及 5 次和 7 次谐波分量。

基于式（3-64），可以得到

$$U_{rdq}^{+*} = \sigma L_r {U_{rdq}^+}' + (j\omega_1 \sigma L_r + R_r)I_{rdq}^+ + \frac{L_m}{L_s}(U_{sdq}^+ - R_s I_{sdq}^+ - j\omega_r \psi_{sdq}^+) \tag{3-65}$$

式中　${U_{rdq}^+}' = G_c(s)(I_{rdq}^{+*} - I_{rdq}^+)$。

其中 $G_c(s)$ 为电流调节器。一般情况下可以为 PI 调节器，或者 PIR 调节器；而式（3-65）中的后半部分的两项表达式为解耦补偿项，即

$$E_{rdqvoc}^+ = (R_r I_{rdq}^+ + j\omega_1 \sigma L_r I_{rdq}^+) + \frac{L_m}{L_s}(U_{sdq}^+ - R_s I_{sdq}^+ - j\omega_r \psi_{sdq}^+) \tag{3-66}$$

转子电流正序基频分量可表示为

$$\begin{cases} i_{rd+}^{+*} = \dfrac{-0.667L_s P_s^*}{L_m u_{sd}^+} \\ i_{rq+}^{+*} = \dfrac{-0.667L_s Q_s^*}{L_m u_{sd}^+} + \dfrac{u_{sd}^+}{\omega_1 L_s} \end{cases} \tag{3-67}$$

根据上式，可以得到不平衡及谐波电网电压条件下两相正转同步旋转坐标系 dq^+ 中的网侧变流器微分形式电流表达式为

$$\frac{\mathrm{d}\boldsymbol{I}_{gdq}^+}{\mathrm{d}t} = \frac{1}{L_g}[\boldsymbol{U}_{gdq}^+ - (R_g + \mathrm{j}\omega_1 L_g)\boldsymbol{I}_{gdq}^+ - \boldsymbol{V}_{cdq}^{+*}] \tag{3-68}$$

式中 $\boldsymbol{V}_{cdq}^{+*}$ ——两相正转同步旋转坐标系 dq^+ 中网侧变流器的电流控制器输出的控制参考电压。

而 $\boldsymbol{V}_{cdq}^{+*}$ 可设计为

$$\boldsymbol{V}_{cdq}^{+*} = -L_g \boldsymbol{V}_{cdqvoc}^{+'} - (R_g + \mathrm{j}\omega_1 L_g)\boldsymbol{I}_{gdq}^+ + \boldsymbol{U}_{gdq}^+ \tag{3-69}$$

式中 $\boldsymbol{V}_{cdqvoc}^{+'} = G_c(s)(\boldsymbol{I}_{gdq}^{+*} - \boldsymbol{I}_{gdq}^+)$。

$G_c(s)$ 为电流调节器，一般情况下可以为 PI 调节器，或者 PIR 调节器；而上式中的后半部分的两项表达式为解耦补偿项，即

$$\boldsymbol{E}_{gdqvoc}^+ = -R_g \boldsymbol{I}_{gdq}^+ - \mathrm{j}\omega_1 L_g \boldsymbol{I}_{gdq}^+ + \boldsymbol{U}_{gdq}^+ \tag{3-70}$$

由于网侧变流器需维持直流侧电压的相对稳定，因此其有功轴电流指令可表示为

$$i_{gd}^{+*} = k_{vp}(V_{dc}^* - V_{dc}) + k_{vi}\int(V_{dc}^* - V_{dc})\mathrm{d}t \tag{3-71}$$

式中 V_{dc}^* ——直流母线电压的指令值；

k_{vp}、k_{vi} ——直流电压控制器的比例、积分系数。

在实际应用中，令网侧变流器保持单位功率因数运行，即要求无功功率保持为零，则有

$$i_{gq}^{+*} = 0 \tag{3-72}$$

因此，结合上述各种情况，图 3-20 给出了双馈风力发电系统机侧、网侧变流器在不平衡及谐波电网下的电流矢量控制框图。

需要说明的是，此处所描述的控制策略中均不考虑电网中所包含的基频负序分量以及谐波畸变分量。对于机侧变流器而言，对 A/D 采样得到的三相定子电压进行坐标旋转至正转同步旋转坐标系下，可以得到定子电压 dq 轴分量 $\boldsymbol{U}_{sdq}^+$，由于其中包含了基频正序分量 $\boldsymbol{U}_{sdq+}^+$、负序分量 $\boldsymbol{U}_{sdq-}^-$、5 次谐波分量 $\boldsymbol{U}_{sdq5-}^{5-}$ 以及 7 次谐波分量 $\boldsymbol{U}_{sdq7+}^{7+}$，因此需要引入增强型锁相环，用以得到电网电压正序分量的角速度 ω_1 及角度 θ_1。与 DFIG 转子转轴同轴安装的编码器能够输出转子位置信息，进而计算得到转子位置角 θ_r 以及转子电角速度 ω_r。对三相转子电流进行采样并坐标旋转至正转同步旋转坐标系下得到 $\boldsymbol{I}_{rdq}^+$，且通过定子输出有功功率及无功功率参考值可以计算得到转子电流正序基频分量参考值 $\boldsymbol{I}_{rdq+}^{+*}$，将此两者做差可以得到转子电流控制误差，将此误差通过 PI 调节器的有效调节，可以得到调节器输出控制电压 $\boldsymbol{V}_{rdqvoc}^+$，与解耦补偿项 $\boldsymbol{E}_{rdqvoc}^+$ 相加之后得到转子控制电压 $\boldsymbol{U}_{rdqvoc}^+$。将得到的转子控制电压 $\boldsymbol{U}_{rdqvoc}^+$ 旋转至转子静止坐标系下，并采用 SVPWM 将最终得到六个 IGBT 开关管的开通/关断信号，从而实现对机

a) 机侧变流器

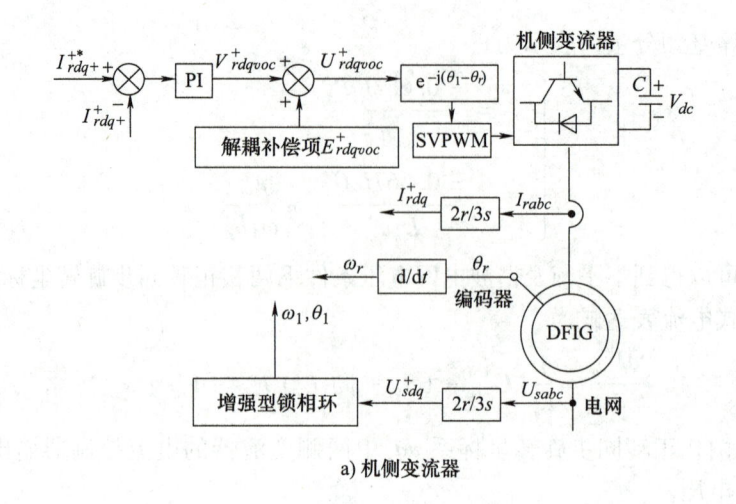

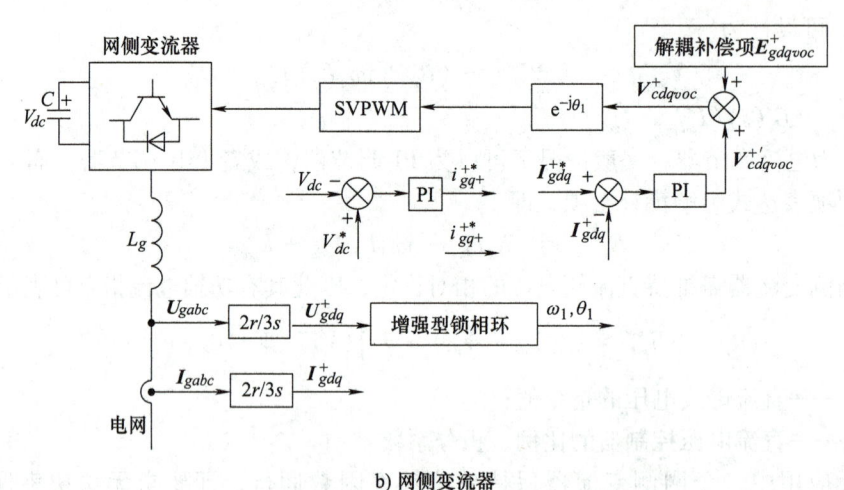

b) 网侧变流器

图 3-20 双馈风力发电系统机侧、网侧变流器电流矢量控制框图

侧变流器的有效控制。

对于网侧变流器而言，对采样得到的三相电网电压进行坐标旋转至正转同步旋转坐标系下，可以得到电网电压 dq 轴分量 U_{gdq}^+，由于其中包含了基频正序分量 U_{gdq+}^+、负序分量 U_{gdq-}^-、5 次谐波分量 U_{gdq5}^{5-} 以及 7 次谐波分量 U_{gdq7}^{7+}，因此需要引入增强型锁相环，用以得到电网电压正序分量的角速度 ω_1 及角度 θ_1。对三相网侧电流进行采样并坐标旋转至正转同步旋转坐标系下得到 I_{gdq}^+。需要说明的是，网侧变流器控制框图中的网侧三相电压与机侧变流器控制框图中的定子三相电压实际为同一电压，仅因为在不同变流器控制中而表述不同。网侧电流正序基频分量参考值 d 轴分量 i_{gd+}^{+*} 由对直流母线电压 V_{dc} 进行 PI 闭环控制而得到，而 q 轴分量 i_{gq+}^{+*} 出于网侧变流器单位功率因数运行的要求而在一般情况下给定为 0。通过将 A/D 采样得到的网侧电流反馈值 I_{gdq}^+ 与参考值 I_{gdq}^{+*} 做差可以得到网侧电流控制误差，将此误差通过 PI 调节器的有效调节，可以得到调节器输出控制电压 V_{gdqvoc}^+，与解耦补偿项 E_{gdqvoc}^+ 相加之后得到网侧控制电压 U_{cdqvoc}^+。将得到的控制电压 U_{cdqvoc}^+ 旋转至静止坐标系下并采用 SVPWM 将最终得到六个 IGBT 开关管的开通/关断信号，从而实现对网侧变流器的有效控制。

3.6 本章小结

风力发电机组可分为恒速恒频风电机组和变速恒频风电机组两种,其中变速恒频风电机组利用电力电子功率变流器控制发电机的电磁转矩,实现风力机转速可调可控,可在较宽范围内维持最大能量转换效率,比恒频恒速风电机组更易实现并网操作及稳定运行。因此本章针对变速恒频风电机组,着重介绍了风电系统的运行控制、风电系统最大风能追踪技术以及风电机组的矢量控制技术。

风电系统的运行控制方面,本章主要介绍了风力机的运行特性,并对风电系统的运行区域进行分析,确立了变速恒频风电机组的运行控制策略。首先通过推导风力机的输出特性,得到变桨距风力机和定桨距风力机的性能曲线;然后通过分析不同风速下定桨距风力机功率与转速之间的关系,确定了风力机的最佳功率曲线;最后通过分析风力机控制子系统和发电机控制子系统在启动区、最大风能追踪区、恒转速区和恒功率区四个运行区域内的控制方法、控制任务、控制目标和协调关系,确立了交流励磁变速恒频风电机组的运行控制策略。

风电系统最大风能追踪技术方面,本章主要介绍了风力发电系统最大风能追踪运行机理,并以双馈异步风力发电机为例,给出了其最大风能追踪控制的实现。首先基于不同风速下定桨距控制风力机输出功率与转速的关系,通过分析风速变化时风力机的转速调节过程,揭示了最大风能追踪的运行机理;然后结合最大风能追踪的本质,以双馈异步风力发电机为例,给出了获取有功功率参考值和无功功率参考值的计算过程;最后指出为实现最大风能追踪的高性能控制,必须采用磁场定向的矢量变换控制策略。

风电机组的矢量控制技术方面,本章主要介绍了双馈风电机组和直驱风电机组的系统结构和数学模型,并推导了两种风电机组对应的矢量控制策略。首先通过对比双馈异步发电机与同步发电机,总结了双馈异步发电机优良的运行性能并推导了双馈风电机组机侧变流器的数学模型;其次给出了直驱风电机组的系统结构并推导了直驱风电机组机侧变流器的数学模型;然后介绍了矢量变换控制的基本原理,虽然直驱风电机组的矢量控制策略可以分为 $i_d=0$ 控制、单位功率因数控制、弱磁控制等,但由于这些策略在本质上没有大的区别,故以 $i_d=0$ 矢量控制为例,结合直驱风电机组的数学模型,推导了直驱风电机组矢量控制策略;最后,针对双馈风电机组,由于其理想电网下矢量控制策略的实现与前述直驱风电机组类似不再赘述,主要推导了双馈风电机组机侧、网侧变流器在不平衡及谐波电网下的矢量控制策略。

思 考 题

1. 变速恒频双馈风力发电机的优点有哪些?
2. 矢量控制技术的优势有哪些?
3. 简述风力发电系统中锁相环的作用。
4. 简述风电最大功率追踪机理。
5. 简述矢量控制基本原理,并指出其控制特性上的优势。

第 4 章　光伏发电控制技术

光伏并网变流器是实现光伏阵列能量向电网转换的重要装置，其控制直流母线电压保持在参考值以维持光伏阵列具有良好的运行效率。其中直流母线电压的参考值亦即光伏阵列的端电压，由最大功率点追踪技术实现，在不同的环境条件下，促使光伏阵列保持着最大的输出效率，而得到电压参考后，光伏变流器则通过电流控制实现直流电压的控制，由于直流母线电压只与光伏变流器输出有功功率有关，因此光伏变流器的无功功率控制可以自由灵活控制，以保证并网系统具有满足用户要求的功率因数。通常单极式光伏发电系统结构如图 4-1 所示。

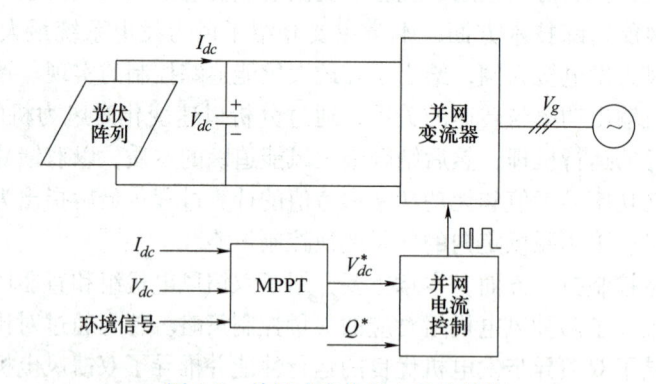

图 4-1　单极式光伏发电系统结构

4.1　光伏发电系统最大功率点跟踪技术

当前光伏系统存在能量转换效率低的问题，同时光伏电池阵列输出特性会显著受到日照辐射量和温度的影响，为提升光伏发电的整体效率，实现太阳能的高效利用，光伏系统实际运行时要求光伏阵列能够在不同工作条件下实现能量输出最大化。图 4-2 中给出了光伏电池的功率/电流-电压输出特性，其中 I_{sc} 表示光伏电池短路电流，即端口电压为 0 时的光伏电池输出电流，V_{oc} 表示光伏电池开路电压，即输出电流为 0 时的光伏电池端口电压。根据光伏电池端口特性曲线，可以看到：当光伏电池端口电压较低时，光伏电池处于恒电流输出，随着端口电压的增大，光伏电池输出功率线性增大；当光伏电池端口电压逐渐增大时，光伏电池电压趋于

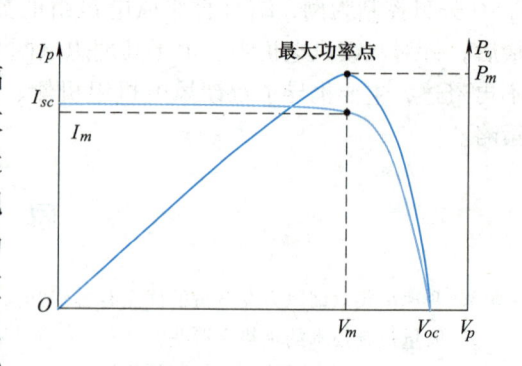

图 4-2　光伏电池的输出特性

恒定，此时光伏电池近似处于恒电压工作模式，输出电压下降，光伏输出功率开始下降。在此过程中，光伏发电输出功率先增大后减小，其中最大输出功率处的光伏电池工作状态即为最大功率点，此时的光伏电池的电压、电流、功率分别记为：V_m、I_m、P_m。通过控制光伏电池的直流或交流变换环节，对光伏电池的输出电压和输出电流进行调节，使得光伏电池始终工作在最大功率点上，能有效提高光伏电池的运行效率，这种光伏电池控制技术即为最大功率点跟踪（Maximum Power Point Tracking，MPPT）技术。

上述特性曲线表明了光伏电池输出特性随光照强度和温度的变化趋势。由此可见，光伏电池既不是恒流源，也不是恒压源，而是非线性直流电源。光伏电池提供的功率取决于外界阳光提供的能量，并不能提供无限大功率。

传统的光伏 MPPT 优化算法有：定电压跟踪法、扰动观察法、导纳增量法等，在此基础上，近年来也有一些改进的非线性 MPPT 算法被提出。因此本节将对传统的 MPPT 优化算法进行原理和实现方法的详细描述，并对各种改进的非线性 MPPT 算法进行简要介绍。

4.1.1 定电压跟踪法

对于光伏电池而言，在同一温度、不同光照强度下光伏电池的最大功率点近似分布在一条恒定电压线的附近，如图 4-3 所示。因此将光伏电池的端口电压控制为最大的功率点电压，光伏电池即能在不同的光照强度下得到近似的最大功率。对光伏电池的输出端口特性的研究进一步发现，光伏电池的最大功率点电压 V_m 与光伏电池的开路电压 V_{oc} 之间存在近似的比例关系，V_m 可写为

$$V_m = \lambda_{mp} V_{oc} \quad (4-1)$$

式中　λ_{mp}——最大功率点电压比例系数，取决于光伏电池的特性，通常取值为 0.8。

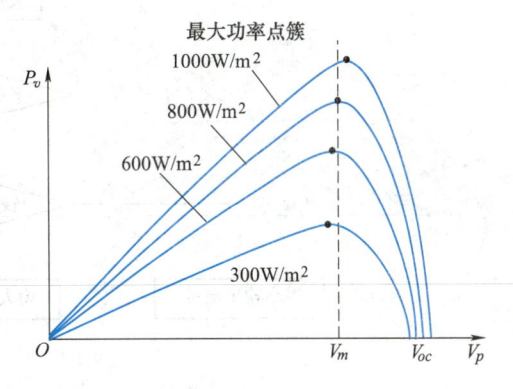

图 4-3　相同温度不同光照条件下的光伏电池特性

定电压跟踪法是一种开环的 MPPT 算法，控制结构简单，容易实现，但是该方案假定工作温度保持恒定，未能考虑温度变化对光伏电池 V_m 的影响。环境条件变化时，系统无法追踪新的最大功率点，导致能量损耗增加，跟踪效率降低。传统方法为了补偿温度对光伏电池输出电压的影响，通常需要测量光伏电池开路电压，根据开路电压的变化对光伏电池端口电压进行调整，但这需要断开负载，造成短时功率损失。进一步地，功率反馈法在定电压跟踪法的基础上，针对环境发生变化时无法自动跟踪新的最大功率点的缺点，引入了串联的输出功率-电压变化量判别环节，如图 4-4 所示，流程图如图 4-5 所示。当光伏电池端口电压小于 V_m 时，$dP_v/(dV)<0$，从而控制光伏端口电压增大至 V_m；当光伏电池端口电压大于 V_m 时，$dP_v/(dV)>0$，从而控制光伏端口电压减小至 V_m；最终 $dP_v/(dV)=0$ 时，搜寻到新的最大功率点。尽管该方法相较于检测开路电压的定电压跟踪法，在一定程度上降低了损耗，提升了效率，但控制结构更为复杂，实际应用时 $dP_v/(dV)$ 的计算量较大。

由定电压跟踪法的控制思路可以看出，采用定电压跟踪法控制具有以下优点：
1) 控制简单且易实现。系统只需要对光伏电池的输出端口电压进行采样，并同系统的

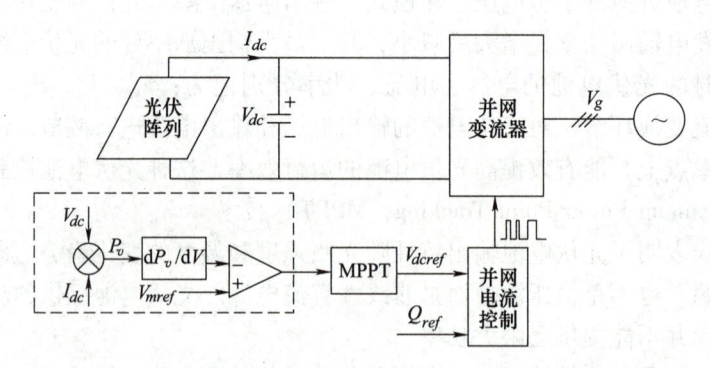

图 4-4　附加功率反馈的定电压跟踪法

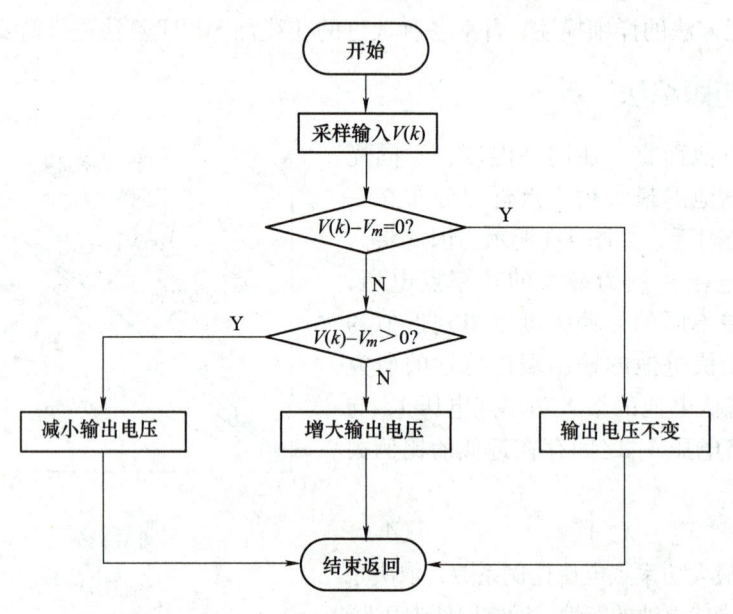

图 4-5　附加功率反馈的定电压跟踪法流程图

设置值进行比较：若输出端口电压同电压指令值不同，则通过控制系统调整功率变换模块，使得调整后光伏电池的输出端口电压等于系统的设置值即可。

2) 系统工作电压具有良好的稳定性。通过对光伏电池输出端口电压采样值的反馈，可以设置 PI 调节器进行简单的 PI 调节就能很好地保证光伏电池的输出端口电压稳定。

但是，由于定电压跟踪法的控制策略过于简单，同样具有一些不可忽略的缺点，进而限制了定电压跟踪法控制只在特定的场合得到应用。其主要缺点为：

1) 最大功率点跟踪精度差。光伏电池的最大功率点电压的设置值对系统工作效率影响很大，在设置不当的时候光伏系统的输出功率甚至为零。

2) 定电压跟踪法控制的适应性差，对外界环境条件的变化不具有追踪能力。当系统外界环境条件改变，如光伏电池温度降低时，实际光伏发电系统的可输出最大功率将增加，而采用定电压跟踪法控制时，则仍将光伏电池的端口电压限制在原设置电压值处，这样就将偏离最大功率点，产生功率输出损失。

4.1.2 扰动观测法

扰动观察法是一种光伏系统实现最大功率点自寻优的技术方法，该方法实现的基础是：光伏电池 P-V 曲线是一个以最大功率点为极值的连续可导函数，采用电压步进变化的方式实现光伏电池的输出电压扰动叠加，进一步观测光伏电池的输出功率变化，判断输出功率变化与电压扰动的关系，从而检测出当前输出电压与 V_m 的关系，最终使得光伏电池工作在最大功率点。

该方案的工作原理可以描述为：对光伏电池给予初始的端口电压，每次对光伏电池输入电压进行有限变化，检测输出功率由于输入电压的变化导致的变化大小和方向，判别方向和大小后，对光伏电池的输入电压进行进一步的有限变化，从而实现自寻优控制。图4-6进一步给出了最大功率点搜寻的基本过程分析：当光伏电池输出电压远离 V_m 时：

1）增大光伏电池端口电压即由 V_1 至 V_{1+} 时（$V_{1+}=V_1+\Delta V$），检测的光伏电池输出功率增大。此时表明工作点位于最大功率点左侧，即 $V_m>V_{1+}>V_1$，下一个周期内将继续步进增大光伏电池的端口电压为 $V_{1++}=V_{1+}+\Delta V$。

2）增大光伏电池端口电压即由 V_2 增至 V_{2+} 时（$V_{2+}=V_2+\Delta V$），检测的光伏电池输出功率减小。此时表明工作点位于最大功率点右侧，即 $V_{2+}>V_2>V_m$，下一个周期内将步进减小光伏电池的端口电压为 $V_{2-}=V_2-\Delta V$。

3）减小光伏电池端口电压即由 V_3 减至 V_{3-} 时（$V_{3-}=V_3-\Delta V$），检测的光伏电池输出功率减小。此时表明工作点位于最大功率点左侧，即 $V_m>V_3>V_{3-}$，下一个周期内将步进增大光伏电池的端口电压为 $V_{3+}=V_3+\Delta V$。

4）减小光伏电池端口电压即由 V_4 减至 V_{4-} 时（$V_{4-}=V_4-\Delta V$），检测的光伏电池输出功率增大。此时表明工作点位于最大功率点右侧，即 $V_4>V_{4-}>V_m$，下一个周期内将步进减小光伏电池的端口电压为 $V_{4--}=V_{4-}-\Delta V$。

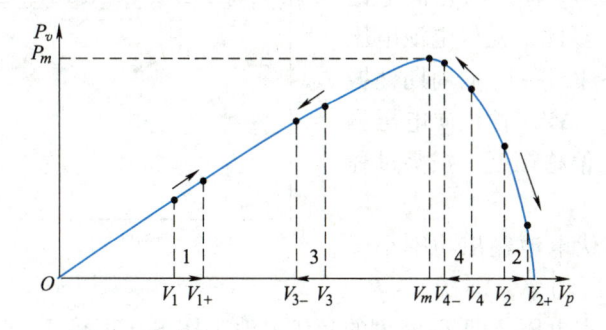

图 4-6　扰动观测法的基本搜寻逻辑示意

通过进行光伏电池电压的反复扰动，光伏电池输出功率将朝着最大功率点进行逼近。需要指出的是：光伏电池的电压步进长度决定了 MPPT 的追踪效率和追踪精度，理论上采用无限小的电压步进长度最终得到的最大功率点是精准无差的，但过小的电压步进长度将导致计算过程缓慢，因此定步长扰动观测法需要根据跟踪精度和跟踪速度确定合适的扰动电压步进步长。

由于实际应用中，定步长扰动观测法的电压步进值始终是有限值，因此定步长扰动观测法会在光伏电池输出电压接近 V_m 时, 根据步长大小存在不同严重程度的振荡现象。假设某一时刻 (T_1) 光伏电池工作电压 V_p 处于最大功率点的左侧, 且距离最大功率点小于或等于一个步进周期, 即 $V_p+\Delta V \geqslant V_m > V_p$, 则此时输出功率小于最大功率 $P_m > P_v$。根据上文的扰动观测原理, 下一时刻 ($T_2=T_1+\Delta T$) 光伏电池工作电压会增大至 $V_{p\_1}=V_p+\Delta V$, 此时 V_{p_1} 有两种情况:

1. 工作点变为最大功率点, 即 $V_{p\_1}=V_m$

由于 V_{p_1} 处的功率 $P_m=P_{v\_1}>P_v$, 系统在 $T_3=T_2+\Delta T$ 时刻进一步增大光伏电池电压至 $V_{p\_2}=V_{p\_1}+\Delta V$, 从而有 $P_{v\_2}<P_{v\_1}$, 进而系统在 $T_4=T_3+\Delta T$ 时刻, 步进减小光伏电池电压至 $V_{p\_1}=V_{p\_2}-\Delta V$, 由于此时步进后的功率为增大, 因此光伏电池电压会在 $T_5=T_4+\Delta T$ 时刻, 步进减小至 $V_p=V_{p\_1}-\Delta V$。至此, 光伏电池电压进入 $V_p \to V_{p\_1} \to V_{p\_2} \to V_{p\_1} \to V_p$ 的周期性振荡, 电压振荡幅度为 $2\Delta V$, 工作点振荡过程如图 4-7 所示。

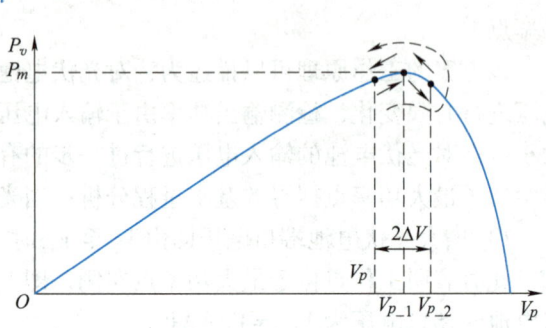

图 4-7 扰动观测法的电压振荡情况 1

2. 工作点偏移至最大功率点右侧, 即 $V_{p\_1}>V_m$

此时 V_{p_1} 处功率 P_{v_1} 存在三种情况:

1) T_2 时刻的光伏电池输出功率大于 T_1 时刻光伏电池输出功率, 即 $P_{v\_1}>P_v$。此时系统会进一步增大工作点电压, 即 T_3 时刻的光伏电池工作电压步进至图中 $V_{p\_2}=V_{p\_1}+\Delta V$ 处, 输出功率进一步变为 P_{v_2}。由于 $P_{v\_2}<P_{v\_1}$, T_4 时刻的光伏电池工作电压减小至图中 V_{p_1}, 此时由于输出功率增大, 系统会继续减小光伏电池工作电压, 导致 T_5 时刻的光伏电池工作电压减小至 V_p。至此, 光伏电池电压进入 $V_p \to V_{p\_1} \to V_{p\_2} \to V_{p\_1} \to V_p$ 的周期性振荡, 电压振荡幅度为 $2\Delta V$, 且正向电压偏移幅度大于负向电压偏移幅度, 振荡过程如图 4-8 所示。

2) T_2 时刻的光伏电池输出功率小于 T_1 时刻光伏电池输出功率, 即 $P_{v\_1}<P_v$。

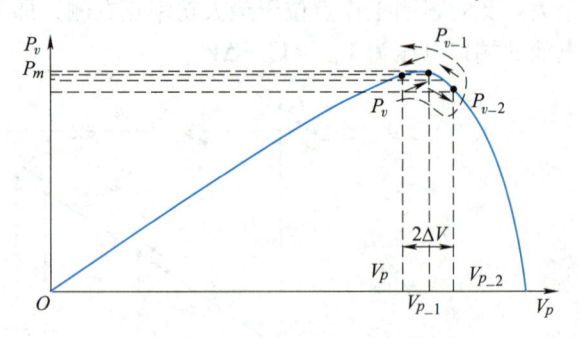

图 4-8 扰动观测法的电压振荡情况 2.1

此时系统会减小工作点电压, 即 T_3 时刻的光伏电池工作电压回到 V_p 处, 输出功率变回 P_v。由于 $P_{v\_1}<P_v$, T_4 时刻的光伏电池工作电压进一步减小至 $V_{p\_2}=V_{p\_1}-\Delta V$, 此时由于输出功率减小, 系统会改变方向增大光伏电池工作电压, 导致 T_5 时刻的光伏电池工作电压增大至 V_p。至此, 光伏电池电压进入 $V_p \to V_{p\_1} \to V_p \to V_{p\_2} \to V_p$ 的周期性振荡, 电压振荡幅度为 $2\Delta V$, 且正向电压偏移幅度小于负向电压偏移幅度, 振荡过程如图 4-9 所示。

3) T_2 时刻的光伏电池输出功率等于 T_1 时刻光伏电池输出功率, 即 $P_{v\_1}=P_v$。此时系统的振荡模式将与步进判定规则有关: 如果步进判定规则设定光伏电池电压不再调整, 光伏电池未能达到最大功率点, 系统未能实现 MPPT; 如果步进判定规则设定光伏电池电压增大,则系统进入类似于1）和2）中的三点振荡状态，电压振荡幅度为 $2\Delta V$；如果步进判定规则设定光伏电池电压减小，则系统进入 $V_p \to V_{p\_1} \to V_p$ 的两点振荡状态，电压振荡幅度为 $2\Delta V$。

根据以上分析得知，采用定步长的扰动观测法存在着判定速度和判定精度的矛盾以及判定振荡的问题，前者会影响算法运行性能，后者则导致系统能量损耗。通常情况下采用变步长的扰动观测法是有效的改进方式，例如采用基于变步长的逐步逼近法，再开始搜索时，采用较大的补偿搜寻最大功率点所在区域，然后在每一次改变方向时进行步长缩小，如此循环，每一轮的新的搜索都能成倍提升搜索精度，在未显著增加搜索次数的前提下，搜索精度得到了指数级提高，既能很好地解决 MPPT 跟踪速度和跟踪精度的矛盾，同时还能降低判定振荡的程度。

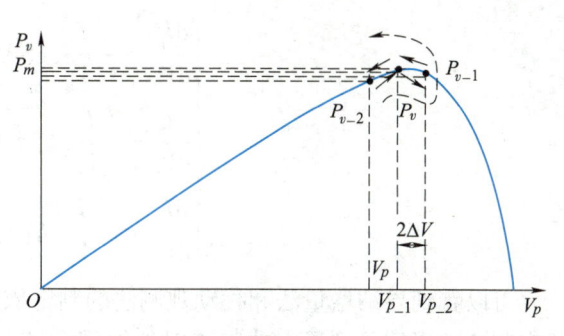

图 4-9　扰动观测法的电压振荡情况 2.2

4.1.3　导纳增量法

基于扰动观测法的 MPPT 策略通过搜索 $dP_v/(dV_p)=0$ 的工作点，进而确定最大功率点，但由于采用当前状态和前步状态对比进行工作点状态判定，因此该方案无法确定某一个时刻的工作点状态，只能确定上一时刻的工作点状态，系统无法确定当前工作点即为最大功率点时。因此在扰动观测法的基础上，基于功率全微分的导纳增量法被提出作为扰动观测法的改进。根据扰动观测法工作原理可知，在最大功率点的左右两侧，$dP_v/(dV_p)$ 的正负性发生改变，而对光伏电池输出功率进行全微分，可得

$$dP_v = d(V_p I_p) = I_p dV_p + V_p dI_p \tag{4-2}$$

那么 $dP_v/(dV_p)$ 可以进一步表示为

$$\frac{dP_v}{dV_p} = I_p + V_p \frac{dI_p}{dV_p} \tag{4-3}$$

当光伏电池输出功率达到最大功率时，则有 $dP_v/(dV_p)=0$，因此，式（4-3）可改写为

$$\frac{dI_p}{dV_p} = -\frac{I_p}{V_p} \tag{4-4}$$

因此，式（4-3）的大小关系即为判定 $dP_v/(dV_p)$ 的正负性的依据，故式（4-4）可作为判定光伏电池是否工作在最大功率点的依据，该方案的本质即为判断不同工作点处的电导和电导变化率关系。进一步地，在电流-电压输出曲线最大功率点两侧 $dI_p/(dV_p)$ 与 I_p/V_p 的关系如图 4-10 所示。

导纳增量法的工作点判定依据可以写为

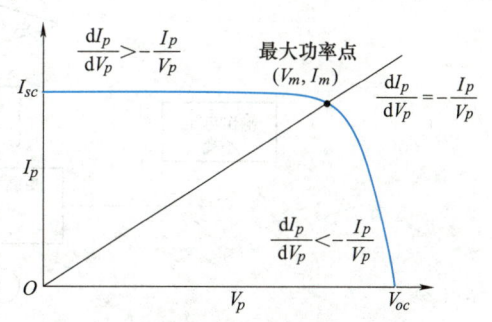

图 4-10　$dI_p/(dV_p)$ 与 I_p/V_p 的关系图

$$\begin{cases} \dfrac{dI_p}{dV_p} > -\dfrac{I_p}{V_p}, & 最大功率点左侧 \\[6pt] \dfrac{dI_p}{dV_p} = -\dfrac{I_p}{V_p}, & 最大功率点 \\[6pt] \dfrac{dI_p}{dV_p} < -\dfrac{I_p}{V_p}, & 最大功率点右侧 \end{cases} \qquad (4-5)$$

可以看到导纳增量法和扰动观测法的判定依据存在一个重要差别：导纳增量法采用当前状态判断，当搜寻到最大功率点时能够锁定该工作状态；扰动观测法由于采用状态趋势判断，搜寻到最大功率点后无法锁定工作状态。因此由分析导纳增量法的控制思想可以看出，采用导纳增量法具有以下特点：

1）控制效果好。由于导纳增量法的判断依据是基于光伏电池自身的物理特性曲线，因此对光伏电池最大功率点的判断不受系统外部电路的影响，避免了由于功率时间曲线可能为非单极值曲线而造成的最大功率点误判。

2）控制稳定度高。导纳增量法在跟踪到系统的最大功率点后不存在对光伏电池输出端口电压的持续扰动，因此在稳态时不存在功率的波动问题，控制系统具有较高的稳定度。

3）导纳增量法的判断依据是光伏电池的自身物理特性曲线，由于功率-电压曲线为单峰曲线，不会因外界环境条件以及时间变化而改变其单峰曲线的属性，因此采用导纳增量法进行最大功率跟踪时并无原理性误差。

这里需要额外注意的是：导纳增量法对控制系统要求相对较高，电压初始化参数对跟踪性能有较大影响，若设置不当，该方法容易产生振荡和误判。

导纳增量法流程图如图 4-11 所示。

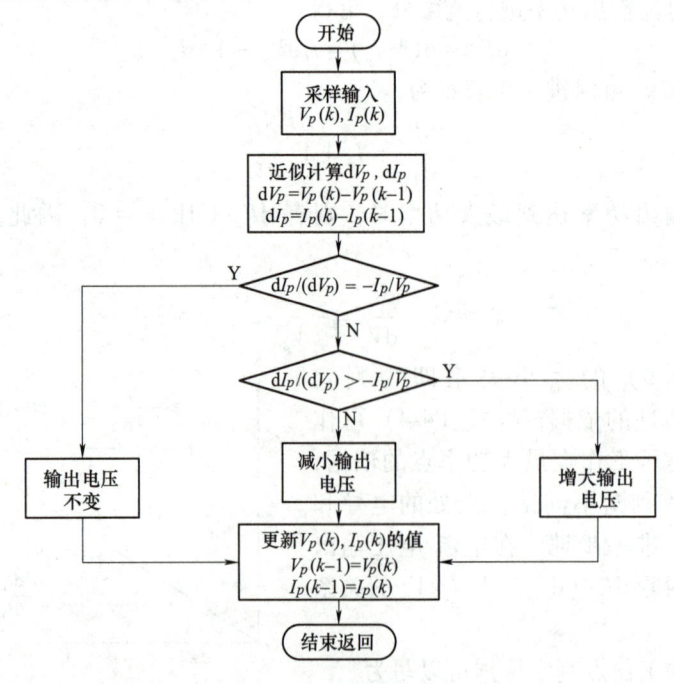

图 4-11　导纳增量法流程图

4.2 光伏发电运行控制技术

光伏发电系统的 MPPT 算法给出了光伏电池实际运行时端口电压的优化参考，光伏系统并网变流器的主要功能是保持直流母线电压的稳定追踪、输入电流为正弦和控制输入功率因数。直流母线电压的稳定与否取决于交流侧与直流侧的有功功率是否平衡，如果能有效地控制交流侧输入有功功率，则能保持直流母线电压的稳定。由于电网电压基本上恒定，所以对交流侧有功功率的控制实际上就是对输入电流有功分量的控制。对输入功率因数的控制实际上就是对输入电流无功分量的控制，而输入电流波形正弦与否主要与电流控制的有效性和调制方式有关。本节针对常用的光伏发电系统的 AC/DC 并网变流控制方法矢量控制及虚拟同步控制进行介绍。

4.2.1 基于矢量控制的光伏系统运行策略

矢量控制的基本思想是通过控制变流器输出电流从而调节直流母线电压，控制系统可以分为两个环节：①电压外环控制；②电流内环控制。实际上根据光伏并网变流器的控制目标和拓扑结构可知：光伏并网变流器与双馈机组中的网侧变流器是相同的。因此本节介绍的基于电网电压定向的电压电流双闭环矢量控制与前文在本质上是一致的，有关矢量控制的原理和本质参见前文。

根据前文中网侧变流器数学模型，可以得到并网变流器输出电压和电网电压的关系表达式为：

$$\begin{cases} v_{gd} = -R_f i_{gd} - L_g \dfrac{\mathrm{d}i_{gd}}{\mathrm{d}t} + \omega_1 L_f i_{gq} + u_{gd} \\ v_{gq} = -R_f i_{gq} - L_g \dfrac{\mathrm{d}i_{gq}}{\mathrm{d}t} - \omega_1 L_f i_{gd} + u_{gq} \end{cases} \quad (4\text{-}6)$$

式中　R_f、L_f——变流器滤波器的等效电阻和等效电感。

一方面，式（4-6）表明 d、q 轴电流 i_{gd}、i_{gq} 并非完全解耦，各自除受变流器 d、q 轴输出电压 v_{gd}、v_{gq} 的影响外，还会受到电流交叉耦合项 $\omega_1 L_f i_{gq}$，$-\omega_1 L_f i_{gd}$ 的影响；而另一方面电网电压 u_{gd}、u_{gq} 同样会影响 d、q 轴电流。因此矢量控制实际应用时，需要考虑 d、q 轴间电流耦合和电网电压扰动对电流控制的影响，前者提高网侧变流器的动态响应能力，后者降低电网电压扰动对运行性能的影响。需对 d、q 轴电流进行解耦和对电网电压扰动作前馈补偿。

如前所述直流母线电压的稳定与否取决于交流侧与直流侧的有功功率是否平衡，即直流电压的控制本质上是并网变流器的功率控制。当负载突变时，交直流两侧瞬时功率不平衡，直流母线电压为补偿交直流两侧功率差，会出现电压骤升/骤降，因此为提升系统的抗负载扰动性能，实际应用时还可在电流指令中叠加负载电流前馈补偿。

图 4-12 所示的带解耦和扰动补偿的电压电流双闭环矢量控制框图。其中通过锁相环实

现三相电网电压 V_{gabc} 的频率 ω_g 和相位角 θ_g 实现电网电压定向，基于电网电压相位角对电网电压和三相并网电流 I_{gabc} 进行坐标变换，得到同步速旋转坐标系下的电网电压 U_{gdq} 和并网电流 I_{gdq}。通过图中直流母线电压控制环节，d 轴实现直流母线电压控制，q 轴实现变流器无功电流控制，进而得到并网电流参考矢量 $I_{gdq}^* = i_{gd}^* + ji_{gq}^*$，其表达式可以写为

$$I_{gdq}^* = i_{gd}^* + ji_{gq}^* = (V_{dc}^* - V_{dc})\left[k_{vp} + k_{vi}\int(t)\mathrm{d}t\right] + ji_{gq}^* \tag{4-7}$$

式中 k_{vp} 和 k_{vi}——直流电压 PI 控制器的比例参数和积分参数。

得到并网电流参考指令后，根据图 4-12 可得并网变流器输出电压 $U_{cdq} = u_{cd} + ju_{cq}$，其中

$$\begin{cases} u_{cd} = -(i_{gd}^* - i_{gd} + i_{load})\left[k_{ip} + k_{ii}\int(t)\mathrm{d}t\right] + i_{gd}\omega_g L_f + u_{gd} \\ u_{cq} = -(i_{gq}^* - i_{gq})\left[k_{ip} + k_{ii}\int(t)\mathrm{d}t\right] - i_{gd}\omega_g L_f + u_{gq} \end{cases} \tag{4-8}$$

式中 k_{ip} 和 k_{ii}——电流 PI 控制器的比例参数和积分参数；

L_f——滤波器等效电感，为变流器侧电感 L_{lf} 及电网侧电感 L_{gf} 之和。

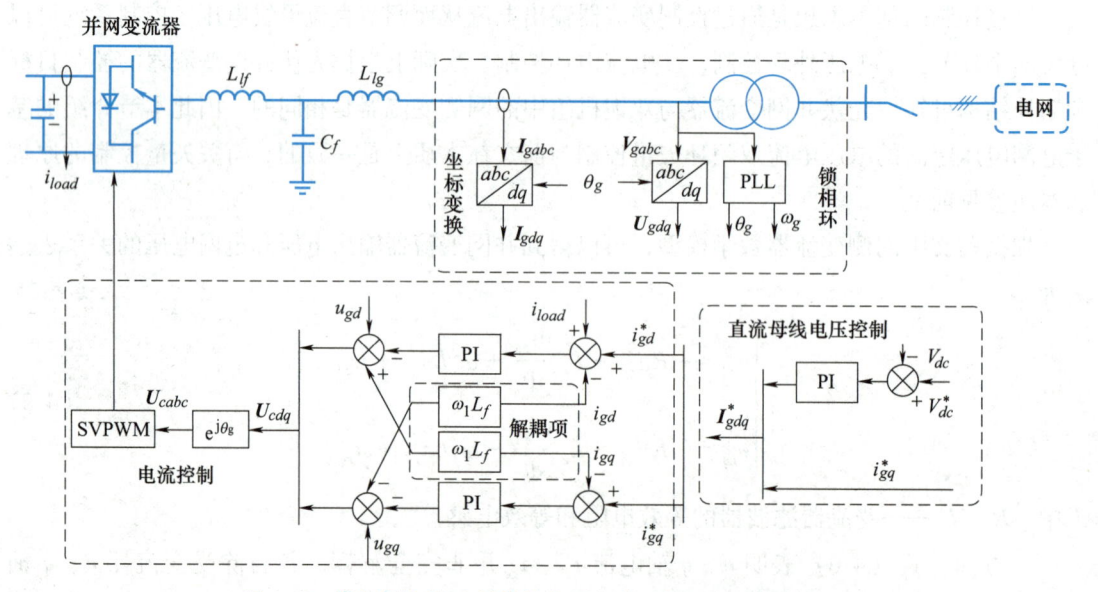

图 4-12 带解耦和扰动补偿的电压电流双闭环矢量控制框图

4.2.2 基于虚拟同步发电机的光伏系统运行策略

基于矢量控制的光伏系统并网运行时，具有有功/无功功率控制迅速、解耦的特征，输出电能质量优越，但这种控制方法采用电流源控制，无法参与电网频率及电压支撑；同时相较于传统发电机，基于电力电子变流器并网的方式缺乏一定的惯性，当光伏发电系统并入带阻抗的交流电网时，可能存在阻尼不足导致的稳定性问题。因此这里进一步介绍采用虚拟同步发电机（Virtual Synchronous Generator，VSG）的光伏发电系统并网控制策略。

基于虚拟同步发电机控制原理，为实现并网逆变器的虚拟同步运行，其有功功率控制和频率稳定的虚拟转子运动方程可表示为

第 4 章
光伏发电控制技术

$$T_m - T_e = \frac{P_{ref}}{\omega_g} - \frac{P}{\omega} = J\frac{d\omega}{dt} + D_p(\omega - \omega_g) \tag{4-9}$$

式中　T_m——虚拟机械转矩；
　　　T_e——变流器虚拟转矩；
　　　P_{ref}——有功功率设定值；
　　　P——逆变器输出有功功率；
　　　ω——并网逆变器输出电压的角频率；
　　　ω_g——电网电压角频率；
　　　J——惯性系数；
　　　D_p——阻尼系数。

对转子运动方程得到的角频率积分，可得到虚拟电角度 θ。

变流器无功功率控制采用无功-电压下垂控制，电网电压幅值可表示为

$$V_g = V + k_Q(Q_{ref} - Q) \tag{4-10}$$

式中　Q_{ref}——无功功率设定值；
　　　Q——逆变器输出无功功率；
　　　k_Q——无功-电压下垂系数。

根据式（4-9）和式（4-10）中的为虚拟同步发电机有功功率、无功功率表达式，可以得到并网变流器输出电压的相位角和幅值分别为

$$\begin{cases} \omega = \frac{1}{Js}\left[\left(\frac{P_{ref}}{\omega_g} - \frac{P}{\omega}\right) + D_p(\omega_g - \omega)\right] \\ \theta = \frac{1}{s}\omega \\ E_c = \frac{\omega}{Ks}[(Q_{ref} - Q) + D_q(V_{ref} - V_g)] \end{cases} \tag{4-11}$$

对于并网变流器，直流电压控制即为有功功率控制，因此式（4-11）改写为

$$\begin{cases} \omega = \frac{1}{Js}\left[\left(\frac{V_{dc}^*}{\omega_g} - \frac{V_{dc}}{\omega}\right) + D_p(\omega_g - \omega)\right] \\ \theta = \frac{1}{s}\omega \\ E_c = \frac{\omega}{Ks}[(Q_{ref} - Q) + D_q(V_{ref} - V_g)] \end{cases} \tag{4-12}$$

图 4-13 给出了基于虚拟同步发电机的光伏系统控制策略。可以看到基于虚拟同步发电机的控制方法不需要进行电网锁相，通过虚拟同步发电机有功功率、无功功率分别产生变流器电压输出相位和幅值。有功控制环的虚拟转子闭环的转速参考为电网电压额定角速度，当电网电压频率改变时，系统通过调整有功功率输出对电网频率进行支撑。无功功率控制环中的电压参考 V_{ref} 设定为电网电压额定值，当电网电压实际值 V 偏离电网电压额定值时，光伏变流器调整自身输出无功功率，对电网进行无功支撑以参与电压调整，最终的无功指令经过积分环节得到变流器输出电压幅值。

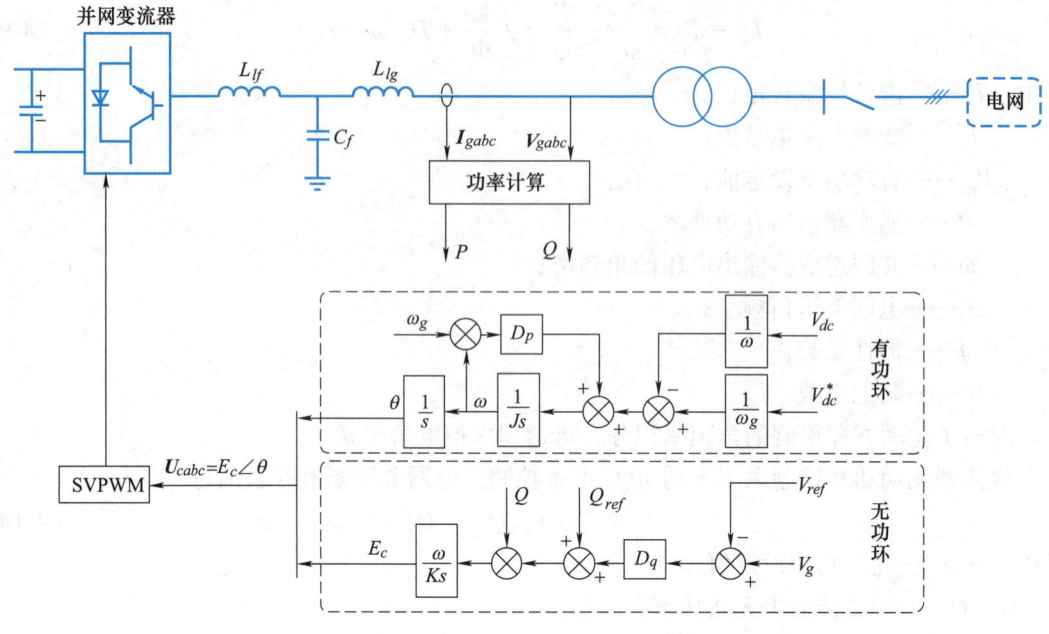

图 4-13 基于虚拟同步发电机的并网光伏系统控制策略

4.3 光伏发电系统防孤岛运行策略

4.3.1 光伏发电系统孤岛效应

光伏发电系统并网运行时，电网供电可能因故障或维修而停止，从而导致并网系统跳闸，此时如果光伏并网发电系统没有及时检测出停电状态而自行切网，光伏发电系统就会与其相连的负载形成一个自给供电的孤岛发电系统。这种情况下所导致的孤岛运行状态即为非计划孤岛效应。非计划孤岛的发生，会产生如下危害：

1）非计划孤岛发生时，一些被认为已经与电网断开的线路或设备仍然处于带电状态，这种现象会严重影响电网维修人员及用户的用电安全。

2）如果并网光伏系统不具有电压和频率调节能力，同时缺失电压偏移、频率偏移的保护装置或电压/频率偏移的整定保护不佳，会导致孤岛运行的电压和频率失控，导致电压、频率偏离额定值，严重影响本地负荷的用电品质，会降低电网及并网设备使用寿命。

3）发生非计划孤岛后，可能会恶化光伏发电系统的重新并网性能。重合闸过程中光伏系统和电网不同步，会导致其重新接入电网时产生较大的冲击电流，损坏设备。

4）孤岛效应还可能导致系统短路故障不能及时清除，进而损坏电网设备，干扰电网供电系统的故障恢复。

鉴于非计划孤岛效应的危害，各类并网导则都要求并网光伏发电系统必须要有反孤岛的保护功能，即光伏系统需要具有检测出孤岛的发生并及时与主电网切离的功能分布式发电设备在其出厂前必须要进行反孤岛测试，以确保孤岛保护的可靠性。美国电气与电子工程师协会（Institute of Electrical and Electronics Engineers，IEEE），在 IEEE Std. 2000.929 中光伏系统的孤岛检测进行了最大孤岛检测时间的规定,见表 4-1。

表 4-1　IEEE Std. 2000.929 的孤岛检测标准

电压	最大分闸时间
$V<50\%V_{norm}$	6 个周期
$50\%V_{norm}<V<88\%V_{norm}$	2s
$88\%V_{norm}<V<110\%V_{norm}$	正常工作
$110\%V_{norm}<V<137\%V_{norm}$	2s
$V>137\%V_{norm}$	2 个周期
频率	操作时间
$f_{norm}+0.5<f$	6 个周期
$f<f_{norm}-0.7$	6 个周期

我国的防孤岛标准可参见光伏并网技术标准 GB/T 19939—2005（见表 4-2），其中明确指出：（光伏并网系统）应设置至少各一种主动和被动防孤岛效应保护，当电网失压时，防孤岛效应保护应在 2s 内动作，断开光伏系统与电网的连接。

表 4-2　GB/T 19939—2005 的孤岛检测标准

频率范围/Hz	响应时间/s
<49.5	0.16
>50.5	0.16
<47.0	0.16
<（47.0~49.3）	0.16~300
>50.5	0.16

为了分析孤岛效应的发生机理，下面针对图 4-14 所示的光伏系统变流器进行分析。其中本地负荷采用 RLC 等效，孤岛效应的基本原理可大概描述为：当电网接触器（S1）断开瞬间，由于变流器同时连接本地 RLC 负荷，此时由于 RLC 上仍然有电流流过，会导致并网点仍然有电压。具体地，接触器断开前，对于光伏变流器、本地负载及电网有

$$P_{load} + jQ_{load} = (P_{inv} + \Delta P) + j(Q_{inv} + \Delta Q) \tag{4-13}$$

式中　P_{load}、Q_{load}——本地负荷所消耗的有功功率和无功功率；

　　　P_{inv}、Q_{inv}——光伏变流器发出的有功功率和无功功率；

　　　ΔP、ΔQ——流入电网的有功功率和无功功率。

接触器 S1 断开时，光伏变流器未停止供电，此时系统处于孤岛运行状态，系统等效电路如图 4-14 所示。

其中本地负荷上的功率与并网点电压/频率的关系可以表示为式（4-14）。同时注意到 RLC 为并联支路，因此无论接触器断开与否，并网电压和频率均满足式（4-14）。

$$\begin{cases} V_g = \sqrt{P_{load}R} \\ f_g = \dfrac{1}{2\pi\sqrt{LC}}\left(1 + \dfrac{Q_{load}}{2P_{load}R\sqrt{L/C}}\right) \end{cases} \tag{4-14}$$

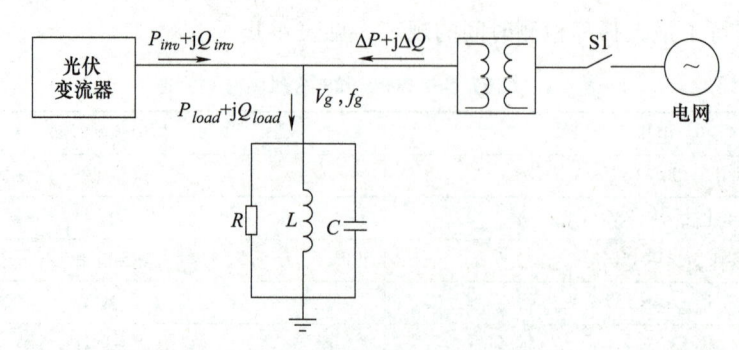

图 4-14 光伏并网系统等效电路图

那么当流入电网的有功功率和无功功率不为零时，即电网对光伏-负荷系统存在有功功率或无功功率交换时，有

$$|\Delta P + j\Delta Q| \gg 0 \tag{4-15}$$

则在接触器断开的瞬间，由于光伏变流器的功率未突变，光伏变流器的功率输出施加到本地负荷上，即接触器断开前的瞬间，本地负荷的有功功率和无功功率分别对应于电网电压作用在本地负荷上的有功功率、无功功率；接触器断开后的瞬间，本地负荷的有功功率和无功功率为光伏变流器原本的有功输出和无功输出，进一步可以得到，接触器开关瞬间前后，并网点电压分别满足如下表达式：

$$S1 \text{ 断开前}: \begin{cases} V_g = \sqrt{P_{load}R} \\ f_g = \dfrac{1}{2\pi\sqrt{LC}}\left(1 + \dfrac{Q_{load}}{2P_{load}R\sqrt{L/C}}\right) = \dfrac{1}{2\pi\sqrt{LC}}\left(1 + \dfrac{Q_{load}}{2P_{load}Q_f}\right) \end{cases}$$

$$S1 \text{ 断开后}: \begin{cases} V_{is} = \sqrt{P_{inv}R} \\ f_{is} = \dfrac{1}{2\pi\sqrt{LC}}\left(1 + \dfrac{Q_{inv}}{2P_{inv}R\sqrt{L/C}}\right) = \dfrac{1}{2\pi\sqrt{LC}}\left(1 + \dfrac{Q_{inv}}{2P_{inv}Q_f}\right) \end{cases} \tag{4-16}$$

其中定义 $Q_f = R(L/C)^{1/2}$ 为本地负荷的品质因数，断开 S1 后的并网点电压幅值为 V_{is}，电压频率 f_{is}，因此可以得到孤岛运行时，并网点电压幅值为 V_{is}、电压频率 f_{is} 与 V_g、f_g 的关系为

$$\begin{cases} V_{is} = \sqrt{\dfrac{P_{inv}}{P_{load}}} V_g \\ f_{is} = \dfrac{2P_{inv}Q_f + Q_{inv}}{2P_{load}Q_f + Q_{load}} f_g \end{cases} \tag{4-17}$$

上式说明：

1) 光伏变流器与电网断开瞬间，并网电压幅值与电网电压幅值之比等于并网系统实际输出有功与负载需求有功的比值的二次方根。

2) 光伏变流器与电网断开瞬间，并网电压频率与电网电压频率之比，与并网系统输出有功功率、无功功率以及负载特性有关。

进一步地，根据式（4-17），可以得到孤岛运行时，此时本地负荷的功率变化，导致并

网点电压和频率出现了如下变化规律：

$$\Delta Q < 0 \rightarrow \begin{cases} \Delta P < 0, \rightarrow P_{load} \Uparrow Q_{load} \Uparrow, \rightarrow V \Downarrow f \Uparrow \\ \Delta P = 0, \rightarrow P_{load} \Rightarrow Q_{load} \Uparrow, \rightarrow V \Rightarrow f \Uparrow \\ \Delta P > 0, \rightarrow P_{load} \Downarrow Q_{load} \Uparrow, \rightarrow V \Uparrow f (变化不固定) \end{cases}$$

$$\Delta Q > 0 \rightarrow \begin{cases} \Delta P < 0, \rightarrow P_{load} \Uparrow Q_{load} \Downarrow, \rightarrow V \Uparrow f (变化不固定) \\ \Delta P = 0, \rightarrow P_{load} \Rightarrow Q_{load} \Downarrow, \rightarrow V \Rightarrow f \Uparrow \\ \Delta P > 0, \rightarrow P_{load} \Downarrow Q_{load} \Downarrow, \rightarrow V \Downarrow f \Rightarrow \Downarrow \end{cases} \quad (4\text{-}18)$$

$$\Delta Q = 0 \rightarrow \begin{cases} \Delta P < 0, \rightarrow P_{load} \Uparrow Q_{load} \Rightarrow, \rightarrow V \Uparrow f \Rightarrow \\ \Delta P = 0, \rightarrow P_{load} \Rightarrow Q_{load} \Rightarrow, \rightarrow V \Rightarrow f \Rightarrow \\ \Delta P > 0, \rightarrow P_{load} \Downarrow Q_{load} \Rightarrow, \rightarrow V \Downarrow f \Rightarrow \end{cases}$$

根据以上变化规律可以得到

1）当变流器输出与本地负荷有功功率不匹配时，即

$$\Delta P \neq 0 \quad (4\text{-}19)$$

此时，断开接触器后的并网点电压幅值一定会发生改变，且 ΔP 越大，即本地负荷所需要的有功与光伏变流器输出的有功相差越大，并网点电压幅值的变化就越大。这种情况通过对并网点电压进行幅值实时监测，判断并网点电压的过电压/欠电压状态即可检测出系统是否处于孤岛运行状态。

2）当变流器输出与本地负荷无功功率不匹配时，即

$$\Delta Q \neq 0 \quad (4\text{-}20)$$

此时，断开接触器后的并网点功率一定会发生改变，改变程度与并网系统输出有功、无功以及负载特性均有关。但对于某台固定机组，无功功率不匹配程度越大，这种情况通过对并网点电压进行频率实时监测，判断并网点电压的过频/欠频状态即可检测出系统是否处于孤岛运行状态。

3）当变流器输出与本地负荷有功功率和无功功率均基本匹配时，即

$$\Delta P + j\Delta Q \approx 0 \quad (4\text{-}21)$$

此时，并网点电压和并网点频率相较于断开接触器前，均不会发生明显的变化，此时光伏变流器难以根据系统状态量直接判断出 S1 的开闸状态，对于并网点电压幅值和频率的直接检测无法实现孤岛运行状态的检测。

4.3.2 被动式光伏检测法及检测盲区

光伏发电系统中的孤岛检测方法根据孤岛检测装置施加位置可以分为两类：①基于电网与并网光伏系统的信息交互，通过无线电通信来实现孤岛效应的远程检测；②基于光伏变流器的局部反孤岛策略。远程检测法通常利用电网侧自身的监控系统检测到电网故障或电网供电中断，然后向并网光伏系统发送故障信号或报警信号，这种方法主要组成部分有断路器跳闸信号检测装置、电力载波通信装置和网络监控数据采集系统等。具体方法是利用电网端的发送器，通过电力线路本身发送信号来传递信息，用户端的接收器检测电网上是否有发送器发送的信号，如果没有收到则认为电网已经断开。该方法具有检测速度快、稳定性好、对并网系统运行无影响和无检测盲区等优点，但是需要安装信号发生器和信号监控设备或阻抗投

切设备，成本比较高，通常适用于大型分布式光伏电站的并网。由于该方案较为依赖于信息传输性能，且采用该方案并网光伏系统缺乏主动自治能力，设备成本投入较大，因此相对不够实用。

而基于光伏并网变流器的孤岛检测方法根据作用原理又可分为两类：①被动式孤岛检测，如对异常电压、频率、相位、谐波等进行监视或分析；②主动式孤岛检测，主要方式是对并网变流器施加某一变量的扰动，使得扰动分量在孤岛运行时迅速放大以触发被动式孤岛检测。本节重点针对被动式孤岛检测方法的作用原理、各方法相应的孤岛检测盲区分析进行介绍。

1. 过电压/欠电压孤岛检测法

过电压/欠电压孤岛检测的基本作用原理可以描述为：当光伏并网变流器检测并网点电压的电压幅值超出了并网标准容许的电压范围时，通过下发变流器脉冲封锁指令，以控制变流器停机，实现反孤岛运行。根据 4.3.1 节中的结论，断路器闭合时，并网点电压由电网电压钳位，系统正常运行不会出发过电压、欠电压报警；当断路器断开且断开前变流器向电网馈送的有功功率不为零时，并网点电压幅值会发生改变，有功功率差值足够大时，系统触发过电压/欠电压报警，启动防孤岛保护策略。但是，当有功功率差值不足以触发过电压/欠电压报警时，系统采用这种方法无法实现孤岛检测，无法触发孤岛保护的功率差值范围称之为该孤岛检测方案的检测盲区。为了深入揭示过电压/欠电压孤岛检测的失效现象，下面对基于过电压/欠电压孤岛检测的孤岛保护方案进行盲区分析。

当并网变流器采用功率控制模式时，此时并网变流器输出特征为恒功率源，即无论并网点电压如何变化，变流器的稳态输出功率均为断路器断开前的输出功率 P_{inv}，Q_{inv}。此时并网点电压幅值满足式（4-16），即有

$$V_{is} = \sqrt{P_{inv}R} = \sqrt{(P_{laod} + \Delta P)R} \tag{4-22}$$

因此功率变化量所导致的并网点电压幅值变化可以表示为

$$\frac{\Delta P}{P_{inv}} = \frac{P_{load} - \dfrac{V_{is}^2}{R}}{P_{inv}} = \frac{\dfrac{V_g^2}{R} - \dfrac{V_{is}^2}{R}}{\dfrac{V_{is}^2}{R}} = \frac{V_g^2}{V_{is}^2} - 1 \tag{4-23}$$

$$V_{is\_min} \leq V_{is} \leq V_{is\_max} \tag{4-24}$$

假设并网点电压幅值的正常检测范围是（V_{is_min}，V_{is_max}）即式（4-24），那么当有功功率变化范围为式（4-25）时，系统无法根据电压幅值的变化检测出孤岛效应，此时

$$\frac{V_g^2}{V_{is\_max}^2} - 1 \leq \frac{\Delta P}{P_{inv}} \leq \frac{V_g^2}{V_{is\_min}^2} - 1 \tag{4-25}$$

上式即为并网变流器处于恒功率源时，采用过电压/欠电压检测的孤岛检测盲区。

当并网变流器采用电流控制模式时，此时并网变流器输出特征为恒电流源，即无论并网点电压如何变化，变流器的稳态输出电流均为断路器断开前的输出电流。同时考虑到并网变流器通常工作在单位功率因数模式下，亦即 $S_{inv} = P_{inv} + jQ_{inv} = P_{inv}$，则并网变流器在断路器断开前后均只输出有功电流，且有功电流保持不变，有

$$\frac{P_{inv}}{V_g} = i_{inv} = i_{is} = \frac{P_{is}}{V_{is}} \tag{4-26}$$

因此断路器断开后并网点电压幅值可以表示为

$$\frac{\Delta P}{P_{inv}} = \frac{P_{load} - P_{inv}}{P_{inv}} = \frac{P_{load}}{P_{inv}} - 1 = \frac{\dfrac{V_g^2}{R}}{V_g i_{inv}} - 1 = \frac{V_g}{R i_{is}} - 1 = \frac{V_g}{V_{is}} - 1 \tag{4-27}$$

假设并网点电压幅值的正常检测范围是（V_{is_min}，V_{is_max}），当有功功率变化范围为式（4-28）时，电流控制的变流器系统无法根据电压幅值的变化检测出孤岛效应，此时

$$\frac{V_g}{V_{is\_max}} - 1 \leq \frac{\Delta P}{P_{inv}} \leq \frac{V_g}{V_{is\_min}} - 1 \tag{4-28}$$

式（4-25）及式（4-28）即为采用过电压/欠电压检测的孤岛保护所存在的检测盲区，同时检测盲区的存在也直观地表明了该方案只能应对光伏系统与本地负荷匹配程度较差的系统，尽管可以通过缩小电压越限范围的方式来降低孤岛检测的盲区范围，但缩小电压限制范围无法从根本上解决盲区的问题，同时过小的电压限制范围还可能导致系统误跳闸。

2. 过频/欠频孤岛检测法

类似于过电压/欠电压孤岛检测，过频/欠频孤岛检测的基本作用原理可以描述为：当光伏并网变流器检测并网点电压的频率超出了并网标准容许的频率范围时，通过下发变流器脉冲封锁指令，以控制变流器停机，实现反孤岛运行。当光伏变流器并网运行断路器闭合时，系统频率由电网频率决定，系统正常运行不会触发过频、欠频报警，当断路器断开且断开前变流器向电网馈送的无功功率不为零时，并网点电压频率会生改变，无功功率差值足够大时，系统触发过频/欠频报警，启动防孤岛保护策略。类似于过电压/欠电压检测，当光伏系统所发无功功率与本地负荷无功功率差值不足以触发过频/欠频报警时，系统采用这种方法无法实现孤岛检测，无法触发孤岛保护的无功功率差值范围即为该孤岛检测方案的检测盲区。

根据图 4-14，光伏发电系统并网运行时，本地负荷的无功功率可以表示为

$$jQ_{load} = -\left(\frac{V_g^2}{j\omega_g L} + V_g^2 j\omega_g C\right) = jV_g^2\left(\frac{1}{\omega_g L} - j\omega_g C\right) \tag{4-29}$$

进一步根据式（4-14），将式（4-29）改写为

$$Q_{load} = P_{load} R\left(\frac{1}{\omega_g L} - \omega_g C\right) \tag{4-30}$$

考虑到光伏并网变流器通常采用单位功率因数控制，因此光伏变流器不输出无功，即 $Q_{inv} = 0$，因此断开并网之前，本地负荷的无功功率均由电网提供，即

$$Q_{load} = P_{load} R\left(\frac{1}{\omega_g L} - \omega_g C\right) = \Delta Q \tag{4-31}$$

断开并网，光伏变流器进入孤岛运行后，由于光伏并网变流器所采用单位功率因数控制，其仍然不输出无功，即 $Q_{inv} = 0$，本地负荷在新的稳定状态下无功功率为 0，为了维持这一稳态，此时的负荷频率应满足下式：

$$Q_{inv} = V_{is}^2\left(\frac{1}{\omega_{is} L} - \omega_{is} C\right) = 0 \tag{4-32}$$

由式（4-30）及式（4-31）联立可以得到，并网前流入电网的无功功率可以表示为

$$\Delta Q = P_{load}Q_f\left(\frac{\omega_{is}}{\omega_g} - \frac{\omega_g}{\omega_{is}}\right) = (\Delta P + P_{inv})Q_f\left(\frac{f_{is}}{f_g} - \frac{f_g}{f_{is}}\right) \quad (4-33)$$

进一步地，断网前后无功功率变化量与光伏系统发电量的比值关系可表示如下：

$$\frac{\Delta Q}{P_{inv}} = \left(\frac{\Delta P}{P_{inv}} + 1\right)Q_f\left(\frac{f_{is}}{f_g} - \frac{f_g}{f_{is}}\right) \quad (4-34)$$

对于采用恒功率控制的光伏系统，并网点电压频率的正常范围为（f_{is_min}，f_{is_max}）时，结合式（4-25），可以得到无功功率变化范围为式（4-35）时，系统无法根据电压频率的变化检测出孤岛效应，即

$$\frac{V_g^2}{V_{is\_max}^2}Q_f\left(\frac{f_{is\_min}}{f_g} - \frac{f_g}{f_{is\_min}}\right) \leq \frac{\Delta Q}{P_{inv}} \leq \frac{V_g^2}{V_{is\_min}^2}Q_f\left(\frac{f_{is\_max}}{f_g} - \frac{f_g}{f_{is\_max}}\right) \quad (4-35)$$

对于采用恒电流控制的光伏系统，并网点电压频率的正常范围为（f_{is_min}，f_{is_max}）时，结合式（4-28），可以得到无功功率变化范围为式（4-36）时，系统无法根据电压频率的变化检测出孤岛效应。

$$\frac{V_g}{V_{is\_max}}Q_f\left(\frac{f_{is\_min}}{f_g} - \frac{f_g}{f_{is\_min}}\right) \leq \frac{\Delta Q}{P_{inv}} \leq \frac{V_g}{V_{is\_min}}Q_f\left(\frac{f_{is\_max}}{f_g} - \frac{f_g}{f_{is\_max}}\right) \quad (4-36)$$

需要说明的是，基于过电压/欠电压、过频/欠频的孤岛检测方法并不是冲突的，通常两者会同时使用，而且不只限于检测孤岛效应，其作为一种常用的设备保护策略，亦可以用于其他原因导致的电压幅值、频率异常。这种触发式保护策略作为最直接、最经济的保护方式是光伏并网变流器必备的，后续的主动式光伏检测方法通常也需要将被动式方法作为触发保护的基础方式。

3. 相位跳变检测法

相位跳变检测法原理则是通过测量并网点电压和变流器输出电流两者之间相位的差值来判断孤岛现象。当并网点电压与并网电流相位差值大于定值，则判定系统处于孤岛运行状态。

在光伏变流器系统并网运行时，并网点电压 V_{pcc} 即为电网电压 V_g，即

$$V_{pcc} = V_g = V_m \angle \varphi_g \quad (4-37)$$

式中 V_m——电网电压幅值；

φ_g——电网电压的相位角。

当光伏变流器处于单位功率因数运行时，并网电流 I_{inv} 与电网电压同频同相，即

$$I_{inv} = I_m \angle \varphi_g \quad (4-38)$$

负载电流相位则由其自身阻抗决定，可写为

$$I_{load} = V_g Z_{load}^{-1} = V_m Z_{load\_m}^{-1} \angle (\varphi_g - \sigma) \quad (4-39)$$

式中 Z_{load_m}——负载阻抗幅值；

σ——负载阻抗相位，且

$$\sigma = \arctan\left(\frac{Q_{load}}{P_{load}}\right) = \arctan\left[R\left(\frac{1}{\omega L} - \omega C\right)\right] \quad (4-40)$$

当电网突然断开时，负载能量由光伏变流器提供，此时处于孤岛运行状态。以光伏变流器定电流控制为例，在并网断开的瞬间此时负载电流被强制控制为变流器输出电流，此时并

网点电压跳变为：

$$V_{pcc} = I_{inv} Z_{laod} = I_m Z_{laod\_m} \angle (\varphi_g + \sigma) \tag{4-41}$$

根据式（4-41）和式（4-37），可知进入孤岛模式后，对于非纯电阻性负荷，并网点电压相位将会出现跳变，以此可检测孤岛的存在。此检测手段简便易操作，不影响变流器的电能输出质量以及对系统暂态响应。但可以看到当负荷表现出阻性或者近似阻性时，两者相位之间的差值变化较为小，造成孤岛检测失败，即该方案同样存在类似于过电压/欠电压、过频/欠频的检测盲区。

假设相位检测的保护阈值设定为（$\sigma_{\min}$，$\sigma_{\max}$），基于相位跳变的检测方法的检测范围即可表示为

$$\sigma_{\min} < \sigma = \arctan\left(\frac{Q_{load}}{P_{load}}\right) < \sigma_{\max} \tag{4-42}$$

因此对于采用单位功率因数控制的光伏变流器，该方案的检测盲区可以表示为

$$\sigma_{\min} < \arctan\left(\frac{\Delta Q/P_{inv}}{1 + \Delta P/P_{inv}}\right) < \sigma_{\max} \tag{4-43}$$

4. 电压谐波检测法

基于电压谐波检测的孤岛检测是一种通过监控光伏变流器的端口电压谐波来实时检测孤岛状态的一种方法，其本质上也是一种被动式孤岛检测方法。通常情况下光伏变流器并网运行时，电网被视为理想电压源，并网点电压由电网电压决定，由于并网标准对于公共并网点的谐波电压有明确要求，因此光伏变流器所接入的电网本身的谐波电压通常不会很大。由于理想电压源的刚性状态，并网点电压基本上与光伏变流器运行状态无关，因此光伏变流器的谐波电流不会影响并网点的电压质量。然而当电网跳闸后，并网变流器的谐波电流流入负载阻抗形成谐波电压，由于负载阻抗远大于理想电网的电网阻抗，因此并网点处会产生较为明显的畸变现象。同时如果存在部分基于不控整流的非线性负荷，非线性负荷会由于并网点电压的畸变进一步发射谐波电流，从而进一步恶化并网点电压质量。

基于电压谐波检测的孤岛检测法其优缺点与其他被动式孤岛检测法类似：即不影响电能质量、应用成本较低等，但同样存在检测阈值设定困难的缺陷。另外，由于孤岛保护测试电路通常用线性 RLC 负载来表示本地负载，而实际的本地负载如果是非线性负载，将使正常并网运行时的谐波增加，进一步增加了检测阈值的设定难度。

4.3.3 主动式光伏检测法

对于前文所述的被动式孤岛检测方案，均存在检测盲区和阈值设定的矛盾问题。因此在此基础上，研究人员提出了利用变流器的控制能力，主动参与到孤岛状态的检测中。主动式孤岛检测法的基本思路可以描述为：在光伏变流器控制系统中添加某些控制回路对并网电压的幅值或频率进行附加控制，当光伏系统并网运行时，并网点电压钳位，附加控制失效；当光伏系统离网孤岛运行时，附加控制生效，光伏变流器对并网点电压进行主动反向控制，迫使其触发被动式保护。具体方法如下：

1. 基于频率偏移的主动式孤岛检测方案

基于频率偏移的主动式孤岛策略通过并网光伏变流器向电网中注入略微畸变的电流，并

形成连续的频率改变趋势。当并网运行未处于非计划孤岛时,并网点频率不可改变,当电网与变流器断开时,变流器输出电压的频率产生持续的单向偏移,从而实现孤岛检测。

下面以向上频率偏移的孤岛检测方案为例,如图 4-15 所示,当变流器并网运行时,在正弦波中插入死区,此时电流频率被略微提高。在前半周期,并网光伏系统的输出电流高于电网频率,当输出电流达到过零点时,电流进入死区,维持零电流直至后半周期的起点;同理后半周期中输出电流到达过零点时,保持一段时间的死区状态。当光伏变流器断网时,本地负荷若为阻性负载时,并网点电压与并网电流保持一致,此时并网点电压的上升过零点比预期更早来临,并网电压频率出现略微增大。下一周期,并网电流由于插入了死区,过零点会早于并网电压提前到来,进一步导致并网电压频率增大,如此往复循环,

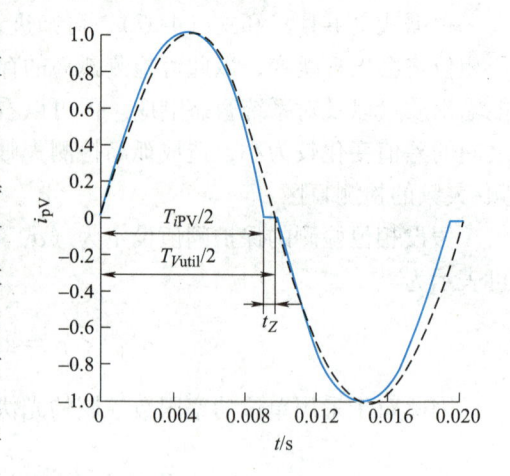

图 4-15 主动式频率偏移法施加的电流波形

直至触发过频保护。对于 RLC 型负载,如果负载阻抗角 $\sigma>0$,那么电网跳闸的瞬间,输出端频率、相位会进一步向上偏移,从而促进过频检测的快速实现;但是对于负载阻抗角 $\sigma<0$ 的情况,电网跳闸的瞬间,变流器输出频率向下偏移,此时过频检测则需要更长的时间。类似地对于采用向下频率偏移的孤岛检测方法,负载阻抗角 $\sigma>0$ 时检测效果会变差。

主动式频率偏移(Active Frequency Deviation,AFD)方案相较于被动检测方式,由于检测机制的不同,其具有更小的检测盲区(Non-detection Zone,NDZ),但同时该方案不连续的电流波形会导致光伏变流器的输出电能质量下降,对于多变流器系统,为了保持检测的有效性还必须对各个变流器的偏移方向进行限制,否则产生的稀释效应可能会导致检测失效。但与此同时变流器负载特性的不同导致了某些变流器可能只适合向上或向下的主动频率偏移,因此这种方案应用于多变流器互联系统时可能会失效。

在主动式频率偏移检测法的基础上,为了提升检测速度和检测性能,可以构建基于频率正反馈的主动频移反孤岛策略。基于频率正反馈的主动频移反孤岛策略通过对并网点电压的频率进行正反馈的主动频移控制,将图 4-15 中的死区时间与交流周期的比值定义为死区分数,每个周期的死区分数由上一个周期的死区分数和当前变流器端电压频率与电网电压频率偏差共同决定,即

$$DZf_k = DZf_{k-1} + K\Delta\omega \qquad (4-44)$$

式中 DZf_k、DZf_{k-1}——第 k 周期和第 $k-1$ 周期的死区分数;

K——正反馈增益;

$\Delta\omega = \omega_g - \omega_{inv}$。

可以看到这种主动频移方案实际上加快了频率偏差变化的速度。当变流器并网运行时,并网点电压频率受电网频率钳位,此时系统的死区分数固定。但是当电网与变流器断开连接时,变流器输出频率与电网频率的偏差会被正反馈控制作用迅速放大,如此,初始的死区分数可以设置较小,从而降低了孤岛检测对变流器输出电能质量的影响。

相较于主动式频率偏移引入频率正反馈控制能够在电网跳闸时产生更大的频率误差,从

而实现更小的 NDZ，同时该方案可以兼顾输出电能质量。但是这种方法在控制中引入正反馈，尤其是频率正反馈可能会导致连接至弱电网等非理想电网时降低系统稳定性，同时电网频率出现波动时，系统的动态特性也会显著变差，有可能导致系统失稳，此时需要降低正反馈增益 K 进行缓解。

2. 基于功率扰动的主动式孤岛检测方案

根据前文所述的孤岛现象功率匹配原理，当系统与电网断开时，变流器输出功率增大会导致逆变器端电压增大，变流器输出功率减小则会导致端电压幅值减小。因此采用主动式电流干扰法进行孤岛检测，该方案在变流器的控制中周期性地改变变流器的输出功率，从而使其与电网断开后，变流器输出的有功功率与负荷有功功率关系平衡，从而使得并网电压幅值越限。

实施方法可以描述为：在原有的电流指令参考基础上，叠加电流干扰信号，此时变流器输出电路可以表示为

$$i'_L = i_g - i_{gi} \tag{4-45}$$

当变流器与电网断开时，并网点电压取决于变流器输出电流和本地负载。如果变流器有功输出与本地负载的有功消耗相匹配，那么断电时并网点电压就不会发生改变，从而导致孤岛现象产生。而在上述施加了电流扰动的情况下，并网点电压则会变为

$$U'_a = (i_g - i_{gi})Z \tag{4-46}$$

式中　Z——负载阻抗。

此时，附加电流所产生的压降可以让电压出现一个明显的偏差，进一步地，参考基于正反馈的主动式频率偏移方案。可以将电流扰动值设定为并网点电压与额定电压的正反馈控制输出，这样可以迅速地放大并网点电压与额定电压的偏差，形成正反馈的主动检测，提升检测速率，即

$$i_{gi} = K_{gi}(U_g - U_a) \tag{4-47}$$

同样地，这种功率扰动的主动反孤岛策略也会存在稀释效应，同时由于光伏系统输出功率具有波动性，人为进行功率扰动的注入会导致光伏系统的效率降低等问题，同时引入正反馈的功率扰动方法也存在正反馈控制不稳定的问题。

4.4　本章小结

并网光伏变流器主要包括两个控制目标：①通过 MPPT 实现光伏电池的高效控制；②实现直流电压稳定与有功功率的有效传递。前者要求光伏发电系统为并网变流器提供直流母线的电压参考，后者则要求并网变流器通过调节输出电流以实现直流母线的电压控制。本章着重对光伏 MPPT 技术、光伏变流器电流追踪技术、光伏运行的非计划孤岛现象及保护进行了介绍。

光伏 MPPT 控制技术方面，本章介绍的方法为定电压跟踪法、扰动观测法、导纳增量法等，定电压跟踪法具有实现简单、检测迅速的优点，但其存在最大功率点跟踪精度差及环境适应性差的缺点；扰动观测法则在一定程度上改善了定电压跟踪法的不足，但扰动观测法自身存在功率检测点振荡，根本原因是系统在调节至最大功率点以后无法自行判断是否满足条件，会进一步继续调节，这种现象一方面会消耗控制系统的运算能力，另一方面可能会导致

该方案无法应用于对最大功率点要求精度较高的场合；进一步地导纳增量法则克服了扰动观测法的缺点，这种方法能够在系统处于最大功率点时对 MPPT 状态准确自知，避免了检测振荡。此外无论采用何种 MPPT 技术，检测步长都是检测精度和检测速度的矛盾点，采用自适应步长的变步长检测方式也是显著提升检测性能的有效方式之一。

光伏变流器的电流追踪技术方面，本章主要介绍了基于矢量控制和基于虚拟同步发电机控制的光伏系统运行策略，其中控制原理与前文中风电系统中的控制原理是类似的。无论是矢量控制还是虚拟同步控制，本质上都控制实现光伏并网系统有功功率（直流电压）和无功功率。有所区别的是：矢量控制充分利用了电力电子变流器的快速响应能力，同时电流控制闭环确保了其具有良好的电流输出响应；而虚拟同步发电机模拟了同步发电机的控制惯性，为光伏并网系统提供了一定的系统惯性和电压支撑能力。作为当前光伏系统较为常用的两种控制方式，各具自身优势，分别适用于不同场合。

光伏运行的非计划孤岛现象及保护方面，非计划性孤岛的发生机理和工况特征是孤岛响应保护的核心基础，因此本章深入详细地介绍了孤岛效应的发生场景和不同运行工况对孤岛效应的影响规律。基于影响规律的分析，进一步分析了被动式的电压/频率检测环节在应对孤岛检测时的检测盲区，由于检测盲区的计算分析是光伏变流器电压/频率保护阈值设计的关键因素之一，因此本章中对不同控制模式如功率控制模式、电流控制模式，不同检测方式如过电压/欠电压检测、过频/欠频检测下的孤岛检测盲区进行了理论分析和计算。而实际应用中，为了减小被动检测盲区效应和检测阈值设计问题的影响，各类主动式光伏检测法也广泛应用，因此本章以基于频率偏移、基于功率扰动为例对主动式检测方法的原理进行了讲述。

思 考 题

1. 列举常用的光伏 MPPT 技术，并从跟踪精度、电压稳定性、实施难度、工况适应性等方面分析各技术的优缺点。

2. 图文说明定电压扰动观测法中，电压正负向等值振荡的发生机理，并提出应对方案；分析所提方案的优缺点。

3. 基于公式推导说明光伏 MPPT 导纳增量法的工作原理及系统状态判定依据。

4. 简述基于虚拟同步发电机的光伏发电系统控制策略参与电网支撑的工作原理。

5. 说明孤岛检测的必要性和意义。

6. 写出功率控制模式下光伏并网系统并网点电压/频率在接触器断开前后的表达式，并进一步分析孤岛效应的发生条件。

7. 分类列举常见的孤岛效应检测方法。

8. 某光伏并网变流器的有功外环为功率（直流电压）-电流双闭环，无功环采用的是无功电流单闭环控制，系统处于单位功率因数运行。分析此时采用被动式孤岛检测的电压检测盲区和频率检测盲区，其中（电压正常范围（V_{is_min}，V_{is_max}），频率正常范围（f_{is_min}，f_{is_max}））。

第 5 章 储能控制技术

本章主要介绍储能电池与储能变流器的数学建模方法以及高性能控制技术。通过分析储能电池的工作原理，给出考虑了充放电非线性特征的储能电池与数学模型。进而根据储能变流器的数学模型，描述了储能变流器的矢量控制策略与虚拟同步发电机控制策略，并在虚拟同步发电机控制策略的基础上，分析了计及荷电状态反馈的改进控制策略。该策略可以使储能系统在补偿功率波动的同时保证其荷电状态不超出既定范围，最后对储能变流器的黑启动技术进行了介绍。

5.1 储能电池数学建模

储能电池等效电路模型的研究对储能电池建模仿真非常关键。等效电路模型是以电池工作原理为基础，将电池的动态特性利用电阻、电容、电压源等电路元件组成电路网络进行等效。

1. 简单电池模型

简单电池模型是最常用的电池模型，如图 5-1 所示。该模型由开路电压为 E_0 的理想电池和恒定的等价电阻串联组成，V_0 是储能电池的端电压。该模型不考虑电池内阻随荷电状态和电解液浓度而变化的特性，一般应用于不限电量和不考虑荷电状态的电路仿真实验中。

2. Thevenin 电池模型

Thevenin 电池模型也是一种常用的模型，由电压 E_0，内阻 R_0，电容 C_p 和过电压电阻 R_p 组成，如图 5-2 所示。C_p 代表平行金属板间的电容，电阻 R_p 则代表非线性阻抗，即极化阻抗。Thevenin 电池模型的所有元件值都是电池在不同状态条件下的函数。

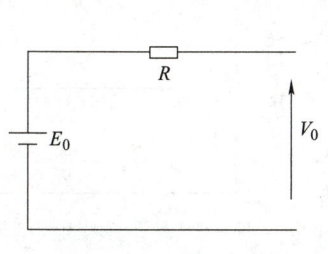

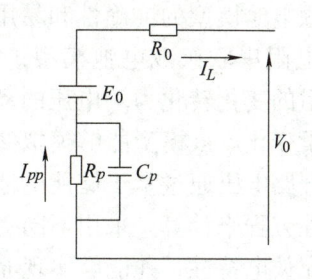

图 5-1 简单电池模型　　图 5-2 Thevenin 等效电路模型

3. 三阶动态等效电路

三阶动态等效模型由 Massimo Ceraolo 提出，主要由主支路和寄生支路组成，如图 5-3 所示。主反应支路由电阻 R_1、R_2、电容 C 和电压源 E_m 构成，考虑了电池内部的电极反应、能量散发和欧姆效应。寄生电路由 R_p、E_p 和一个二极管组成，考虑了充电过程的析气效应等副反应。

除上述几种等效电路外还有许多等效电路模型，例如 RC 模型、美国"新一代汽车合作计划"（Partnership for a New Generation of Vehicles，PNGV）模型和 Peuker 模型，RC 等效电路模型如图 5-4 所示，PNGV 等效电路模型如图 5-5 所示。这些等效电路模型均以电池内部电阻、电容的变化为基础建立模型，从而模拟电池的充放电特性。RC 模型的结构相对简单，但是精度很差。Thevenin 等效电路和 PNGV 模型具有很高的精度，但是其结构非常复杂，温度、电流和荷电状态（State of Charge，SOC）之间的耦合度非常高，而且其内部参数计算也非常复杂，在仿真中一旦出现错误便很难排查。因此这些模型多用于精度要求很高的场合。

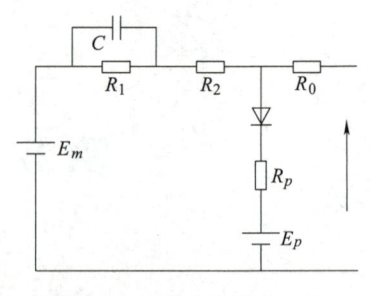

图 5-3 三阶动态等效电路

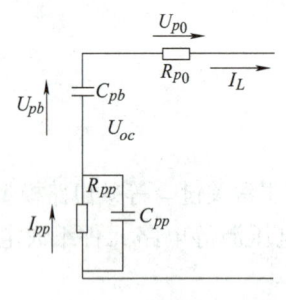

图 5-4 RC 等效电路模型

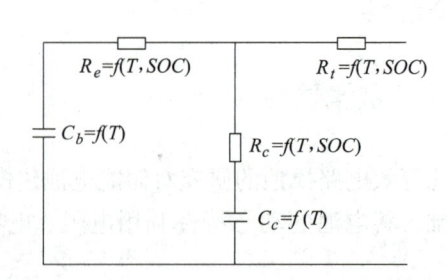

图 5-5 PNGV 等效电路模型

在并非针对储能电池特性进行研究的仿真中，一般采用如图 5-1 所示简单等效电路。但由于其不能反映 SOC、电压和温度的变化情况，在某些并非针对电池特性进行研究的仿真中，这一电路仍不能满足需求。例如在储能变流器控制研究中，需要通过监测电池电压的变化值来控制储能变流器的运行状态，因此简单等效电路无法满足需求。其他一些等效电路如 Thevenin 模型和三阶等效电路模型，为了精确反映电池内部反应情况，具有非常高的耦合度和复杂的计算过程，因此这些模型虽能满足研究需求，但是会占用研究者大量时间用于调整参数。

4. 动态模型

为了兼顾电池模型的准确性和易用性，由可控电压源和固定电阻串联组成电池模型，如图 5-6 所示。储能电池内阻的变化转化为端电压的动态变化，从而简化内部化学变化。该模型能够模拟储能电池的充放电特性，其开路电压通过基于储能电池瞬时电池 SOC 建立的非线性方程来计算。采用不同受控源的电压方程分别模拟充放电特性，并能够实现充放电模式的自动切换。可控电压源的充电电压可表示为

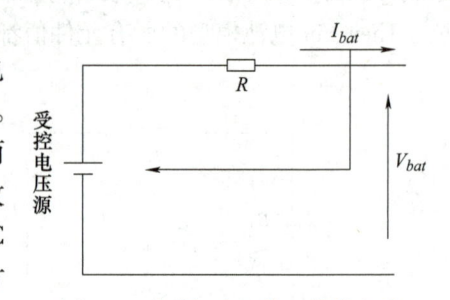

图 5-6 改进恒内阻模型等效电路

$$E = E_0 + K\frac{Q}{Q - \int i(t)}i^* + K\frac{Q}{Q - \int i(t)}i(t) - Ae^{-Bi(t)} \tag{5-1}$$

放电电压可表示为

$$E = E_0 - K\frac{Q}{Q - \int i(t)}i^* - K\frac{Q}{Q - \int i(t)}i(t) + A\mathrm{e}^{-Bi(t)} \qquad (5-2)$$

式中 E_0——储能电池起始电压；

K——极化阻抗；

Q——储能电池容量；

i^*——低频动态电流；

$\int i(t)$——电池电流的积分，即储能电池导出容量；

A——指数电压；

B——指数容量。

5.2 储能变流器控制技术

储能变流器主电路如图 5-7 所示，图中 u_{ga}、u_{gb}、u_{gc} 分别为三相电网的相电压；i_{ga}、i_{gb}、i_{gc} 分别为三相输入电流；v_{ga}、v_{gb}、v_{gc} 分别为储能变流器交流侧的三相电压；V_{dc} 为储能变流器直流侧电压；C 为直流母线电容；i_{source} 为直流侧的电流。主电路中的 L_{ga}、L_{gb}、L_{gc} 分别为每相进线电抗器的电感；R_{ga}、R_{gb}、R_{gc} 分别为包括电抗器电阻在内的每相线路电阻。

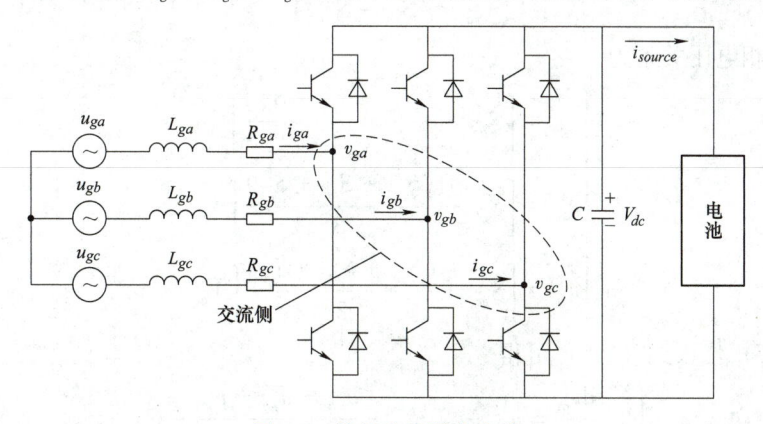

图 5-7 储能变流器主电路

5.2.1 储能变流器数学建模

5.2.1.1 三相静止坐标系下储能变流器的数学模型

设图 5-7 中主电路的功率器件为理想开关，三相静止坐标系中储能变流器模型可表示为

$$\begin{cases} u_{ga} - i_{ga}R_{ga} - L_{ga}\dfrac{\mathrm{d}i_{ga}}{\mathrm{d}t} - S_{ga}V_{dc} = u_{gb} - i_{gb}R_{gb} - L_{gb}\dfrac{\mathrm{d}i_{gb}}{\mathrm{d}t} - S_{gb}V_{dc} \\ u_{gb} - i_{gb}R_{gb} - L_{gb}\dfrac{\mathrm{d}i_{gb}}{\mathrm{d}t} - S_{gb}V_{dc} = u_{gc} - i_{gc}R_{gc} - L_{gc}\dfrac{\mathrm{d}i_{gc}}{\mathrm{d}t} - S_{gc}V_{dc} \\ C\dfrac{\mathrm{d}V_{dc}}{\mathrm{d}t} = S_{ga}i_{ga} + S_{gb}i_{gb} + S_{gc}i_{gc} - i_{source} \end{cases} \qquad (5-3)$$

式中 S_{ga}、S_{gb}、S_{gc}——三相 PWM 整流器中各相桥臂的开关函数，且定义上桥臂功率元件导通时为 1、下桥臂功率元件导通时为 0。

储能变流器交流侧三相电流之和应为零，即

$$i_{ga} + i_{gb} + i_{gc} = 0 \tag{5-4}$$

将式（5-4）代入式（5-3）可得

$$\begin{cases} L_{ga}\dfrac{\mathrm{d}i_{ga}}{\mathrm{d}t} = u_{ga} - i_{ga}R_{ga} - \dfrac{u_{ga}+u_{gb}+u_{gc}}{3} - \left[S_{ga} - \dfrac{S_{ga}+S_{gb}+S_{gc}}{3}\right]V_{dc} \\ L_{gb}\dfrac{\mathrm{d}i_{gb}}{\mathrm{d}t} = u_{gb} - i_{gb}R_{gb} - \dfrac{u_{ga}+u_{gb}+u_{gc}}{3} - \left[S_{gb} - \dfrac{S_{ga}+S_{gb}+S_{gc}}{3}\right]V_{dc} \\ L_{gc}\dfrac{\mathrm{d}i_{gc}}{\mathrm{d}t} = u_{gc} - i_{gc}R_{gc} - \dfrac{u_{ga}+u_{gb}+u_{gc}}{3} - \left[S_{gc} - \dfrac{S_{ga}+S_{gb}+S_{gc}}{3}\right]V_{dc} \\ C\dfrac{\mathrm{d}V_{dc}}{\mathrm{d}t} = S_{ga}i_{ga} + S_{gb}i_{gb} + S_{gc}i_{gc} - i_{source} \end{cases} \tag{5-5}$$

储能变流器交流侧的三相线电压与各相桥臂开关函数 S_{ga}、S_{gb}、S_{gc} 间的关系为

$$\begin{cases} v_{gab} = (S_{ga} - S_{gb})V_{dc} \\ v_{gbc} = (S_{gb} - S_{gc})V_{dc} \\ v_{gca} = (S_{gc} - S_{ga})V_{dc} \end{cases} \tag{5-6}$$

转换成为相电压关系为

$$\begin{cases} v_{ga} = \left[S_{ga} - \dfrac{(S_{ga}+S_{gb}+S_{gc})}{3}\right]V_{dc} \\ v_{gb} = \left[S_{gb} - \dfrac{(S_{ga}+S_{gb}+S_{gc})}{3}\right]V_{dc} \\ v_{gc} = \left[S_{gc} - \dfrac{(S_{ga}+S_{gb}+S_{gc})}{3}\right]V_{dc} \end{cases} \tag{5-7}$$

将式（5-7）代入式（5-5）可得

$$\begin{cases} L_{ga}\dfrac{\mathrm{d}i_{ga}}{\mathrm{d}t} = u_{ga} - i_{ga}R_{ga} - \dfrac{u_{ga}+u_{gb}+u_{gc}}{3} - v_{ga} \\ L_{gb}\dfrac{\mathrm{d}i_{gb}}{\mathrm{d}t} = u_{gb} - i_{gb}R_{gb} - \dfrac{u_{ga}+u_{gb}+u_{gc}}{3} - v_{gb} \\ L_{gc}\dfrac{\mathrm{d}i_{gc}}{\mathrm{d}t} = u_{gc} - i_{gc}R_{gc} - \dfrac{u_{ga}+u_{gb}+u_{gc}}{3} - v_{gc} \\ C\dfrac{\mathrm{d}V_{dc}}{\mathrm{d}t} = S_{ga}i_{ga} + S_{gb}i_{gb} + S_{gc}i_{gc} - i_{source} \end{cases} \tag{5-8}$$

由于式（5-8）中未对单储能变流器的运行条件做任何假定，故在电网电压波动、三相不平衡、电压波形畸变（存在谐波）等各种情况下该方程均能有效适用。

储能变流器（Power Conversion System，PCS）的一般数学模型即式（5-8）具有物理意义清晰、直观等特点。但在这种数学模型中，PCS 交流侧均为时变交流量，不利于控制系统设计。为此，在仿真与实际应用中，可以通过坐标变换将三相静止对称（a，b，c）坐标系

转换为与电网基波频率同步的两相旋转（d, q）坐标系。这样，经坐标旋转变换后，PCS 交流时变量就转化为直流量，简化了控制系统设计，也能够实现对交流量的无差控制。

5.2.1.2 幅值守恒原则下的坐标变换关系

转换过程首先将从三相静止对称（a, b, c）坐标系转向两相静止（α, β）坐标系，再转向两相同步旋转（d, q）坐标系。转换过程中遵循幅值守恒原则，具体过程如下所述。

1. （a, b, c）坐标系与（α, β）坐标系之间的变换关系

由（a, b, c）坐标系到（α, β）坐标系的变换简称为 $3s/2s$ 变换。采用幅值守恒原则的 $3s/2s$ 变换可用如下变换矩阵来表示

$$C_{3s/2s} = \frac{2}{3}\begin{bmatrix} 1 & -\frac{1}{2} & -\frac{1}{2} \\ 0 & \frac{\sqrt{3}}{2} & -\frac{\sqrt{3}}{2} \end{bmatrix} \tag{5-9}$$

其逆变换矩阵为

$$C_{2s/3s} = C_{3s/2s}^{-1} = \begin{bmatrix} 1 & 0 \\ -\frac{1}{2} & \frac{\sqrt{3}}{2} \\ -\frac{1}{2} & -\frac{\sqrt{3}}{2} \end{bmatrix} \tag{5-10}$$

2. （α, β）坐标系与（d, q）坐标系间的变换关系

从（α, β）坐标系到（d, q）坐标系间的变换简称为 $2s/2r$ 变换，其变换矩阵为

$$C_{2s/2r} = \begin{bmatrix} \cos\theta_1 & \sin\theta_1 \\ -\sin\theta_1 & \cos\theta_1 \end{bmatrix} \tag{5-11}$$

式中 θ_1——d 轴与 α 轴之间的夹角，且 $\theta_1 = \omega_1 t + \theta_0$；

其中 θ_0——$t = 0$ 时刻的初始相位角；

ω_1——同步电角速度。

其逆变换矩阵为

$$C_{2r/2s} = C_{2s/2r}^{-1} = \begin{bmatrix} \cos\theta_1 & -\sin\theta_1 \\ \sin\theta_1 & \cos\theta_1 \end{bmatrix} \tag{5-12}$$

3. （a, b, c）坐标系与（d, q）坐标系间的变换关系

根据式（5-9）和式（5-11），可得由三相静止坐标系到两相同步速旋转 dq 坐标系间的变换矩阵为

$$C_{3s/2r} = C_{2s/2r}C_{3s/2s} = \frac{2}{3}\begin{bmatrix} \cos\theta_1 & \cos(\theta_1 - 120°) & \cos(\theta_1 + 120°) \\ -\sin\theta_1 & -\sin(\theta_1 - 120°) & -\sin(\theta_1 + 120°) \end{bmatrix} \tag{5-13}$$

其逆变换矩阵为

$$C_{2r/3s} = C_{2s/3s}C_{2r/2s} = \begin{bmatrix} \cos\theta_1 & -\sin\theta_1 \\ \cos(\theta_1 - 120°) & -\sin(\theta_1 - 120°) \\ \cos(\theta_1 + 120°) & -\sin(\theta_1 + 120°) \end{bmatrix} \tag{5-14}$$

根据以上分析，可推得三相静止（a,b,c）坐标系、两相静止（α,β）坐标系以及两相同步速 ω_1 旋转（d,q）坐标系中，空间矢量 $\boldsymbol{F}$（广义地代表电压、电流、磁链等）的空间位置关系，如图5-8所示。

5.2.1.3 两相静止（α,β）坐标系中储能变流器的数学模型

若三相进线电抗器的电感、电阻相等，即 $L_{ga}=L_{gb}=L_{gc}=L_g$，$R_{ga}=R_{gb}=R_{gc}=R_g$，采用式（5-9）所示的变换关系对式（5-8）进行坐标变换，可得如式（5-15）所示的两相静止 $\alpha\beta$ 坐标系中储能变流器的数学模型为

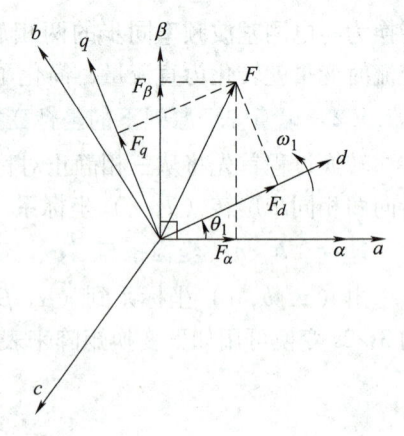

图 5-8 空间矢量的坐标变换关系

$$\begin{cases} u_{g\alpha} = R_g i_{g\alpha} + L_g \dfrac{\mathrm{d}i_{g\alpha}}{\mathrm{d}t} + v_{g\alpha} \\ u_{g\beta} = R_g i_{g\beta} + L_g \dfrac{\mathrm{d}i_{g\beta}}{\mathrm{d}t} + v_{g\beta} \\ C\dfrac{\mathrm{d}V_{dc}}{\mathrm{d}t} = \dfrac{3}{2}(S_\alpha i_{g\alpha} + S_\beta i_{g\beta}) - i_{source} \end{cases} \quad (5\text{-}15)$$

式中 $u_{g\alpha}$、$u_{g\beta}$——电网电压的 α、β 分量；

$i_{g\alpha}$、$i_{g\beta}$——变流器输入电流的 α、β 分量；

$v_{g\alpha}$、$v_{g\beta}$——变流器交流侧电压的 α、β 分量；

S_α、S_β——开关函数的 α、β 分量。

5.2.1.4 同步旋转（d,q）坐标系中储能变流器的数学模型

利用式（5-11）对式（5-15）进行变换，可得同步速 ω_1 旋转（d,q）坐标系中储能变流器的数学模型为

$$\begin{cases} u_{gd} = R_g i_{gd} + L_g \dfrac{\mathrm{d}i_{gd}}{\mathrm{d}t} - \omega_1 L_g i_{gq} + v_{gd} \\ u_{gq} = R_g i_{gq} + L_g \dfrac{\mathrm{d}i_{gq}}{\mathrm{d}t} + \omega_1 L_g i_{gd} + v_{gq} \\ C\dfrac{\mathrm{d}V_{dc}}{\mathrm{d}t} = \dfrac{3}{2}(S_d i_{gd} + S_q i_{gq}) - i_{source} \end{cases} \quad (5\text{-}16)$$

式中 u_{gd}、u_{gq}——电网电压的 d、q 分量；

i_{gd}、i_{gq}——输入电流的 d、q 分量；

v_{gd}、v_{gq}——变换器交流侧电压的 d、q 分量；

S_d、S_q——开关函数的 d、q 分量。

令 $U_g = u_{gd} + \mathrm{j}u_{gq}$ 为电网电压矢量。当坐标系的 d 轴定向于电网电压矢量时，有 $u_{gd} = |U_g| = U_g$，$u_{gq} = 0$，其中 U_g 为电网相电压幅值，于是式（5-16）变为

$$\begin{cases} U_g = R_g i_{gd} + L_g \dfrac{\mathrm{d}i_{gd}}{\mathrm{d}t} - \omega_1 L_g i_{gq} + v_{gd} \\ 0 = R_g i_{gq} + L_g \dfrac{\mathrm{d}i_{gq}}{\mathrm{d}t} + \omega_1 L_g i_{gd} + v_{gq} \\ C \dfrac{\mathrm{d}V_{dc}}{\mathrm{d}t} = \dfrac{3}{2}(S_d i_{gd} + S_q i_{gq}) - i_{source} \end{cases} \quad (5\text{-}17)$$

5.2.2 储能变流器矢量控制技术

矢量控制是常见的变流器控制策略之一。储能变流器的矢量控制系统应分为两个环节：功率外环控制和电流内环控制，如图 5-9 所示。

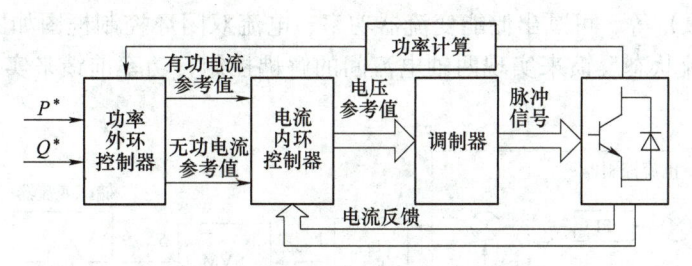

图 5-9 储能变流器矢量控制系统结构示意图

根据式（5-17），可以导出基于 d 轴电网电压定向、dq 分量形式的储能变流器交流侧电压为

$$\begin{cases} v_{gd} = -L_g \dfrac{\mathrm{d}i_{gd}}{\mathrm{d}t} - R_g i_{gd} + \omega_1 L_g i_{gq} + u_{gd} \\ v_{gq} = -L_g \dfrac{\mathrm{d}i_{gq}}{\mathrm{d}t} - R_g i_{gq} - \omega_1 L_g i_{gd} \end{cases} \quad (5\text{-}18)$$

此式表明，储能变流器 d、q 轴电流除受 v_{gd}、v_{gq} 的控制外，还受电流交叉耦合项 $\omega_1 L_g i_{gq}$、$\omega_1 L_g i_{gd}$，电阻压降 $R_g i_{gd}$、$R_g i_{gq}$ 以及电网电压 u_{gd} 的影响。因此欲实现对 d、q 轴电流的有效控制，必须寻找一种能解除 d、q 轴电流间耦合和消除电网电压扰动的控制方法。

令：

$$\begin{cases} v'_{gd} = L_g \dfrac{\mathrm{d}i_{gd}}{\mathrm{d}t} \\ v'_{gq} = L_g \dfrac{\mathrm{d}i_{gq}}{\mathrm{d}t} \end{cases} \quad (5\text{-}19)$$

为了消除控制静差，引入积分环节，根据式（5-19）可设计出如下电流控制器：

$$\begin{cases} v'_{gd} = L_g \dfrac{\mathrm{d}i_{gd}}{\mathrm{d}t} = L_g \dfrac{\mathrm{d}i^*_{gd}}{\mathrm{d}t} + k_{gip}(i^*_{gd} - i_{gd}) + k_{gii}\int (i^*_{gd} - i_{gd})\,\mathrm{d}t \\ v'_{gq} = L_g \dfrac{\mathrm{d}i_{gq}}{\mathrm{d}t} = L_g \dfrac{\mathrm{d}i^*_{gq}}{\mathrm{d}t} + k_{gip}(i^*_{gq} - i_{gq}) + k_{gii}\int (i^*_{gq} - i_{gq})\,\mathrm{d}t \end{cases} \quad (5\text{-}20)$$

式中 i^*_{gd}、i^*_{gq}——分别为 d、q 轴电流参考值；

k_{gip}、k_{gii}——分别为电流控制器的比例、积分系数。

式（5-20）给出了电流控制器的输出电压，代入式（5-18）可得储能变流器交流侧电压参考值为

$$\begin{cases} v_{gd}^* = -v_{gd}' - R_g i_{gd} + \omega_1 L_g i_{gq} + u_{gd} \\ v_{gq}^* = -v_{gq}' - R_g i_{gq} - \omega_1 L_g i_{gd} \end{cases} \quad (5\text{-}21)$$

式（5-21）表明，由于引入了电流状态反馈量 $\omega_1 L_g i_{gd}$、$\omega_1 L_g i_{gq}$ 来实现解耦，同时又引入电网扰动电压项和电阻压降项 $R_g i_{gd}$、$R_g i_{gq}$ 进行前馈补偿，从而实现了 d、q 轴电流的解耦控制，有效提高了系统的动态控制性能。

功率外环控制器采取经典的 PI 控制器，将瞬时功率与给定功率比较后送入 PI 控制器，进而得到有功电流与无功电流的数值。

根据式（5-21）等，可画出储能变流器功率、电流双闭环控制框图如图 5-10 所示。图 5-10 中，通过电流状态反馈来实现两轴电流间的解耦控制，功率前馈来实现对电网功率扰动的补偿。

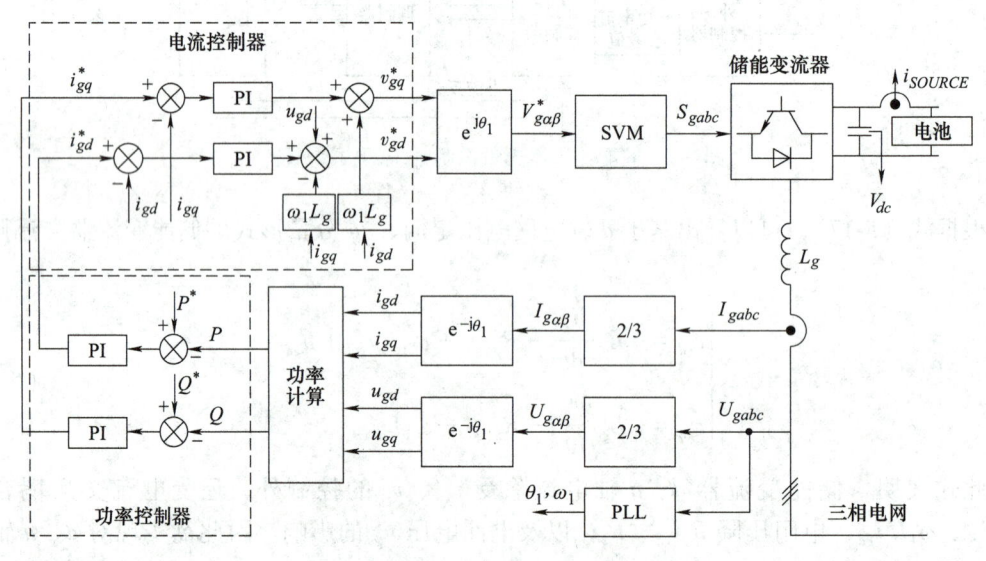

图 5-10 基于 d 轴电网电压定向的功率、电流双闭环控制框图

从矢量控制的原理可知，传统矢量控制以输出功率为控制目标，且动态响应速度快，因此基于矢量控制的储能变流器可具有调峰控制和紧急功率控制能力。此外，通过在矢量控制基础上添加电压下垂控制环节和频率下垂控制环节，也可使储能变流器具有调压控制和调频控制能力。不足的是，矢量控制依赖锁相环，电网电压频率扰动会影响其动态响应，进而影响矢量控制性能。

5.2.3 储能变流器虚拟同步发电机控制技术

基于传统矢量控制的储能变流器，几乎没有转动惯量，无法为电网提供稳定的电压和频率支撑，也无法提供必要的惯性和阻尼。如果以传统矢量控制策略进行控制的储能变流器作为并网接口大量接入电网，将会导致电网运行稳定性受到严重影响。此外，传统控制策略大多需要锁相环来提供电网电压的幅值和相位基准，无法实现自同步并网。因此，为了使储能

变流器具有类似于常规同步发电机的运行特性，从而实现储能系统的电压/频率支撑及自同步并网能力，对虚拟同步发电机（Virtual Synchronous Generator，VSG）控制策略的研究和应用具有重要的理论意义及工程实践意义。

VSG 的本质是通过控制逆变器模拟同步发电机的运行原理，从而获得类似同步发电机一样的运行特性。自同步 VSG 的基本拓扑结构如图 5-11 所示。图中 V_{dc} 为直流母线电压；v_{ga}，v_{gb}，v_{gc} 分别为逆变器交流侧输出的三相电压；L_1，R_1，R_2，C 为 LC 滤波器参数；i_{ga}，i_{gb}，i_{gc} 分别为电网三相电流；u_{ga}，u_{gb}，u_{gc} 分别为电网三相电压。

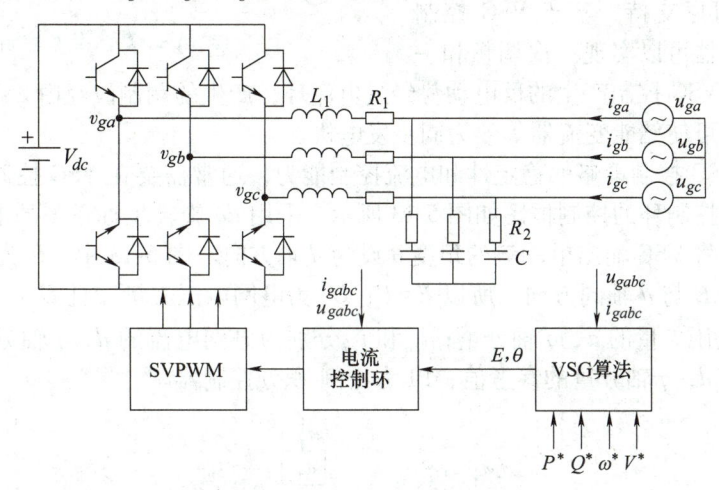

图 5-11 VSG 基本拓扑结构图

VSG 控制策略的有功控制环和无功控制环实际上分别模拟了同步发电机的调速器和励磁调节功能，其有功环和无功环的数学模型为

$$P^* - P + D_p(\omega^* - \omega) = J\omega^* \frac{d\omega}{dt} \tag{5-22}$$

$$Q^* - Q + D_q(U_g^* - U_g) = K \frac{dE}{dt} \tag{5-23}$$

$$\theta = \int \omega \, dt \tag{5-24}$$

式中　P^*、Q^*——VSG 输出有功和无功功率的参考值；

　　　P、Q——VSG 输出有功和无功功率的反馈值；

　　　D_p——阻尼系数；

　　　D_q——无功-电压下垂系数；

　　　ω^*、ω——电网电角速度的额定值和实际值；

　　　J——虚拟转动惯量；

　　　K——模拟励磁调节的惯性系数；

　　　U_g^*、U_g——电网电压幅值的额定值和反馈值；

　　　E、θ——VSG 输出电动势的幅值和相位。

VSG 算法的基本控制框图如图 5-12 所示。

由于虚拟转动惯量 J 的存在，使 VSG 控制策略在功率和频率动态过程中具有惯性；而阻尼系数 D_p 则使得 VSG 控制策略具备阻尼功率振荡和响应电网频率变化的能力。因此，通过有功-频率和无功-电压的控制作用，VSG 控制策略可以获得与传统同步发电机相似的运行特性，从而为电网提供惯性和阻尼支持。基于 VSG 控制方式的储能变流器可以实现一次调频和一次调压的功能。VSG 控制产生的反电动势经过电流环，产生的调制波经由 SVPWM 模块驱动储能变流器，即可使储能变流器等效为同步发电机。

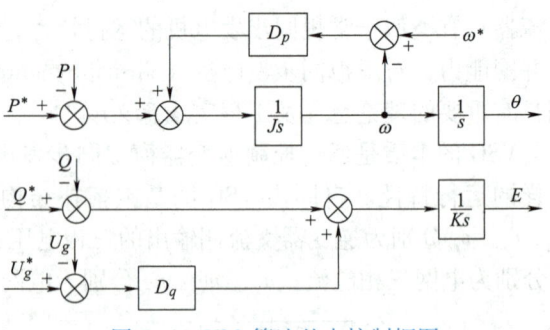

图 5-12　VSG 算法基本控制框图

为了提高 VSG 控制策略的稳定性和电流控制能力，通常需要在 VSG 控制策略中引入电流控制环。电流控制环的控制框图如图 5-13 所示，采用 dq 旋转坐标系下的电流环，并选择新的定向方式，将 VSG 输出电动势的角度 θ 设为 d 轴方向。图 5-13 中，E 为 VSG 输出的电动势矢量，因为 E 与 d 轴同方向，所以 $E=E$；U_g 为电网电压矢量，且 $U_g = u_{gd}+\mathrm{j}u_{gq}$；$u_{gd}$ 和 u_{gq} 分别为电网电压矢量的 d、q 轴分量；i_{gd} 和 i_{gq} 分别为电网电流的 d、q 轴分量；i_{gd}^* 和 i_{gq}^* 分别为电网电流的 d、q 轴分量的参考值；PI 为比例-积分控制器。

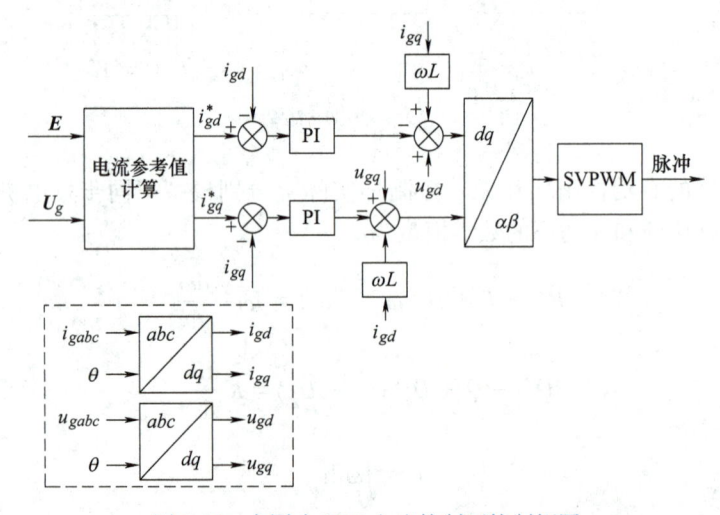

图 5-13　自同步 VSG 电流控制环控制框图

VSG 控制的有功-频率控制环节可以响应电网频率的变化，并为电网提供频率和惯量支撑，因此可以实现储能变流器一次调频的功能；无功-电压控制环节中的电压下垂控制可以实现储能变流器的一次调压功能。且控制无需锁相环定向，避免了电网扰动对锁相环的动态性能的影响。

综上所述，VSG 控制作为一种惯性控制策略，可以有效为电网提供惯性支撑，相比传统矢量控制，其更适合作为储能变流器的控制方法。

5.2.4　计及储能电池荷电状态的储能变流器改进控制技术

电池的荷电状态即为电池的可利用容量与额定容量的百分比。为了使储能系统连续运行，电池的荷电状态需要控制在合适的范围内，这样可以防止储能系统因过度充/放电而被迫自动退出运行。电池在容量衰减至某一规定值之前经历的总充放电次数称为循环寿命，电池的循环寿命与运行环境和充放电深度有关，随着电池充/放电深度增大，其循环寿命次数会不断减少。因此，无论是从电网安全运行角度还是电池寿命的角度考虑，有必要对电池的充放电深度进行控制，使其始终保持在合适的范围内。

荷电状态反馈是一种基本的并且非常重要的控制策略，该策略可以使储能系统在补偿功率波动的同时保证其荷电状态不超出既定的范围。由于新能源电站所配置的储能系统的容量有限，若一直采用最大系数充放电，则储能的 SOC 易越限。为避免此问题，本书将在储能系统 SOC 过高（充电）或过低（放电）时动态调整充放电系数，以此来减小该储能装置的出力。这样不仅可有效避免储能装置的过充放电问题，提高使用寿命，而且还可减少 SOC 越限时对电网系统所造成的不利影响。

将储能系统 SOC 划分为 5 个区间，如图 5-14 所示，D_m 为储能系统的充放电系数，设定最小值（Q_{SOC_min}）为 0.1，较低值（Q_{SOC_low}）为 0.2，较高值（Q_{SOC_high}）为 0.8 和最大值（Q_{SOC_max}）为 0.9。值得注意的是以上取值并不是唯一的，取决于不同储能系统的自身 SOC 特性。故为防止 SOC 越限所带来的问题，采用线性分段函数式（5-25）和式（5-26）来设置充放电曲线，既可以实现平滑出力，还能避免复杂函数所带来的控制难题，更利于工程的实际应用。在储能系统起始的功率参考值上乘充放电系数便可得到储能系统的实际功率参考值。计及 SOC 变化的储能系统控制框图如图 5-15 所示。

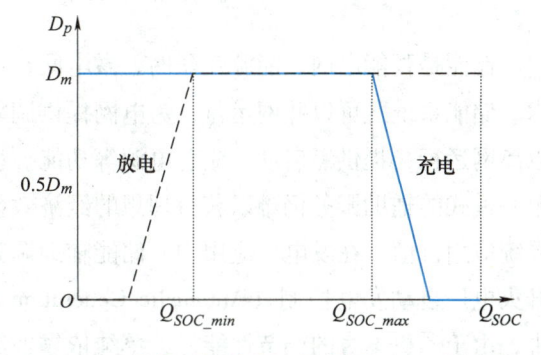

图 5-14 储能系统单位调节功率与 SOC 的关系

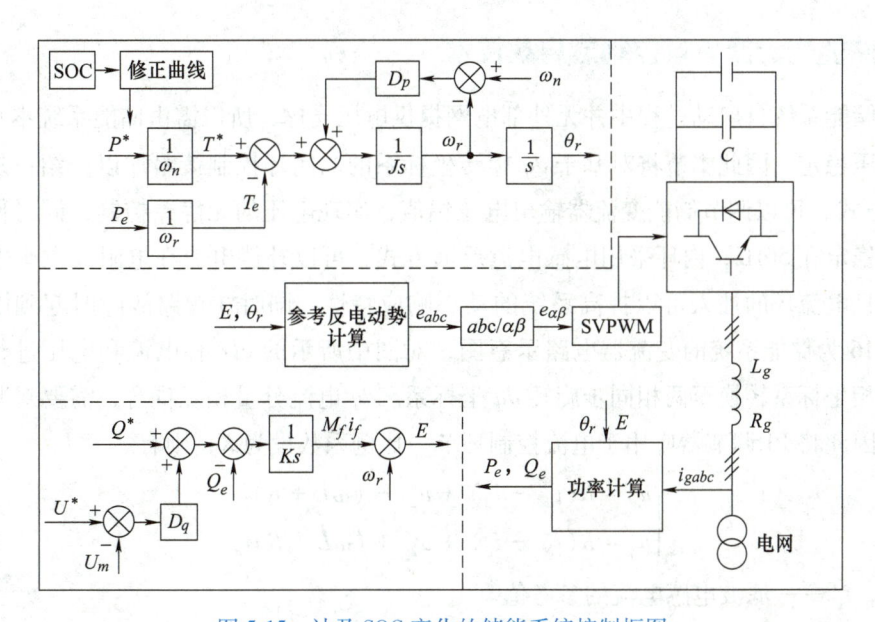

图 5-15 计及 SOC 变化的储能系统控制框图

$$D_c = \begin{cases} D_m & Q_{SOC} \in [0, 0.8] \\ \dfrac{0.9 - Q_{SOC}}{0.1} D_m & Q_{SOC} \in [0.8, 0.9] \\ 0 & Q_{SOC} \in [0.9, 1] \end{cases} \quad (5\text{-}25)$$

$$D_d = \begin{cases} 0 & Q_{SOC} \in [0, 0.1] \\ \dfrac{Q_{SOC} - 0.1}{0.1} D_m & Q_{SOC} \in [0.1, 0.2] \\ D_m & Q_{SOC} \in [0.2, 1] \end{cases} \quad (5\text{-}26)$$

5.3 储能变流器黑启动控制技术

储能是智能电网、能源互联网、微电网、可再生能源并网的重要组成部分和关键支撑技术。储能系统既可以并网运行，为电网提供调峰、调频、调压、紧急功率支撑等服务；也可以离网运行，提供黑启动、应急电源等功能。虽然储能技术经过了多年的快速发展，但依靠单一模式的辅助服务仍难以获得理想的经济效益，同时单一模式的应用也没有充分发挥储能系统应用价值。在发电厂应用中，储能辅助调频应用已经取得了较广泛的应用，特别是对提升火电厂自动发电控制（Automatic Generation Control，AGC）性能效果显著。在燃气电厂中，由于燃机本身的调节性能好，单纯依靠辅助调频或黑启动均难以获得较好的效益。因此燃机黑启动和辅助调频功能可有机结合起来，形成"黑启动+辅助调频"储能系统整体解决方案。在上述系统中，黑启动时储能变流器一般采用矢量控制模式或 VSG 控制模式作为电压源运行。下面将对黑启动时储能变流器的控制技术做详细介绍。

5.3.1 储能变流器矢量控制黑启动技术

由于储能系统自启动过程中并无外部电网提供电压支撑，所以需由储能系统本身来维持母线的电压稳定。因此本节将对基于 dq 旋转坐标系的双闭环控制策略加以介绍：外环采用 V/f 控制方式，可以调节储能变流器输出电压幅值，实现电压的无静差控制，同时使输出电压的频率稳定在 50Hz；内环采用电感电流反馈方式，可以补偿电流在电阻及电感上产生的压降，并且电流环的加入可以提高系统的动态响应特性，同时在短路故障时起到限流的作用。图 5-16 为储能系统的变流器电路示意图，对图中所示的 abc 相电流和电压进行坐标变换，由三相坐标系转换至两相同步旋转 dq 坐标系。dq 电流分量相互耦合，需要对其进行解耦控制，因此将 PI 调节器应用于电流控制环节，比例系数设为 K，则有

$$\begin{cases} u_d = K(i_d^* - i_d) + u_{2d} - (\omega L + R) i_q \\ u_q = K(i_q^* - i_q) + u_{2q} + (\omega L + R) i_d \end{cases} \quad (5\text{-}27)$$

式中 i_d^*，i_q^*——滤波电感电流的参考值。

在两相同步旋转 dq 坐标系下，变流器的方程如下所示：

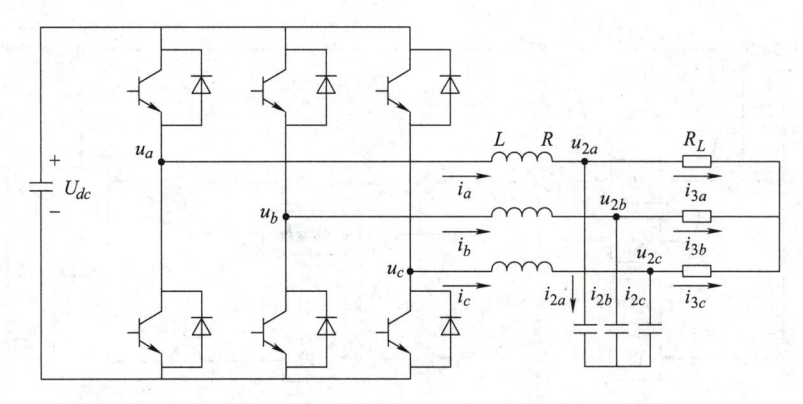

图 5-16 储能系统变流器电路示意图

$$L\begin{bmatrix} \dfrac{\mathrm{d}i_d}{\mathrm{d}t} \\ \dfrac{\mathrm{d}i_q}{\mathrm{d}t} \end{bmatrix} = \begin{bmatrix} 0 & \omega L + R \\ -\omega L - R & 0 \end{bmatrix} \begin{bmatrix} i_d \\ i_q \end{bmatrix} + \begin{bmatrix} u_d \\ u_q \end{bmatrix} - \begin{bmatrix} u_{2d} \\ u_{2q} \end{bmatrix} \tag{5-28}$$

$$C\begin{bmatrix} \dfrac{\mathrm{d}u_{2d}}{\mathrm{d}t} \\ \dfrac{\mathrm{d}u_{2q}}{\mathrm{d}t} \end{bmatrix} = C\begin{bmatrix} 0 & \omega \\ -\omega & 0 \end{bmatrix} \begin{bmatrix} u_{2d} \\ u_{2q} \end{bmatrix} + \begin{bmatrix} i_d \\ i_q \end{bmatrix} - \begin{bmatrix} i_{3d} \\ i_{3q} \end{bmatrix} \tag{5-29}$$

将式（5-27）代入式（5-28）可得

$$L\begin{bmatrix} \dfrac{\mathrm{d}i_d}{\mathrm{d}t} \\ \dfrac{\mathrm{d}i_q}{\mathrm{d}t} \end{bmatrix} = K\begin{bmatrix} i_d^* - i_d \\ i_q^* - i_q \end{bmatrix} \tag{5-30}$$

由此可实现对 dq 电流分量的解耦控制。电压 u_{2d} 和 u_{2q} 之间也存在耦合关系，需要进行解耦控制。电压环采用 PI 调节器，其控制方程为

$$\begin{cases} C\dfrac{\mathrm{d}u_{2d}}{\mathrm{d}t} = \left(K_p + \dfrac{K_i}{s}\right)(u_{2d}^* - u_{2d}) \\ C\dfrac{\mathrm{d}u_{2q}}{\mathrm{d}t} = \left(K_p + \dfrac{K_i}{s}\right)(u_{2q}^* - u_{2q}) \end{cases} \tag{5-31}$$

式中 u_{2d}^*、u_{2q}^*——输出电压的参考值。

将式（5-31）代入式（5-29）可得

$$\begin{cases} i_{2d} = \left(K_p + \dfrac{K_i}{s}\right)(u_{2d}^* - u_{2d}) - \omega C u_{2q} \\ i_{2q} = \left(K_p + \dfrac{K_i}{s}\right)(u_{2q}^* - u_{2q}) + \omega C u_{2d} \end{cases} \tag{5-32}$$

由此实现对 dq 电压分量的解耦控制。储能系统的 VSC 控制框图如图 5-17 所示。

在该控制策略中，通过调节输出电压的参考值 u_{2d}^* 和 u_{2q}^*，可以实现对电压的精准控制。在储能系统启动时，将电压参考值由 0 缓慢增加至额定值，实现储能系统的零起升压启动，

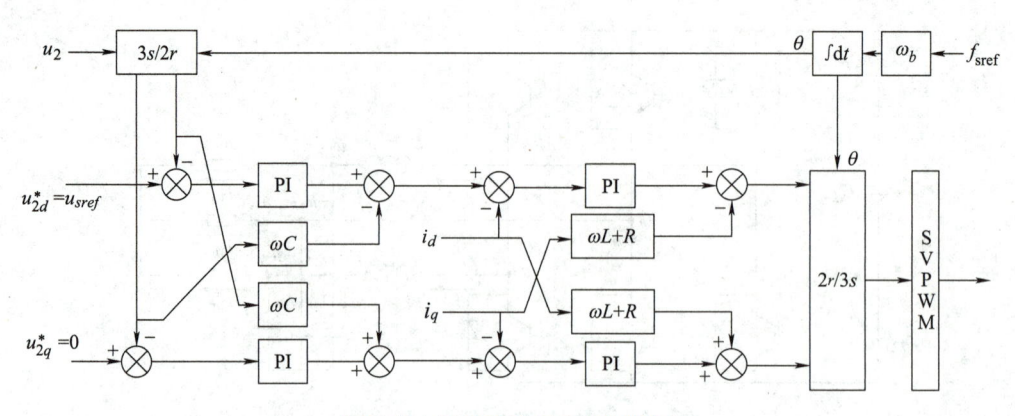

图 5-17　储能系统 VSC 控制框图

并且可以根据实际需要调整升压速率。

5.3.2　储能变流器虚拟同步发电机黑启动技术

储能变流器采用 VSG 控制策略时，具备自主调频、自主调压、惯性、阻尼等优良特质，对外呈现电压源型外特性，适用于黑启动应用场合。

同步发电机的简化转子运动方程如下：

$$P_{set} + D_p(\omega_0 - \omega) - P_o = J\omega \frac{d\omega}{dt} \tag{5-33}$$

$$\frac{d\theta}{dt} = \omega \tag{5-34}$$

式中　P_{set}——有功设定；
　　　P_o——实际有功输出；
　　　D_p——频率有功下垂系数；
　　　J——转动惯量；
　　　θ——电角度；
　　　ω——电角速度；
　　　ω_0——额定电角速度。

按下垂控制算法生成电压参考值，为避免大容量储能系统由多个储能单元 VSG 离网并联时形成环流及振荡，可通过虚拟阻抗方法进行抑制。由于有功-频率、无功-电压的下垂关系基础是 PCS 之间连接阻抗为感性，因此一般在控制中虚拟一个感性的阻抗实现解耦为

$$\begin{cases} u_d^* = v_0 + D_q(Q_{set} - Q_o) + X_{vir}i_{oq} \\ u_q^* = 0 - X_{vir}i_{od} \end{cases} \tag{5-35}$$

式中　Q_{set}——无功设定；
　　　Q_o——实际无功输出；
　　　D_q——无功电压下垂系数；
　　　v_0——额定电压；
　　　X_{vir}——虚拟的感性阻抗；
　　　i_{od}、i_{oq}——输出电流的 d、q 轴分量。

输出有功、无功可通过瞬时功率计算求得

$$\begin{cases} P_o = u_{od}i_{od} + u_{oq}i_{oq} \\ Q_o = u_{oq}i_{od} - u_{od}i_{oq} \end{cases} \tag{5-36}$$

由式（5-35）可以发现，多台储能变流器采用 VSG 模式并联运行时，由于下垂和虚拟阻抗的存在，导致频率、电压发生偏差，在系统中会造成非预期的频率、电压误差。以单台 PCS 为例，其端口处的稳态频率偏差 Δf 为

$$\Delta f = \frac{\omega - \omega_o}{\pi} = \frac{P_{set} - P_o}{\pi D_p} \tag{5-37}$$

电压矢量图如图 5-18 所示，图中 Δu_{droop}、Δu_{d_Xvir}、Δu_{q_Xvir} 分别为下垂和虚拟阻抗产生的电压偏差矢量。

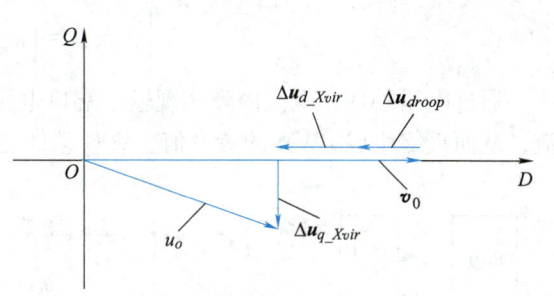

图 5-18 电压矢量图

稳态电压偏差 Δu 为

$$\Delta u = |\boldsymbol{u}_o| - |\boldsymbol{v}_0| = \sqrt{(v_0 + D_q(Q_{set} - Q_o) + X_{vir}i_{oq})^2 + (X_{vir}i_{od})^2} - v_0 \tag{5-38}$$

对于虚拟阻抗造成的电压偏差部分由 PCS 就地补偿；下垂部分造成的频率、电压偏差由上层电力监控系统（Power Monitoring System，PMS 二次调频调压统一补偿。虚拟阻抗采用电流低通滤波后补偿的方法，只补偿稳态下虚拟阻抗造成的电压偏差，合理地设计滤波器类型及参数，可在补偿的同时，保留虚拟阻抗在暂态下的解耦能力和并联环流抑制能力。虚拟阻抗补偿控制如图 5-19 所示。

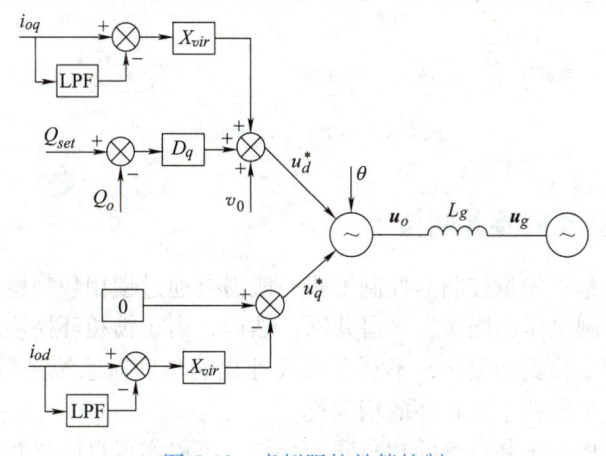

图 5-19 虚拟阻抗补偿控制

对于单台 PCS 而言，由式（5-37）和式（5-38）可知为了实现调频、调压的目的，对于下垂部分造成的偏差，需要使以下变量趋近于零。

$$\begin{cases} \Delta f = \dfrac{P_{set} - P_o}{\pi D_p} \to 0 \\ |\Delta \boldsymbol{u}_{droop}| = D_q(Q_{set} - Q_o) \to 0 \end{cases} \tag{5-39}$$

采集厂用母线的交流电压，提取正序分量并计算系统运行频率、电压，与设定频率、电压的偏差 Δf、Δu 经 PI 调节器处理后作为补充二次调频、调压指令 P_{set_sup}、Q_{set_sup}

$$\begin{cases} P_{set\_sup} = \left(k_{pf} + \dfrac{k_{if}}{s} \right) \Delta f \\ Q_{set\_sup} = \left(k_{pv} + \dfrac{k_{iv}}{s} \right) \Delta u \end{cases} \tag{5-40}$$

通过电压外环、电流内环实现输出端口电压的控制，以增加系统的控制精度并限制过电流，从而最终生成 PWM 的参考值，VSG 整体控制框图如图 5-20 所示。

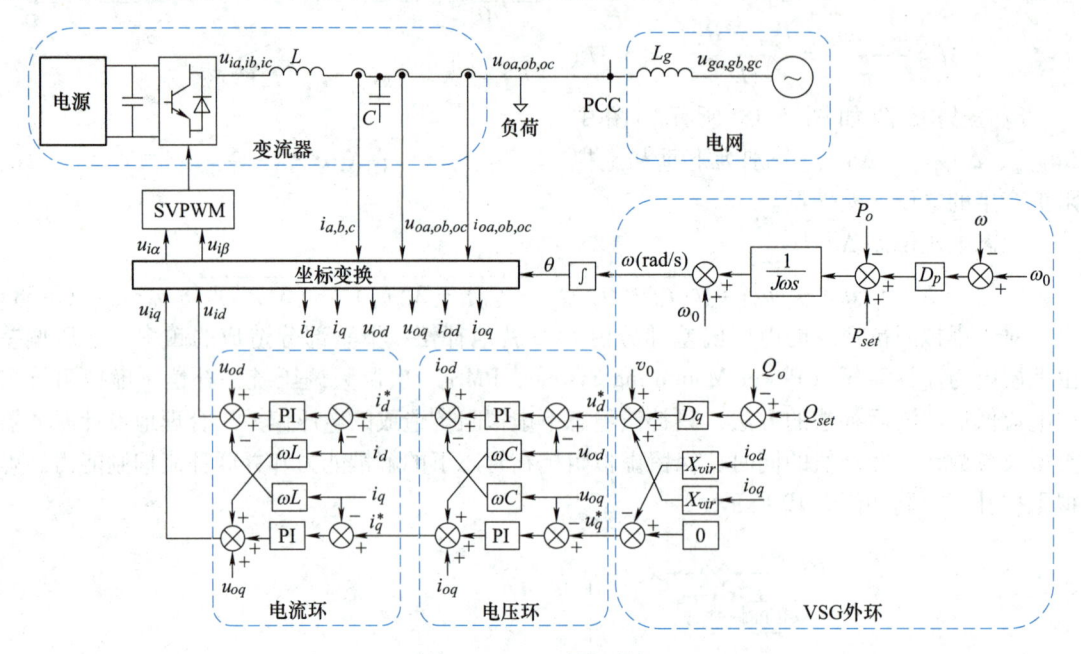

图 5-20　VSG 整体控制框图

5.3.3　储能变流器预同步并网技术

传统储能变流器基于矢量控制的控制策略一般需要通过锁相环来检测电网电压的幅值和相位，从而实现与电网电压的同步，平滑并网。然而，由于锁相环模块的非线性特性，会使整个系统的数学模型变得更为复杂，不利于从线性化的角度对系统进行稳定性分析。此外，整个系统的控制精度也依赖于锁相环的精确程度。

传统的同步发电机由于其自身的功角同步特性，可以实现自同步并网。虚拟同步发电机控制策略也可以借鉴同步发电机的自同步原理，实现自同步并网控制。传统的虚拟同步发电机无法自同步并网的主要原因是由于并网前的输出电流为零，因此无法通过其自身所具有的功角同步特性实现自同步。因此，需要在并网前构造一组虚拟阻抗来模拟并网时线路上的阻抗，通过电网电压、变流器侧反电动势及虚拟阻抗计算得到虚拟电流，进一步计算得到虚拟功率，从而实现虚拟同步发电机的自同步并网。其中，三相虚拟电流计算如下：

$$i_{vabc} = \dfrac{1}{L_v s + R_v} (e_{abc} - u_{gabc}) \tag{5-41}$$

式中　L_v——虚拟电感；

　　　R_v——虚拟电阻。

利用虚拟电流通过式（5-36）计算得到的功率即为虚拟功率。虚拟同步发电机在并网前工作在自同步工作模式，其功率参考值给定为零，功率反馈值选为虚拟功率，电压下垂控制系数 D_q 给定为0。这样当虚拟功率跟随参考值被调节为零时，虚拟电流的值也为零，说明此时变流器侧反电动势已经与电网电压准确同步，可以进行并网操作。在虚拟同步发电机成功并网后，切换为正常工作模式，功率参考值按需求给定，功率反馈值选为实际功率。该方法也可用于多个不同储能单元之间的预同步控制。以上所述自同步虚拟同步发电机控制策略的控制框图如图 5-21 所示。

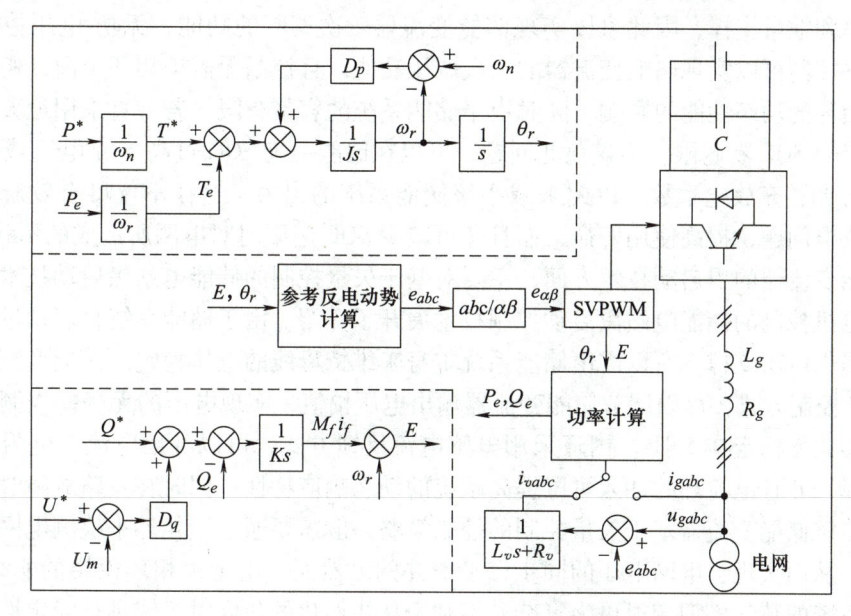

图 5-21　自同步虚拟同步发电机控制框图

5.4　本章小结

储能是能源革命的关键支撑技术，是解决可再生能源大规模接入、提高电力系统和区域能源系统效率、安全性和经济性的迫切需要。储能系统建模的主要对象为储能电池和不同控制方式下的储能变流器。储能系统既可以并网运行，为电网提供调峰、调频、调压、紧急功率支撑等服务；也可以离网运行，提供黑启动、应急电源等功能。因此本章主要对储能电池的数学建模、储能变流器的控制技术和储能系统的黑启动控制技术展开了讲解。

在储能电池的数学建模方面，主要介绍了简单电池模型、Thevenin 电池模型和三阶动态电路等几种常见的电池模型。同时为了兼顾电池模型的准确性和易用性，着重介绍了一种可由可控电压源和固定电阻串联组成的电池模型，将储能电池内阻的变化转化为端电压的动态变化，从而简化内部化学变化。该模型能够模拟储能电池的充放电特性，其开路电压通过基于储能电池瞬时电池荷电状态建立的非线性方程来计算，并采用不同受控源的电压方程分别模拟充放电特性，同时能够实现充放电模式的自动切换。

在储能变流器控制技术方面，首先介绍了不同参考坐标系下储能变流器的数学模型，并在此基础上对矢量控制和虚拟同步发电机控制两种常见的控制技术展开讲述。储能变流器的矢量控制系统应分为两个环节：功率外环控制和电流内环控制，从其原理可知，传统矢量控制以输出功率为控制目标，且动态响应速度快，因此基于矢量控制的储能变流器可具有调峰控制和紧急功率控制能力。此外，通过在矢量控制的基础上添加电压下垂控制环节和频率下垂控制环节，也可使储能变流器具有调压控制和调频控制能力。不足的是，矢量控制依赖锁相环，电网电压频率扰动会影响其动态响应，进而影响其控制性能。虚拟同步发电机控制的本质是通过控制变流器模拟同步发电机的运行原理，从而使变流器获得类似同步发电机一样的运行特性。虚拟同步发电机控制的有功-频率控制环节可以响应电网频率的变化，并为电网提供频率和惯量支撑，因此可以实现储能变流器一次调频的功能；无功-电压控制环节中的电压下垂控制可以实现储能变流器的一次调压功能，且控制无需锁相环定向，避免了电网扰动对锁相环的动态性能的影响。同时由于储能系统的容量有限，若一直采用最大系数充放电，则储能的 SOC 易越限。为避免此问题，可以在储能系统 SOC 过高（充电）或过低（放电）时动态调整充放电系数，以此来减小该储能系统的出力。这样不仅可有效避免储能系统的过充放电问题，提高使用寿命，而且还可减少 SOC 越限时对电网所造成的不利影响。

在储能变流器的黑启动技术方面，主要对基于矢量控制的储能电站黑启动技术和基于虚拟同步发电机控制的储能电站黑启动控制技术展开了介绍。由于储能系统自启动过程中并无外部电网提供电压支撑，所以需由储能系统本身来维持母线的电压稳定。储能变流器控制外环采用 V/f 控制方式，可以调节储能变流器输出电压幅值，实现电压的无静差控制，同时使输出电压的频率稳定在 50Hz。内环采用电感电流反馈方式，可以补偿电流在电阻及电感上产生的压降，并且电流环的加入可以提高系统的动态响应特性，同时在短路故障时起到限流的作用。传统储能变流器基于矢量控制的控制策略一般需要通过锁相环来检测电网电压的幅值和相位，从而实现与电网电压的同步，平滑并网。然而，由于锁相环模块的非线性特性，会使整个系统的数学模型变得更为复杂，不利于从线性化的角度对系统进行稳定性分析。传统的同步发电机由于其自身的功角同步特性，可以实现自同步并网。而传统的虚拟同步机控制无法自同步并网的主要原因是由于并网前的输出电流为零，因此无法通过其自身所具有的功角同步特性实现自同步。因此，需要在并网前构造一组虚拟阻抗来模拟并网时线路上的阻抗，通过电网电压、变流器侧反电动势及虚拟阻抗计算得到虚拟电流，进一步计算得到虚拟功率，从而实现虚拟同步机的自同步并网。

思 考 题

1. 常见的电池模型有哪些，它们各有什么特点？
2. 储能变流器矢量控制的基本原理是什么？
3. 储能变流器虚拟同步发电机控制的基本原理是什么？
4. 计及储能电池的荷电状态会对储能变流器的控制方案产生什么影响？
5. 储能变流器基于矢量控制的黑启动技术与基于虚拟同步发电机控制的黑启动技术有哪些区别，各自如何得到电网电压的相角？
6. 请解释储能变流器自同步并网技术的基本原理。

第6章 不平衡及谐波电网下的新能源发电控制技术

前文针对理想电网下的新能源并网发电系统运行控制已进行了深入的分析。然而在实际工程应用中，新能源发电系统所接入的交流电网往往存在三相电压不平衡、谐波电压畸变等非理想运行状态。当新能源发电系统运行于这类非理想电网下时，会导致其运行性能下降：一方面新能源发电质量会有所下降，恶化电网安全稳定的可靠性能；另一方面恶劣的电能质量也会对新能源发电系统本身的安全运行造成威胁。我国电网对新能源并网系统的运行提出了明确的要求，例如对于风电机组，国标 GB/T 15543—2008《电能质量 三相电压不平衡》明确指出：由于电网线路阻抗的不对称，电网电压允许存在一定的不平衡分量，在这种情况下风电机组需要能够承受长期2%、短时4%的电网电压不平衡，同时保证风电输出平衡电流。此外，由于新能源发电系统在电力系统中的比例逐年增大，非线性电力电子器件大量使用，导致电网电压中除了不平衡分量之外，还会有一定的谐波分量。而风电场所接入公共连接点的谐波注入电流应满足国标要求，其中风电场向电力系统注入的谐波电流允许值应按照风电场装机容量与公共连接点上具有谐波源的发/供电设备总容量之比进行分配。此技术规范要求亦即要求风力发电机组所采用的控制策略在输出电能时需要确保并网点电压幅值在小范围内波动，且输出电流谐波分量需要足够小。

因此，针对新能源发电系统非理想电网条件下的运行控制方法研究，对新能源的推广有显著推动作用。考虑到各类新能源发电并网系统可以在广义上归纳为发电机直接并网、并网变流器并网两种结构，而双馈风力发电系统同时具有这两种并网结构，因此本章以双馈风力发电系统为例，进行不平衡、谐波电网下的新能源发电系统运行控制策略介绍。本章首先建立不平衡以及谐波电网条件下的双馈发电机及并网变流器的数学模型，基于数学模型进行了新能源并网系统负序分量、谐波分量的产生机理讨论。进一步地，深入讨论了当前较为实用的谐振控制技术及重复控制技术，并对新型的非线性控制技术进行了简要介绍。

6.1 不平衡及谐波电网下的新能源并网发电系统

第3章中已对理想电网下的新能源并网发电系统详细讲解了建模过程，本节基于新能源发电系统的数学模型，进一步针对不平衡、谐波电网下的双馈风力发电机及并网变流器的运行状态进行建模分析。由于电力系统中的谐波分量均为 $6n\pm1$ 次的特征分量，且随着谐波频率增大，谐波分量会减小，因此本节的建模过程中，仅讨论不平衡分量及5次、7次谐波分量，较高次谐波分量在建模过程中予以忽略。

6.1.1 不平衡及谐波电网下双馈发电机数学模型

当考虑电网电压中的负序基频分量、5 次及 7 次谐波分量时，双馈发电机的定转子电压、定转子磁链、定转子电流中产生相应的负序、5 次及 7 次谐波分量，其定子电压、转子电压在正转两相同步旋转坐标系 dq^+ 下可表示为

$$\begin{cases} \boldsymbol{U}_{sdq}^+ = \boldsymbol{U}_{sdq+}^+ + \boldsymbol{U}_{sdq-}^- \mathrm{e}^{-\mathrm{j}2\omega_1 t} + \boldsymbol{U}_{sdq5}^{5-} \mathrm{e}^{-\mathrm{j}6\omega_1 t} + \boldsymbol{U}_{sdq7}^{7+} \mathrm{e}^{\mathrm{j}6\omega_1 t} \\ \boldsymbol{U}_{rdq}^+ = \boldsymbol{U}_{rdq+}^+ + \boldsymbol{U}_{rdq-}^- \mathrm{e}^{-\mathrm{j}2\omega_1 t} + \boldsymbol{U}_{rdq5}^{5-} \mathrm{e}^{-\mathrm{j}6\omega_1 t} + \boldsymbol{U}_{rdq7}^{7+} \mathrm{e}^{\mathrm{j}6\omega_1 t} \end{cases} \tag{6-1}$$

定子磁链、转子磁链在正转两相同步旋转坐标系 dq^+ 下可表示为

$$\begin{cases} \boldsymbol{\psi}_{sdq}^+ = \boldsymbol{\psi}_{sdq+}^+ + \boldsymbol{\psi}_{sdq-}^- \mathrm{e}^{-\mathrm{j}2\omega_1 t} + \boldsymbol{\psi}_{sdq5}^{5-} \mathrm{e}^{-\mathrm{j}6\omega_1 t} + \boldsymbol{\psi}_{sdq7}^{7+} \mathrm{e}^{\mathrm{j}6\omega_1 t} \\ \boldsymbol{\psi}_{rdq}^+ = \boldsymbol{\psi}_{rdq+}^+ + \boldsymbol{\psi}_{rdq-}^- \mathrm{e}^{-\mathrm{j}2\omega_1 t} + \boldsymbol{\psi}_{rdq5}^{5-} \mathrm{e}^{-\mathrm{j}6\omega_1 t} + \boldsymbol{\psi}_{rdq7}^{7+} \mathrm{e}^{\mathrm{j}6\omega_1 t} \end{cases} \tag{6-2}$$

定子电流、转子电流在正转两相同步旋转坐标系 dq^+ 下可表示为

$$\begin{cases} \boldsymbol{I}_{sdq}^+ = \boldsymbol{I}_{sdq+}^+ + \boldsymbol{I}_{sdq-}^- \mathrm{e}^{-\mathrm{j}2\omega_1 t} + \boldsymbol{I}_{sdq5}^{5-} \mathrm{e}^{-\mathrm{j}6\omega_1 t} + \boldsymbol{I}_{sdq7}^{7+} \mathrm{e}^{\mathrm{j}6\omega_1 t} \\ \boldsymbol{I}_{rdq}^+ = \boldsymbol{I}_{rdq+}^+ + \boldsymbol{I}_{rdq-}^- \mathrm{e}^{-\mathrm{j}2\omega_1 t} + \boldsymbol{I}_{rdq5}^{5-} \mathrm{e}^{-\mathrm{j}6\omega_1 t} + \boldsymbol{I}_{rdq7}^{7+} \mathrm{e}^{\mathrm{j}6\omega_1 t} \end{cases} \tag{6-3}$$

式中，上标用于表示物理量所在坐标系：+、–、5 –、7+分别用于表示正转两相同步（dq）旋转坐标系、反转两相同步旋转坐标系、反转 5 倍两相旋转坐标系、正转 7 倍两相旋转坐标系。下标用于表示各个物理分量：+、–、5 –和 7+分别表示正序基频分量、负序基频分量、负序 5 次谐波分量和正序 7 次谐波分量。上述所有矢量均可写成如下的标量形式，C 为定/转子电压、定/转子电流、定/转子磁链中的任意矢量，$x\pm$ 表示式（6-1）~式(6-3) 中的上标，$y\pm$ 表示式（6-1）~式(6-3) 中的下标。

$$C_{dq(y\pm)}^{(x\pm)} = C_{d(y\pm)}^{(x\pm)} + \mathrm{j} C_{q(y\pm)}^{(x\pm)} \tag{6-4}$$

根据双馈发电机数学模型，定/转子电压、定/转子磁链的关系可以写为

$$\begin{cases} \boldsymbol{U}_{sdq}^+ = R_s \boldsymbol{I}_{sdq}^+ + \dfrac{\mathrm{d}\boldsymbol{\psi}_{sdq}^+}{\mathrm{d}t} + \mathrm{j}\omega_1 \boldsymbol{\psi}_{sdq}^+ \\ \boldsymbol{U}_{rdq}^+ = R_r \boldsymbol{I}_{rdq}^+ + \dfrac{\mathrm{d}\boldsymbol{\psi}_{rdq}^+}{\mathrm{d}t} + \mathrm{j}(\omega_1 - \omega_r) \boldsymbol{\psi}_{rdq}^+ \\ \boldsymbol{\psi}_{sdq}^+ = L_s \boldsymbol{I}_{sdq}^+ + L_m \boldsymbol{I}_{rdq}^+ \\ \boldsymbol{\psi}_{rdq}^+ = L_m \boldsymbol{I}_{sdq}^+ + L_r \boldsymbol{I}_{rdq}^+ \end{cases} \tag{6-5}$$

根据式（6-1）~式(6-5) 可知，式（6-5) 中的定/转子电压、电流及磁链的负序基频分量、5 次谐波及 7 次谐波分量。因此可以分别得到

定/转子电压、电流及磁链的负序分量表达式为

$$\begin{cases} \boldsymbol{U}_{sdq-}^- = R_s \boldsymbol{I}_{sdq-}^- + \dfrac{\mathrm{d}\boldsymbol{\psi}_{sdq-}^-}{\mathrm{d}t} - \mathrm{j}\omega_1 \boldsymbol{\psi}_{sdq-}^- \\ \boldsymbol{U}_{rdq-}^- = R_r \boldsymbol{I}_{rdq-}^- + \dfrac{\mathrm{d}\boldsymbol{\psi}_{rdq-}^-}{\mathrm{d}t} + \mathrm{j}(-\omega_1 - \omega_r) \boldsymbol{\psi}_{rdq-}^- \\ \boldsymbol{\psi}_{sdq-}^- = L_s \boldsymbol{I}_{sdq-}^- + L_m \boldsymbol{I}_{rdq-}^- \\ \boldsymbol{\psi}_{rdq-}^- = L_m \boldsymbol{I}_{sdq-}^- + L_r \boldsymbol{I}_{rdq-}^- \end{cases} \tag{6-6}$$

定/转子电压、电流及磁链的 5 次谐波分量表达式为

$$\begin{cases} \boldsymbol{U}_{sdq5-}^{5-} = R_s \boldsymbol{I}_{sdq5-}^{5-} + \dfrac{\mathrm{d}\boldsymbol{\psi}_{sdq5-}^{5-}}{\mathrm{d}t} - \mathrm{j}5\omega_1 \boldsymbol{\psi}_{sdq5-}^{5-} \\ \boldsymbol{U}_{rdq5-}^{5-} = R_r \boldsymbol{I}_{rdq5-}^{5-} + \dfrac{\mathrm{d}\boldsymbol{\psi}_{rdq5-}^{5-}}{\mathrm{d}t} + \mathrm{j}(-5\omega_1 - \omega_r)\boldsymbol{\psi}_{rdq5-}^{5-} \\ \boldsymbol{\psi}_{sdq5-}^{5-} = L_s \boldsymbol{I}_{sdq5-}^{5-} + L_m \boldsymbol{I}_{rdq5-}^{5-} \\ \boldsymbol{\psi}_{rdq5-}^{5-} = L_m \boldsymbol{I}_{sdq5-}^{5-} + L_r \boldsymbol{I}_{rdq5-}^{5-} \end{cases} \quad (6\text{-}7)$$

定/转子电压、电流及磁链的 7 次谐波分量表达式为

$$\begin{cases} \boldsymbol{U}_{sdq7+}^{7+} = R_s \boldsymbol{I}_{sdq7+}^{7+} + \dfrac{\mathrm{d}\boldsymbol{\psi}_{sdq7+}^{7+}}{\mathrm{d}t} + \mathrm{j}7\omega_1 \boldsymbol{\psi}_{sdq7+}^{7+} \\ \boldsymbol{U}_{rdq7+}^{7+} = R_r \boldsymbol{I}_{rdq7+}^{7+} + \dfrac{\mathrm{d}\boldsymbol{\psi}_{rdq7+}^{7+}}{\mathrm{d}t} + \mathrm{j}(7\omega_1 - \omega_r)\boldsymbol{\psi}_{rdq7+}^{7+} \\ \boldsymbol{\psi}_{sdq7+}^{7+} = L_s \boldsymbol{I}_{sdq7+}^{7+} + L_m \boldsymbol{I}_{rdq7+}^{7+} \\ \boldsymbol{\psi}_{rdq7+}^{7+} = L_m \boldsymbol{I}_{sdq7+}^{7+} + L_r \boldsymbol{I}_{rdq7+}^{7+} \end{cases} \quad (6\text{-}8)$$

上述表达式表明，电网电压中所包含的不平衡分量、各次谐波分量会导致发电机的定/转子磁链中出现负序基频分量、各次谐波分量，进而导致发电机会输出负序电流和谐波电流。负序电流的存在会导致发电机输出电流出现不对称，各次谐波电流的存在会导致输出电流中出现对应频率的谐波分量。

对于电网电压含有不平衡、谐波分量的场景，在稳态运行条件下有

$$\frac{\mathrm{d}\boldsymbol{\psi}_{sdq+}^{+}}{\mathrm{d}t} = \frac{\mathrm{d}\boldsymbol{\psi}_{sdq-}^{-}}{\mathrm{d}t} = \frac{\mathrm{d}\boldsymbol{\psi}_{sdq5-}^{5-}}{\mathrm{d}t} = \frac{\mathrm{d}\boldsymbol{\psi}_{sdq7+}^{7+}}{\mathrm{d}t} = 0 \quad (6\text{-}9)$$

忽略定子电阻时，式（6-5）中的电压方程可以简化为

$$\begin{aligned} \boldsymbol{U}_{sdq}^{+} &= R_s \boldsymbol{I}_{sdq}^{+} + \frac{\mathrm{d}\boldsymbol{\psi}_{sdq}^{+}}{\mathrm{d}t} + \mathrm{j}\omega_1 \boldsymbol{\psi}_{sdq}^{+} \approx \frac{\mathrm{d}\boldsymbol{\psi}_{sdq}^{+}}{\mathrm{d}t} + \mathrm{j}\omega_1 \boldsymbol{\psi}_{sdq}^{+} \\ &\approx \mathrm{j}\omega_1(\boldsymbol{\psi}_{sdq+}^{+} - \boldsymbol{\psi}_{sdq-}^{-}\mathrm{e}^{-\mathrm{j}2\omega_1 t} - 5\boldsymbol{\psi}_{sdq5-}^{5-}\mathrm{e}^{-\mathrm{j}6\omega_1 t} + 7\boldsymbol{\psi}_{sdq7+}^{7+}\mathrm{e}^{\mathrm{j}6\omega_1 t}) \end{aligned} \quad (6\text{-}10)$$

根据式（6-5）中的磁链方程可得，定子电流可以表达为

$$\boldsymbol{I}_{sdq}^{+} = \frac{1}{L_s}(\boldsymbol{\psi}_{sdq}^{+} - L_m \boldsymbol{I}_{rdq}^{+}) \quad (6\text{-}11)$$

根据式（6-10）和式（6-11）可知，DFIG 定子输出有功、无功功率可表示为

$$\begin{aligned} P_s + \mathrm{j}Q_s &= -\frac{3}{2} \boldsymbol{U}_{sdq}^{+} \times \hat{\boldsymbol{I}}_{sdq}^{+} \\ &= [P_{s0} + P_{scos2}\cos(2\omega_1 t) + P_{ssin2}\sin(2\omega_1 t) + P_{scos6}\cos(6\omega_1 t) + P_{ssin6}\sin(6\omega_1 t)] + \\ &\quad \mathrm{j}[Q_{s0} + Q_{scos2}\cos(2\omega_1 t) + Q_{ssin2}\sin(2\omega_1 t) + Q_{scos6}\cos(6\omega_1 t) + Q_{ssin6}\sin(6\omega_1 t)] \end{aligned}$$
$$(6\text{-}12)$$

式中　　　　　　　　$\hat{\boldsymbol{I}}_{sdq}^{+}$——输出电流 $\boldsymbol{I}_{sdq}^{+}$ 的共轭；

P_{s0}、P_{ssin2}、P_{scos2}、P_{ssin6} 和 P_{scos6}——定子输出有功功率的直流（平均）分量、2 倍频正余弦波动分量、6 倍频正余弦波动分量；

Q_{s0}、Q_{ssin2}、Q_{scos2}、Q_{ssin6} 和 Q_{scos6}——定子输出无功功率的直流（平均）分量、2 倍频正余弦

波动分量、6 倍频正余弦波动分量。

其中输出功率直流分量可以表示为

$$\begin{bmatrix} P_{s0} \\ Q_{s0} \end{bmatrix} = \frac{-3}{2L_s} \begin{bmatrix} u_{sd+}^+ & u_{sq+}^+ & u_{sd-}^- & u_{sq-}^- & u_{sd5-}^{5-} & u_{sq5-}^{5-} & u_{sd7+}^{7+} & u_{sq7+}^{7+} \\ u_{sq+}^+ & -u_{sd+}^+ & u_{sq-}^- & -u_{sd-}^- & u_{sq5-}^{5-} & -u_{sd5-}^{5-} & u_{sq7+}^{7+} & -u_{sd7+}^{7+} \end{bmatrix} \begin{bmatrix} \psi_{sd+}^+ - L_m i_{rd+}^+ \\ \psi_{sq+}^+ - L_m i_{rq+}^+ \\ \psi_{sd-}^- - L_m i_{rd-}^- \\ \psi_{sq-}^- - L_m i_{rq-}^- \\ \psi_{sd5-}^{5-} - L_m i_{rd5-}^{5-} \\ \psi_{sq5-}^{5-} - L_m i_{rq5-}^{5-} \\ \psi_{sd7+}^{7+} - L_m i_{rd7+}^{7+} \\ \psi_{sq7+}^{7+} - L_m i_{rq7+}^{7+} \end{bmatrix}$$

(6-13)

其中输出功率 2 倍频分量可以表示为

$$\begin{bmatrix} P_{s\sin2} \\ P_{s\cos2} \\ Q_{s\sin2} \\ Q_{s\cos2} \end{bmatrix} = \frac{-3}{2L_s} \begin{bmatrix} u_{sq-}^- & -u_{sd-}^- & -u_{sq+}^+ & u_{sd+}^+ \\ u_{sd-}^- & u_{sq-}^- & u_{sd+}^+ & u_{sq+}^+ \\ -u_{sd-}^- & -u_{sq-}^- & u_{sd+}^+ & u_{sq+}^+ \\ u_{sq-}^- & -u_{sd-}^- & u_{sq+}^+ & -u_{sd+}^+ \end{bmatrix} \begin{bmatrix} \psi_{sd+}^+ - L_m i_{rd+}^+ \\ \psi_{sq+}^+ - L_m i_{rq+}^+ \\ \psi_{sd-}^- - L_m i_{rd-}^- \\ \psi_{sq-}^- - L_m i_{rq-}^- \end{bmatrix}$$

(6-14)

其中输出功率 6 倍频分量可以表示为

$$\begin{bmatrix} P_{s\cos6} \\ P_{s\sin6} \\ Q_{s\cos6} \\ Q_{s\sin6} \end{bmatrix} = \frac{-3}{2L_s} \begin{bmatrix} u_{sd5-}^{5-} + u_{sd7+}^{7+} & u_{sq5-}^{5-} + u_{sq7+}^{7+} & u_{sd+}^+ & u_{sq+}^+ & u_{sd+}^+ & u_{sq+}^+ \\ u_{sq5-}^{5-} - u_{sq7+}^{7+} & u_{sd7+}^{7+} - u_{sd5-}^{5-} & -u_{sq+}^+ & u_{sd+}^+ & u_{sq+}^+ & -u_{sd+}^+ \\ u_{sq5-}^{5-} + u_{sq7+}^{7+} & -u_{sd5-}^{5-} - u_{sd7+}^{7+} & -u_{sq+}^+ & -u_{sq+}^+ & -u_{sq+}^+ & -u_{sq+}^+ \\ u_{sd7+}^{7+} - u_{sd5-}^{5-} & u_{sq7+}^{7+} - u_{sq5-}^{5-} & u_{sd+}^+ & u_{sq+}^+ & -u_{sd+}^+ & -u_{sq+}^+ \end{bmatrix} \begin{bmatrix} \psi_{sd+}^+ - L_m i_{rd+}^+ \\ \psi_{sq+}^+ - L_m i_{rq+}^+ \\ \psi_{sd5-}^{5-} - L_m i_{rd5-}^{5-} \\ \psi_{sq5-}^{5-} - L_m i_{rq5-}^{5-} \\ \psi_{sd7+}^{7+} - L_m i_{rd7+}^{7+} \\ \psi_{sq7+}^{7+} - L_m i_{rq7+}^{7+} \end{bmatrix}$$

(6-15)

根据发电机定转子磁链、定转子电流，可以得到三相不平衡及谐波畸变电网电压条件下 DFIG 的电磁功率表达式为

$$P_e = -\frac{3}{2} \text{Re} \left[j\omega_1 \psi_{sdq}^+ \times \hat{\boldsymbol{I}}_{sdq}^+ + j(\omega_1 - \omega_r) \psi_{rdq}^+ \times \hat{\boldsymbol{I}}_{rdq}^+ \right]$$

$$= -\frac{3}{2} \text{Re} \left[j\omega_1 \psi_{sdq}^+ \times \frac{1}{L_s}(\psi_{sdq}^+ - L_m \hat{\boldsymbol{I}}_{rdq}^+) \right] -$$

$$\frac{3}{2} \text{Re} \left[j(\omega_1 - \omega_r) \left(\frac{L_m}{L_s} \psi_{sdq}^+ + \sigma L_r \boldsymbol{I}_{rdq}^+ \right) \times \hat{\boldsymbol{I}}_{rdq}^+ \right]$$

$$= \frac{3}{2} \omega_r \frac{L_m}{L_s} \text{Re} \left[j\psi_{sdq}^+ \times \hat{\boldsymbol{I}}_{rdq}^+ \right]$$

$$= P_{e0} + P_{e\sin2}\sin(2\omega_1 t) + P_{e\cos2}\cos(2\omega_1 t) + P_{e\sin6}\sin(6\omega_1 t) + P_{e\cos6}\cos(6\omega_1 t) \quad (6\text{-}16)$$

式中 P_{e0}，$P_{e\sin2}$，$P_{e\cos2}$，$P_{e\sin6}$ 和 $P_{e\cos6}$——DFIG 电磁功率的直流（平均）分量、2 倍频正弦余弦波动分量、6 倍频正余弦波动分量。进而 DFIG 电磁转矩可写为

$$T_e = \frac{P_e}{\Omega_r} = \frac{P_{e0} + P_{e\sin2}\sin(2\omega_1 t) + P_{e\cos2}\cos(2\omega_1 t) + P_{e\sin6}\sin(6\omega_1 t) + P_{e\cos6}\cos(6\omega_1 t)}{\Omega_r}$$

(6-17)

式中 Ω_r——转子机械角速度，$\Omega_r = \omega_r / n_p$；
其中 n_p——极对数。

根据上述推导及分析可以说明：不平衡及谐波电网下的双馈发电机输出功率及电磁转矩中存在直流分量、2 倍频分量、6 倍频分量，其中直流分量由同频率电压电流相互作用产生，包括工频电压与工频电流的相互作用、负序电压与负序电流的相互作用、5 次/7 次谐波电压与 5 次/7 次谐波电流的相互作用。而 2 倍频分量由工频电压/电流与负序电流/电压相互作用产生，6 倍频分量由工频电压/电流与负序电流/电压相互作用产生，这一机理可通过三角函数的积化和差公式进行定性理解。

6.1.2 不平衡及谐波电网下并网变流器的数学模型

根据第 3 章中并网变流器的数学模型，可以写出两相同步速旋转坐标系下的变流器电压与电网电压表达式为

$$\boldsymbol{U}_{gdq}^+ = R_g \boldsymbol{I}_{gdq}^+ + j\omega_1 L_g \boldsymbol{I}_{gdq}^+ + V_{gdq}^+ + L_g \frac{d\boldsymbol{I}_{gdq}^+}{dt}$$

(6-18)

与双馈发电机类似，若处于电网电压不平衡且存在谐波畸变的非理想运行条件下，则网侧变流器电压方程中将包含正序基频分量、负序基频分量、5 次谐波分量以及 7 次谐波分量，在其各自正转同步速、反转同步速、反转 5 倍同步速、正转 7 倍同步旋转坐标系中可表示为

$$\begin{cases} \boldsymbol{U}_{gdq+}^+ = R_g \boldsymbol{I}_{gdq+}^+ + j\omega_1 L_g \boldsymbol{I}_{gdq+}^+ + V_{gdq+}^+ + L_g \dfrac{d\boldsymbol{I}_{gdq+}^+}{dt} \\[4pt] \boldsymbol{U}_{gdq-}^- = R_g \boldsymbol{I}_{gdq-}^- - j\omega_1 L_g \boldsymbol{I}_{gdq-}^- + V_{gdq-}^- + L_g \dfrac{d\boldsymbol{I}_{gdq-}^-}{dt} \\[4pt] \boldsymbol{U}_{gdq5-}^{5-} = R_g \boldsymbol{I}_{gdq5-}^{5-} - j5\omega_1 L_g \boldsymbol{I}_{gdq5-}^{5-} + V_{gdq5-}^{5-} + L_g \dfrac{d\boldsymbol{I}_{gdq5-}^{5-}}{dt} \\[4pt] \boldsymbol{U}_{gdq7+}^{7+} = R_g \boldsymbol{I}_{gdq7+}^{7+} + j7\omega_1 L_g \boldsymbol{I}_{gdq7+}^{7+} + V_{gdq7+}^{7+} + L_g \dfrac{d\boldsymbol{I}_{gdq7+}^{7+}}{dt} \end{cases}$$

(6-19)

上式表明，电网电压中所包含的不平衡分量、各次谐波分量会导致并网变流器的输出电流中存在负序电流和谐波电流，负序电流的存在会导致发电机输出电流出现不对称，各次谐波电流与谐波电压频率相对应。

电网电压不平衡及谐波畸变下的直流环节电压可以写为

$$C\frac{\mathrm{d}V_{dc}}{\mathrm{d}t} = \frac{3}{2}\mathrm{Re}(\boldsymbol{S}_{\alpha\beta}\hat{\boldsymbol{I}}_{g\alpha\beta}) - i_{load}$$

$$= \frac{3}{2}\mathrm{Re}\big[\,(\boldsymbol{S}_{dq+}^{+}\mathrm{e}^{\mathrm{j}\omega_1 t} + \boldsymbol{S}_{dq-}^{-}\mathrm{e}^{-\mathrm{j}\omega_1 t} + \boldsymbol{S}_{dq5-}^{5-}\mathrm{e}^{-\mathrm{j}5\omega_1 t} + \boldsymbol{S}_{dq7+}^{7+}\mathrm{e}^{\mathrm{j}7\omega_1 t})\cdot$$

$$(\hat{\boldsymbol{I}}_{gdq+}^{+}\mathrm{e}^{-\mathrm{j}\omega_1 t} + \hat{\boldsymbol{I}}_{gdq-}^{-}\mathrm{e}^{\mathrm{j}\omega_1 t} + \hat{\boldsymbol{I}}_{gdq5-}^{5-}\mathrm{e}^{\mathrm{j}5\omega_1 t} + \hat{\boldsymbol{I}}_{gdq7+}^{7+}\mathrm{e}^{-\mathrm{j}7\omega_1 t})\big] - i_{load} \quad (6\text{-}20)$$

电网电压不平衡及谐波畸变下的并网变流器输出功率可以写为

$$\boldsymbol{S}_g = P_g + \mathrm{j}Q_g = -\big[\frac{3}{2}\boldsymbol{U}_{gdq}^{+}\hat{\boldsymbol{I}}_{gdq}^{+}\big]$$

$$= -\frac{3}{2}\big[\,(\boldsymbol{U}_{gdq+}^{+} + \boldsymbol{U}_{gdq-}^{-}\mathrm{e}^{-\mathrm{j}2\omega_1 t} + \boldsymbol{U}_{gdq5-}^{5-}\mathrm{e}^{-\mathrm{j}6\omega_1 t} + \boldsymbol{U}_{gdq7+}^{7+}\mathrm{e}^{\mathrm{j}6\omega_1 t})\cdot$$

$$(\hat{\boldsymbol{I}}_{gdq+}^{+} + \hat{\boldsymbol{I}}_{gdq-}^{-}\mathrm{e}^{\mathrm{j}2\omega_1 t} + \hat{\boldsymbol{I}}_{gdq5-}^{5-}\mathrm{e}^{\mathrm{j}6\omega_1 t} + \hat{\boldsymbol{I}}_{gdq7+}^{7+}\mathrm{e}^{-\mathrm{j}6\omega_1 t})\big] \quad (6\text{-}21)$$

$$\begin{cases} P_g = -\dfrac{3}{2}\mathrm{Re}\big[\,(\boldsymbol{U}_{gdq+}^{+} + \boldsymbol{U}_{gdq-}^{-}\mathrm{e}^{-\mathrm{j}2\omega_1 t} + \boldsymbol{U}_{gdq5-}^{5-}\mathrm{e}^{-\mathrm{j}6\omega_1 t} + \boldsymbol{U}_{gdq7+}^{7+}\mathrm{e}^{\mathrm{j}6\omega_1 t})\cdot \\ \qquad (\hat{\boldsymbol{I}}_{gdq+}^{+} + \hat{\boldsymbol{I}}_{gdq-}^{-}\mathrm{e}^{\mathrm{j}2\omega_1 t} + \hat{\boldsymbol{I}}_{gdq5-}^{5-}\mathrm{e}^{\mathrm{j}6\omega_1 t} + \hat{\boldsymbol{I}}_{gdq7+}^{7+}\mathrm{e}^{-\mathrm{j}6\omega_1 t})\big] \\ Q_g = -\dfrac{3}{2}\mathrm{Im}\big[\,(\boldsymbol{U}_{gdq+}^{+} + \boldsymbol{U}_{gdq-}^{-}\mathrm{e}^{-\mathrm{j}2\omega_1 t} + \boldsymbol{U}_{gdq5-}^{5-}\mathrm{e}^{-\mathrm{j}6\omega_1 t} + \boldsymbol{U}_{gdq7+}^{7+}\mathrm{e}^{\mathrm{j}6\omega_1 t})\cdot \\ \qquad (\hat{\boldsymbol{I}}_{gdq+}^{+} + \hat{\boldsymbol{I}}_{gdq-}^{-}\mathrm{e}^{\mathrm{j}2\omega_1 t} + \hat{\boldsymbol{I}}_{gdq5-}^{5-}\mathrm{e}^{\mathrm{j}6\omega_1 t} + \hat{\boldsymbol{I}}_{gdq7+}^{7+}\mathrm{e}^{-\mathrm{j}6\omega_1 t})\big] \end{cases} \quad (6\text{-}22)$$

从上式可以看出，与双馈发电机的输出功率类似，不平衡/谐波电网下的并网变流器直流母线电压及输出功率中存在直流分量、2 倍频分量、6 倍频分量，各个分量的产生机理与前文中的双馈发电机是一致的。

6.2　基于谐振控制的新能源系统运行技术

6.2.1　谐振控制器的基本原理

由式 (6-1)~式 (6-3) 及式 (6-19) 可以看出，在矢量控制坐标系中，新能源发电系统的基频分量在同步速旋转坐标系下为直流分量，而负序分量、谐波分量在同步速旋转坐标系下为交流分量。直流分量的控制通常可以采用基于积分器的 PI 控制器或 PID 控制实现无静差控制，但积分控制器仅对直流分量有无穷大幅值增益特性，因此第 3 章中基于矢量控制的新能源系统运行技术无法保障新能源机组在非理想电网下的高性能控制。交流积分器是一种能有效控制系统交流分量的控制器，其中谐振控制器作为交流积分器的一种，可为指定频率交流信号提供无穷大幅值增益的理想积分器，可实现对交流信号的无稳态静差跟踪以及快速调节。从控制器表达式的角度来看，交流积分器可由直流积分器经过旋转坐标变换获得。因此本节从直流积分器的原理出发，推广得到适用于交流分量的广义积分控制器-谐振控制器，并进行实现方法的介绍。

首先无论是双馈发电机还是并网变流器，均可等效为阻感性负载。阻感性负载在同步旋转坐标系中的等效传递函数 $G_p(s)$ 可表示为

$$G_p(s) = \frac{1}{R + sL + \mathrm{j}\omega_1 L} \quad (6\text{-}23)$$

式中　R、L——被控对象的等效电阻、电感；
　　　ω_1——同步旋转角速度。

进一步地为实现被控对象有功、无功功率的解耦控制，常用的矢量控制可以描述为如图 6-1 所示的形式（具体描述参见第 3 章中的矢量控制技术）。

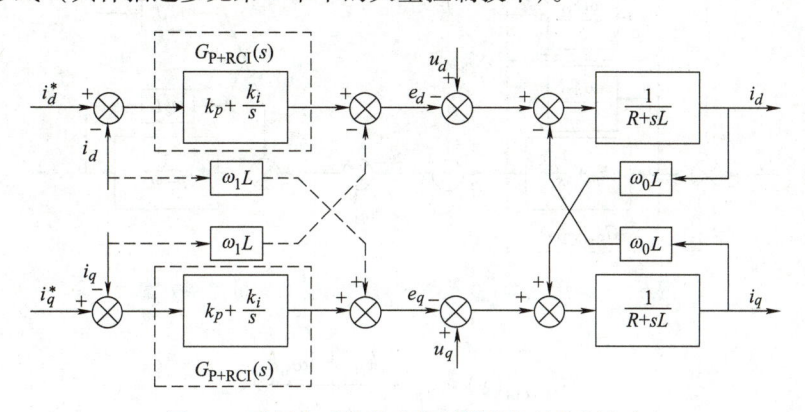

图 6-1　采用实系数积分控制器的矢量控制方案

图 6-1 给出了采用实系数积分控制器的矢量控制方案，电流控制器为基于比例+实系数积分（Proportional Real-Coefficient Integral，P+RCI）控制器（即比例系数、积分系数均为实数），其中 P+RCI 控制器即为传统的 PI 控制器，其 d、q 轴传递函数均可表示为

$$G_{P+RCI}(s) = k_p + \frac{k_i}{s} \tag{6-24}$$

式中　k_p、k_i——比例-积分控制器的比例系数、积分系数，且均为正实数。

进一步地，为了补偿由坐标变换所产生的旋转电动势（式（6-23）中的 $j\omega_1 L$），会引入 dq 轴交叉的解耦前馈项，如图 6-1 中虚线箭头所示。在这种情况下图 6-1 中的被控对象电流环开环传递函数将由式（6-23）改写为

$$H_{P+RCI}(s) = \frac{k_p s + k_i}{s(R + sL)} \tag{6-25}$$

此式表明采用前馈补偿解耦的方式可将受控对象的极点由复数调整为实数，从而消除因坐标变换所引起的 d、q 轴电流之间的耦合关系。由于 P+RCI 控制器的参数通常采取零极点消除的设计原则，即电流环时间常数与被控对象时间常数相等，有 $k_p/k_i = L/R$，从而被控对象电流环开环传递函数简化为

$$H_{P+RCI}(s) = \frac{\omega_{bw}}{s} \tag{6-26}$$

式中　ω_{bw}——电流环控制带宽，且 $\omega_{bw} = k_p/L$，可用于反映电流控制的动态响应能力。

为将式（6-23）中的复数极点调整为实数极点，除了采取引入交叉解耦前馈项以外，还可将比例+实系数积分控制器扩展为比例+复系数积分（Proportional Complex-Coefficient integral，P+CCI）控制器，如图 6-2 所示。基于零极点对消原则，采用图 6-2 所示的电流矢量控制方案。

图 6-2 给出了采用 P+CCI 电流控制器的矢量控制，其中 P+CCI 电流控制器传递函数可写为

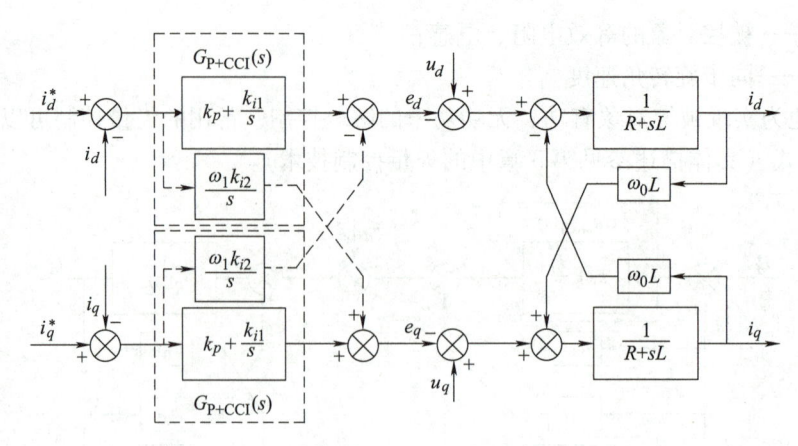

图 6-2 采用比例+复系数积分控制器的矢量控制方案

$$G_{\mathrm{P+CCI}}(s) = k_p + \frac{k_{i1} + \mathrm{j}\omega_0 k_{i2}}{s} \tag{6-27}$$

式中 k_p、k_{i1}、k_{i2}——P+CCI 控制器的比例系数、实积分系数、虚积分系数，且均为正实数。

P+CCI 控制器中的积分系数为由实积分系数和虚积分系数共同构成的复系数，而 P+RCI 控制器的积分系数为实系数。P+CCI 控制器的虚积分系数为抵消式（6-23）中的复数极点提供了一个直接方式。因此，根据图 6-2 被控对象电流环开环传递函数可表示为

$$H_{\mathrm{P+CCI}}(s) = \frac{k_p s + k_{i1} + \mathrm{j}\omega_1 k_{i2}}{s(R + sL + \mathrm{j}\omega_1 L)} \tag{6-28}$$

P+CCI 控制器的数字控制系统设计中仍采用零极点消去原则，这样有 $k_{i2}/k_{i1} = k_p/k_{i1} = L/R$，此时，式（6-28）可简化为

$$H_{\mathrm{P+CCI}}(s) = \frac{\omega_{bw}}{s} \tag{6-29}$$

可以看到当控制器系数 k_p、k_{i1}、$k_{i2} = k_p$ 选取一致时，采用 P+RCI 控制器和 P+CCI 控制器可以获得相同的电流控制器控制特性，此时 P+CCI 控制器的虚部积分项即为图 6-1 中的前馈解耦项。

根据图 6-3 中的伯德图，当两种控制器的比例系数和积分系数均基于零极点对消原则选取。在零频段附近，两种控制器均可提供足够的幅值增益，这说明上述两种积分器均能对直流分量无静差跟踪。但是对比相频特性可见，P+RCI 控制器在零频段存在相位滞后，而 P+CCI 控制器在零频段基本为 0°。因此复系数积分器可有效改善控制器的相频特性，从而提升系统的动态特性，在对阻感系统这类滞后系统进行控制时，能够有效提升动态响应能力，缩短动态调整时间。

上述分析指出，P+RCI 控制器和 P+CCI 控制器通过对直流量提供足够的幅值增益，实现直流分量的无静差控制器。为了实现两种控制器对交流信号的无静差调节，则需对控制器的作用频率进行全频域拓展。参考矢量控制中采用 Park 变换将交流分量进行频率偏移的思想，下面将 Park 坐标变换与实系数、复系数两类控制器相结合，进行控制频率拓展。

参考 Park 变换，任意频率的交流信号与相同频率的正弦、余弦量相乘后，即可转为指

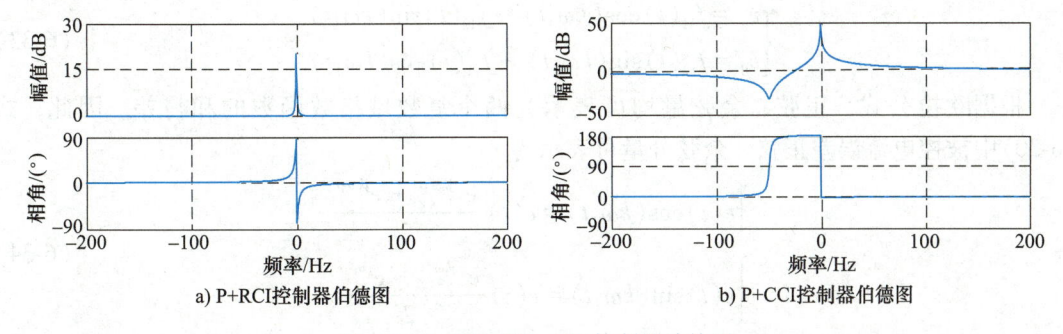

a) P+RCI控制器伯德图   b) P+CCI控制器伯德图

图 6-3 P+RCI 和 P+CCI 控制器波特图

定旋转坐标系中的直流分量形式。图 6-4 给出了采用实系数电流控制器控制结构示意图，其中被控分量的频率为 $k\omega_1$，e_α、e_β 分别为 α 轴、β 轴 k 次谐波的误差信号，e_d、e_q 分别为 d 轴、q 轴误差信号，v_α、v_β 分别为 α 轴、β 轴 k 次谐波电压参考指令信号，$G_{P+RCI}(s)$ 代表实系数电流控制器。

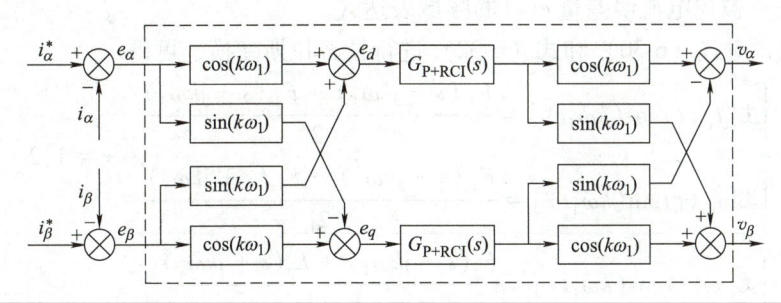

图 6-4 采用 P+RCI 进行交流分量控制结构示意图

图 6-4 的思路可以描述为：对于任意频率的交流分量，首先将交流分量进行 Park 变换，其中坐标变换频率为该分量频率，从而将静止坐标系下的交流被控分量转化为旋转坐标系下的直流分量，采用 P+RCI 进行控制后，进行反坐标变换，得到该频率的指令电压。可以看到，基于 PI 的矢量控制即为图 6-4 中在基频下的一个特例。

具体地，在指定频率的旋转坐标系中，电流 d、q 轴控制误差信号表示为

$$\begin{cases} e_d = e_\alpha \cos(k\omega_1 t) + e_\beta \sin(k\omega_1 t) \\ e_q = e_\beta \cos(k\omega_1 t) - e_\alpha \sin(k\omega_1 t) \end{cases} \quad (6-30)$$

在两相静止坐标系中，实系数电流控制器输出电压 v_α、v_β 分别可表示为

$$\begin{cases} v_\alpha = e_d * h_{P+RCI}(t)\cos(k\omega_1 t) - e_q * h_{P+RCI}(t)\sin(k\omega_1 t) \\ v_\beta = e_q * h_{P+RCI}(t)\sin(k\omega_1 t) + e_d * h_{P+RCI}(t)\cos(k\omega_1 t) \end{cases} \quad (6-31)$$

式中 $h_{P+RCI}(t)$ ——电流控制器 $G_{P+RCI}(s)$ 的时域表达式；

* 表示卷积。

为简化后分析，可定义为

$$\begin{cases} f_{11}(t) \equiv e_d * h_{P+RCI}(t) = (e_\alpha \cos(k\omega_1 t) + e_\beta \sin(k\omega_1 t)) * h_{P+RCI}(t) \\ f_{12}(t) \equiv e_q * h_{P+RCI}(t) = (e_\beta \cos(k\omega_1 t) - e_\alpha \sin(k\omega_1 t)) * h_{P+RCI}(t) \end{cases} \quad (6-32)$$

因此，式（6-31）可表示为

$$\begin{cases} v_\alpha = f_{11}(t)\cos(k\omega_1 t) - f_{12}(t)\sin(k\omega_1 t) \\ v_\beta = f_{12}(t)\sin(k\omega_1 t) + f_{11}(t)\cos(k\omega_1 t) \end{cases} \tag{6-33}$$

根据欧拉公式，正弦、余弦量均可表示为两个复数域指数函数的和与差。因此，式(6-30)中被控电流误差正弦、余弦分量可表示为

$$\begin{cases} e(t)\cos(k\omega_1 t) = e(t)\dfrac{\mathrm{e}^{-\mathrm{j}k\omega_1 t} + \mathrm{e}^{\mathrm{j}k\omega_1 t}}{2} \\ e(t)\sin(k\omega_1 t) = e(t)\dfrac{\mathrm{e}^{-\mathrm{j}k\omega_1 t} - \mathrm{e}^{\mathrm{j}k\omega_1 t}}{2} \end{cases} \tag{6-34}$$

对式(6-34)进行拉普拉斯变换，可得

$$\begin{cases} \mathcal{L}[e(t)\cos(k\omega_1 t)] = \mathcal{L}\left[e(t)\dfrac{\mathrm{e}^{-\mathrm{j}k\omega_1 t} + \mathrm{e}^{\mathrm{j}k\omega_1 t}}{2}\right] = \dfrac{E(s-k\omega_1)+E(s+k\omega_1)}{2} \\ \mathcal{L}[e(t)\sin(k\omega_1 t)] = \mathcal{L}\left[e(t)\dfrac{\mathrm{e}^{-\mathrm{j}k\omega_1 t} - \mathrm{e}^{\mathrm{j}k\omega_1 t}}{2}\right] = \dfrac{E(s-k\omega_1)-E(s+k\omega_1)}{2\mathrm{j}} \end{cases} \tag{6-35}$$

式中 $E(s)$——被控电流误差量 $e(t)$ 的频域表达式。

进一步地，对式(6-30)和式(6-32)进行拉普拉斯变换，可得

$$\begin{cases} \mathcal{L}[f_{1x}(t)\cos(k\omega_1 t)] = \dfrac{F_{1x}(s-\mathrm{j}k\omega_1)+F_{1x}(s+\mathrm{j}k\omega_1)}{2} \\ \mathcal{L}[f_{1x}(t)\sin(k\omega_1 t)] = \dfrac{F_{1x}(s-\mathrm{j}k\omega_1)-F_{1x}(s+\mathrm{j}k\omega_1)}{2\mathrm{j}} \end{cases} \quad x=1,2 \tag{6-36}$$

$$\begin{cases} \mathcal{L}[e_y(t)\cos(k\omega_1 t)] = \dfrac{E_y(s-\mathrm{j}k\omega_1)+E_y(s+\mathrm{j}k\omega_1)}{2} \\ \mathcal{L}[e_y(t)\sin(k\omega_1 t)] = \mathrm{j}\dfrac{E_y(s-\mathrm{j}k\omega_1)-E_y(s+\mathrm{j}k\omega_1)}{2} \end{cases} \quad y=\alpha,\beta \tag{6-37}$$

式中 $f_{1x}(t)$ $(x=1,2)$、$F_{1x}(s)$ $(x=1,2)$——$f_{11}(t)$、$f_{12}(t)$ 的时域表达式和频域表达式；

$e_y(t)$ $(y=\alpha,\beta)$、$E_y(s)$ $(y=\alpha,\beta)$——α、β 轴 k 次谐波电流误差信号的时域表达式；

$E_y(s)$ $(y=\alpha,\beta)$——α、β 轴 k 次谐波电流误差信号 $e_\alpha(t)$、$e_\beta(t)$ 的频域表达式。

根据式(6-36)和式(6-37)，对式(6-31)进行拉普拉斯变换，在两相静止坐标系中电流控制器输出指令频域表达式可写为

$$\begin{bmatrix} V_\alpha(s) \\ V_\beta(s) \end{bmatrix} = \begin{bmatrix} A & \mathrm{j}B \\ -\mathrm{j}B & A \end{bmatrix} \begin{bmatrix} E_\alpha(s) \\ E_\beta(s) \end{bmatrix} \tag{6-38}$$

其中 A，B 为矩阵系数，可描述为

$$\begin{cases} A = \dfrac{G_{\mathrm{P+RCI}}(s-\mathrm{j}k\omega_1)+G_{\mathrm{P+RCI}}(s+\mathrm{j}k\omega_1)}{2} \\ B = \dfrac{G_{\mathrm{P+RCI}}(s-\mathrm{j}k\omega_1)-G_{\mathrm{P+RCI}}(s+\mathrm{j}k\omega_1)}{2} \end{cases} \tag{6-39}$$

将式(6-38)和式(6-39)改写为矢量形式为

第 6 章
不平衡及谐波电网下的新能源发电控制技术

$$\begin{aligned}
\boldsymbol{V}_{\alpha\beta}(s) &= V_\alpha(s) + jV_\beta(s) \\
&= [AE_\alpha(s) + jBE_\beta(s)] + j[AE_\beta(s) - jBE_\alpha(s)] \\
&= (A+B)E_\alpha(s) + j(A+B)E_\beta(s) = (A+B)[E_\alpha(s) + jE_\beta(s)] \\
&= G_{\text{P+RCI}}(s - jk\omega_1)\boldsymbol{E}_{\alpha\beta}(s)
\end{aligned} \tag{6-40}$$

因此，在两相静止坐标系中，实系数电流控制器可表示为

$$G_{\text{AC-P+RCI}}(s) = G_{\text{P+RCI}}(s - jk\omega_1) = k_p + \frac{k_i}{s - jk\omega_1} \tag{6-41}$$

可以看到，实系数电流控制器 $G_{\text{AC-P+RCI}}(s)$ 的比例项与频率变换无关，其中积分项根据作用频率进行频率偏移。式（6-41）中所示电流控制器对角频率为 $k\omega_1$ 的交流信号具有调节能力，其即为交流积分控制器的基本表达形式，式（6-24）可以认为积分频率为 0Hz（$k=0$）的交流积分器式。因此，可将式（6-41）中积分项称为一阶广义积分器（First-Order Generalized Integrator，FOGI），并写为

$$G_{\text{FG}}(s) = \frac{k_r}{s - jk\omega_1} \tag{6-42}$$

式中　$k\omega_1$——谐振频率；
　　　k_r——谐振系数。

进一步地，图 6-5 给出了一阶广义积分器的伯德图，当谐振频率设置为 50Hz 时，一阶广义积分器可以为 50Hz 的交流分量提供足够的幅值增益，实现交流分量的无静差控制，其中谐振频率的正负性用于表征被控分量的正负序性。

复系数控制器的全频域拓展可基于实系数控制器的全频域拓展过程进行讨论。由于复系数电流控制器可表示为

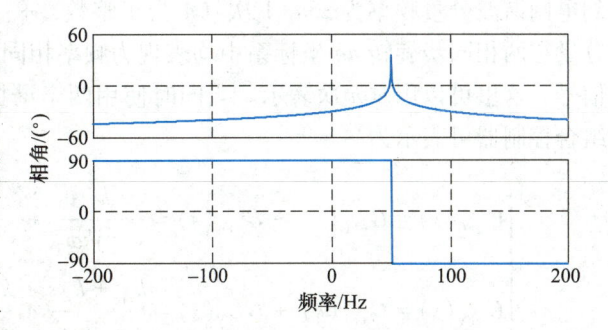

图 6-5　一阶广义积分器伯德图

$$G_{\text{P+CCI}}(s) = k_p + \frac{k_{i1} + jk\omega_1 k_{i2}}{s} = G_{\text{P+RCI}}(s) + \frac{jk\omega_1 k_{i2}}{s} \tag{6-43}$$

因此复系数控制器的全频域拓展形式可以写为实系数控制器的全频域拓展及交叉积分器的拓展结果之和。根据叠加定理可知，仅需对 $jk\omega_1 k_{i2}/s$ 进行坐标变换，即可获得对复系数电流控制器的全频域拓展表达式。具体的推导过程这里不加赘述，可参考上述过程，经过拓展后的交流复系数控制器可写为

$$G_{\text{AC-P+CCI}}(s) = k_p + \frac{k_{i1} + k_{i2}s}{s - jk\omega_1} \tag{6-44}$$

与实系数电流控制器相同，复系数交流电流控制器中的比例项与频率变换无关，而积分项则需要进行频率变换，同时交叉积分项会引入额外的一阶表达式。式（6-44）中所示电流控制器对角频率为 $k\omega_1$ 的交流信号具有调节能力，其即为复系数交流积分控制器的基本表达形式，式（6-27）可以认为积分频率为 0Hz（$k=0$）的复系数交流积分器式。因此，可将式（6-44）中可将其称为一阶矢量积分器（First-Order Vector Integrator，FOVI），并表示为

113

$$G_{\text{FV}}(s) = \frac{k_{r1} + k_{r2}s}{s - jk\omega_1} \tag{6-45}$$

式中 k_{r1}、k_{r2}——谐振控制器的第一和第二谐振系数，其中 $k_{r2}/k_{r1} = L/R$。

进一步地，图 6-6 给出了一阶矢量积分器的伯德图，当谐振频率设置为 50Hz 时，一阶矢量积分器可以为 50Hz 的交流分量提供足够的幅值增益，实现交流分量的无静差控制，其中谐振频率的正负性用于表征被控分量的正负序性。

可以看到，相较于一阶广义积分器（FOGI），一阶矢量积分器（FOVI）在谐振频率处相位跳变后不会出现相位滞后现象，这与 P+RCI 与 P+CCI 相频特性是类似的，亦即矢量积分器相较于前者具有更快的动态特性。上述两种对交流分量具有控制功能的交流积分控制器由于其伯德图的谐振特性，因此又被称为谐振器。

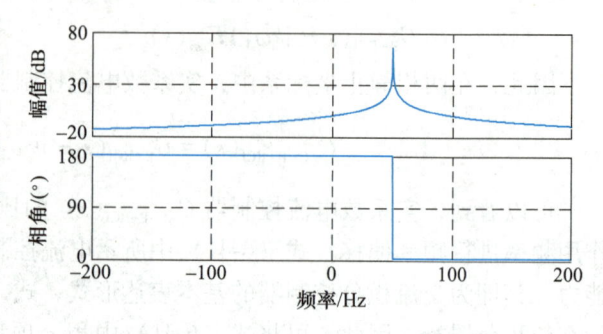

图 6-6 一阶矢量积分器伯德图

在静止坐标系中，FOGI 与 FOVI 能够调节指定频率、指定旋转极性的交流信号。考虑到电网谐波分量频率为 $\pm 6n+1$ 次（n 为正整数，+、-表示旋转方向）工频，因此电网谐波分量在两相同步旋转 dq 坐标系中均表现为频率相同、旋转方向相反的成对存在的 $6n$ 次交流信号，这里可以用 $\pm 6n$ 次表示。当同时使用两个谐振频率相同、极性相反的谐振控制器时，组合控制器可表示为

$$\begin{cases} G_{\pm\text{FG}}(s) = G_{+\text{FG}}(s) + G_{-\text{FG}}(s) = \dfrac{k_r}{s - jk\omega_1} + \dfrac{k_r}{s + jk\omega_1} = \dfrac{k_r \cdot 2s}{s^2 + (k\omega_1)^2} \\ G_{\pm\text{FV}}(s) = G_{+\text{FV}}(s) + G_{-\text{FV}}(s) = \dfrac{k_{r1} + k_{r2}s}{s - jk\omega_1} + \dfrac{k_{r1} + k_{r2}s}{s + jk\omega_1} = \dfrac{2s(k_{r1} + k_{r2}s)}{s^2 + (k\omega_1)^2} \end{cases} \quad k = 6n \tag{6-46}$$

由式（6-46）可以看到，当两个谐振频率相同但交流分量极性相反时，组合控制器的表达式会变成统一的二阶形式，这种二阶谐振控制器的典型表达形式分别命名为二阶广义积分器（Second-Order Generalized Integrator，SOGI）和二阶矢量积分器（Second-Order Vector Integrator，SOVI）。

图 6-7 给出了 SOGI 与 SOVI 的伯德图，SOGI 和 SOVI 可同时为正、反转 300Hz 交流信号提供调节能力，而对其他频率信号不具有调节能力。与前文中的矢量积分器控制器类似，SOGI 在+300Hz、-300Hz 频率处保持 0°，SOVI 在+300Hz、-300Hz 频率处保持 90°和-90°。以 300Hz 正转交流分量为例，控制器输出量超前正转交流输入量 90°，这种相位超前特性能有效地应对被控对象的滞后特性，这与前文中的复系数直流积分控制器和复系数交流积分控制器中的分析是一致的。

同时相较于一阶谐振器，二阶谐振器具有频率选择能力，不具有极性选择能力。这就意味着，二阶谐振器在应对成对出现的电网谐波电压时具有更强的适应性。同时注意到二阶谐振器无论是广义积分器还是矢量积分器均为实系数控制器，而一阶谐振器表达式中存在复系

a) 二阶广义积分器　　　　　　　　　　　b) 二阶矢量积分器

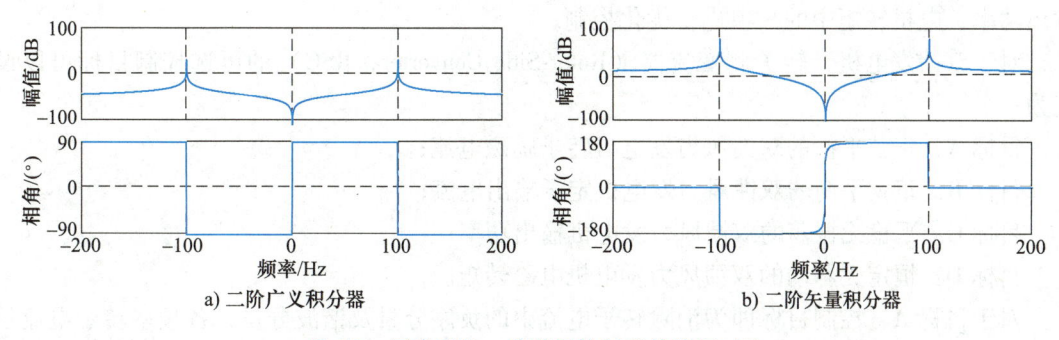

图 6-7　同类型的二阶谐振控制器伯德图对比

数,在实际控制系统中实现时需要进行"实数化"(后文中会详细介绍"实数化"方法),因此二阶谐振控制器早于一阶谐振器得到了广泛的应用。由于一阶谐振器是在二阶谐振器的广泛应用基础上进一步开发的一种谐振控制器,故一阶谐振器亦视作二阶谐振器的变化形式,被称为降阶谐振器。

总结而言,各种谐振控制器根据阶数不同,可分为降阶谐振器和二阶谐振器;根据谐振控制器的演变类型不同,将由实系数积分器演变得到的谐振器称之为广义积分器,而将由复系数积分器演变得到的谐振器称之为矢量积分器。

表 6-1 给出了各类谐振器的基本表达形式,即降阶广义积分器(Reduced-Order Generalized Integrator,ROGI)、降阶矢量积分器(Reduced-Order Vector Integrator,ROVI)、二阶广义积分器(Second-Order Generalized Integrator,ROGI)、二阶矢量积分器(Second-Order Vector Integrator,ROVI)。

表 6-1　不同类型谐振控制器的基本形式

阶数	类型	
	广义积分器 (Generalized Integrator,GI)	矢量积分器 (Vector Integrator,VI)
降阶 (Reduced-Order,RO)	降阶广义积分器(ROGI) $G_{\mathrm{ROGI}}(s) = \dfrac{k_r}{s - jk\omega_1}$	降阶矢量积分器(ROVI) $G_{\mathrm{ROVI}}(s) = \dfrac{k_{r1} + k_{r2}s}{s - jk\omega_1}$
二阶 (Second-Order,SO)	二阶广义积分器(SOGI) $G_{\mathrm{SOGI}}(s) = \dfrac{k_r \times 2s}{s^2 + (k\omega_1)^2}$	二阶矢量积分器(SOVI) $G_{\mathrm{SOVI}}(s) = \dfrac{2s(k_{r1} + k_{r2}s)}{s^2 + (k\omega_1)^2}$

6.2.2　基于谐振控制器的新能源系统运行技术

6.2.1 节中所介绍的谐振控制器能够实现对交流分量的有效控制,因此基于谐振控制器可以对新能源系统的非工频电流进行有效控制。谐波及不平衡电网下新能源系统输出电流中存在对应频率的谐波分量,同时输出功率或发电机转矩中则存在 2 倍频及 6 倍频分量。由于电网不平衡、谐波电压不可改变,因此当输出电流为正弦时,输出功率及电机转矩中仍然存在脉动分量,同样地如果控制输出功率或发电机转矩平稳,则需要发电系统的电流包含特定畸变分量。因此在不平衡/谐波电网环境中,新能源发电系统可以有选择性地针对输出电流、输出功率、电机转矩中的一项进行优化控制。

对于双馈发电机,转子侧变流器(Rotor-Side Converter,RSC)的可选控制目标可以设定为:

目标 A:正弦平衡的双馈风力发电机转子励磁电流;

目标 B:正弦平衡的双馈风力发电机定子输出电流;

目标 C:平稳无振荡的双馈风力发电机输出功率;

目标 D:恒定无脉动的双馈风力发电机电磁转矩。

对于目标 A,控制目标即为消除转子电流中的负序分量及谐波分量,各频率转子电流目标指令可以写为

$$\begin{bmatrix} i_{rd-}^{-*} \\ i_{rq-}^{-*} \\ i_{rd5-}^{5-*} \\ i_{rq5-}^{5-*} \\ i_{rd7+}^{7+*} \\ i_{rq7+}^{7+*} \end{bmatrix} = \begin{bmatrix} 0 \\ 0 \\ 0 \\ 0 \\ 0 \\ 0 \end{bmatrix} \tag{6-47}$$

对于目标 B,控制目标即为消除定子电流中的负序分量及谐波分量,各频率转子电流目标指令可以写为

$$\begin{bmatrix} i_{rd-}^{-*} \\ i_{rq-}^{-*} \\ i_{rd5-}^{5-*} \\ i_{rq5-}^{5-*} \\ i_{rd7+}^{7+*} \\ i_{rq7+}^{7+*} \end{bmatrix} = \begin{bmatrix} \dfrac{\psi_{sd-}^{-}}{L_m} \\ \dfrac{\psi_{sq-}^{-}}{L_m} \\ \dfrac{\psi_{sd5-}^{5-}}{L_m} \\ \dfrac{\psi_{sq5-}^{5-}}{L_m} \\ \dfrac{\psi_{sd7+}^{7+}}{L_m} \\ \dfrac{\psi_{sq7+}^{7+}}{L_m} \end{bmatrix} \tag{6-48}$$

对于目标 C,控制目标即为消除有功功率及无功功率中的 2 倍频、6 倍频分量,根据式(6-14)和式(6-15)可以进行消除功率 2 倍频、6 倍频分量所需的谐波电流指令计算。这里需要说明的是,根据式(6-14)功率 2 倍频分量包含两种:有功功率正弦分量、有功率余弦分量、无功功率正弦分量、无功功率余弦分量四个分量,而可以独立调节的电流分量只有 i_{rd-}^{-*} 和 i_{rq-}^{-*},这就意味着功率 2 倍频中只有两个分量可以被有效调节,通常会选择消除有功功率的正弦、余弦分量从而保证有功功率的平稳。而根据式(6-15),功率 6 倍频中同样有 4 个分量,而可以独立调节的电流分量则有 4 项 i_{rd5-}^{5-*}、i_{rq5-}^{5-*}、i_{rd7+}^{7+*}、i_{rq7+}^{7+*},因此有功功率、

无功功率的 6 倍频均可被有效消除。那么各频率转子电流目标指令计算结果如下：

$$\begin{bmatrix} i_{rd-}^{-*} \\ i_{rq-}^{-*} \\ i_{rd5-}^{5-*} \\ i_{rq5-}^{5-*} \\ i_{rd7+}^{7+*} \\ i_{rq7+}^{7+*} \end{bmatrix} = \begin{bmatrix} \dfrac{\psi_{sd-}^{-}}{L_m} + \dfrac{I_{rd+}^{+}\psi_{sq-}^{-}}{\psi_{sq+}^{+}} - \dfrac{I_{rq+}^{+}\psi_{sd-}^{-}}{\psi_{sq+}^{+}} \\ \dfrac{\psi_{sq-}^{-}}{L_m} - \dfrac{I_{rd+}^{+}\psi_{sd-}^{-}}{\psi_{sq+}^{+}} - \dfrac{I_{rq+}^{+}\psi_{sq-}^{-}}{\psi_{sq+}^{+}} \\ \dfrac{(\psi_{sd5-}^{5-} - 7\psi_{sd7+}^{7+})}{L_m} - \dfrac{7I_{rd+}^{+}\psi_{sq7+}^{7+}}{\psi_{sq+}^{+}} + \dfrac{7I_{rq+}^{+}\psi_{sd7+}^{7+}}{\psi_{sq+}^{+}} \\ \dfrac{(\psi_{sd5-}^{5-} + 7\psi_{sd7+}^{7+})}{L_m} - \dfrac{7I_{rd+}^{+}\psi_{sd7+}^{7+}}{\psi_{sq+}^{+}} - \dfrac{7I_{rq+}^{+}\psi_{sq7+}^{7+}}{\psi_{sq+}^{+}} \\ \dfrac{(5\psi_{sd5-}^{5-} - 7\psi_{sd7+}^{7+})}{L_m} + \dfrac{5I_{rd+}^{+}\psi_{sq5-}^{5-}}{\psi_{sq+}^{+}} - \dfrac{5I_{rq+}^{+}\psi_{sd5-}^{5-}}{\psi_{sq+}^{+}} \\ \dfrac{(-5\psi_{sd5-}^{5-} + 7\psi_{sd7+}^{7+})}{L_m} + \dfrac{5I_{rd+}^{+}\psi_{sd5-}^{5-}}{\psi_{sq+}^{+}} + \dfrac{5I_{rq+}^{+}\psi_{sq5-}^{5-}}{\psi_{sq+}^{+}} \end{bmatrix} \quad (6\text{-}49)$$

对于目标 D，控制目标即为消除电磁转矩中的 2 倍频、6 倍频分量，根据式（6-17）可以进行消除转矩 2 倍频、6 倍频分量所需的谐波电流指令计算。同样地，式（6-17）中电磁转矩 2 倍频包含正弦分量、余弦分量，而可以独立调节的电流分量只有 i_{rd-}^{-*} 和 i_{rq-}^{-*}，这就意味着电磁转矩 2 倍频中的 2 个分量均可以被有效调节。而对于转矩 6 倍频分量，由于可以独立调节的电流分量有 4 项 i_{rd5-}^{5-*}、i_{rq5-}^{5-*}、i_{rd7+}^{7+*}、i_{rq7+}^{7+*}，因此冗余的两个电流分量可以进一步进行无功功率 6 倍频的抑制，形成电磁转矩-无功功率的联合控制。那么各频率转子电流目标指令计算结果如下：

$$\begin{bmatrix} i_{rd-}^{-*} \\ i_{rq-}^{-*} \\ i_{rd5-}^{5-*} \\ i_{rq5-}^{5-*} \\ i_{rd7+}^{7+*} \\ i_{rq7+}^{7+*} \end{bmatrix} = \begin{bmatrix} -I_{rd+}^{+}\dfrac{\psi_{sq-}^{-}}{\psi_{sq+}^{+}} + I_{rq+}^{+}\dfrac{\psi_{sd-}^{-}}{\psi_{sq+}^{+}} \\ I_{rd+}^{+}\dfrac{\psi_{sd-}^{-}}{\psi_{sq+}^{+}} + I_{rq+}^{+}\dfrac{\psi_{sq-}^{-}}{\psi_{sq+}^{+}} \\ \dfrac{-2\psi_{sd5-}^{5-} - 4\psi_{sd7+}^{7+}}{L_m} - I_{rd+}^{+}\left(3\dfrac{\psi_{sq5-}^{5-}}{\psi_{sq+}^{+}} + 4\dfrac{\psi_{sq7+}^{7+}}{\psi_{sq+}^{+}}\right) + I_{rq+}^{+}\left(3\dfrac{\psi_{sd5-}^{5-}}{\psi_{sq+}^{+}} + 4\dfrac{\psi_{sd7+}^{7+}}{\psi_{sq+}^{+}}\right) \\ \dfrac{2\psi_{sd5-}^{5-} - 4\psi_{sd7+}^{7+}}{L_m} + I_{rd+}^{+}\left(3\dfrac{\psi_{sd5-}^{5-}}{\psi_{sq+}^{+}} - 4\dfrac{\psi_{sd7+}^{7+}}{\psi_{sq+}^{+}}\right) + I_{rq+}^{+}\left(3\dfrac{\psi_{sq5-}^{5-}}{\psi_{sq+}^{+}} - 4\dfrac{\psi_{sq7+}^{7+}}{\psi_{sq+}^{+}}\right) \\ \dfrac{2\psi_{sd5-}^{5-} + 4\psi_{sd7+}^{7+}}{L_m} + I_{rd+}^{+}\left(2\dfrac{\psi_{sq5-}^{5-}}{\psi_{sq+}^{+}} + 3\dfrac{\psi_{sq7+}^{7+}}{\psi_{sq+}^{+}}\right) - I_{rq+}^{+}\left(2\dfrac{\psi_{sd5-}^{5-}}{\psi_{sq+}^{+}} + 3\dfrac{\psi_{sd7+}^{7+}}{\psi_{sq+}^{+}}\right) \\ \dfrac{2\psi_{sd5-}^{5-} - 4\psi_{sd7+}^{7+}}{L_m} + I_{rd+}^{+}\left(2\dfrac{\psi_{sq5-}^{5-}}{\psi_{sq+}^{+}} - 3\dfrac{\psi_{sq7+}^{7+}}{\psi_{sq+}^{+}}\right) + I_{rq+}^{+}\left(2\dfrac{\psi_{sq5-}^{5-}}{\psi_{sq+}^{+}} + 3\dfrac{\psi_{sq7+}^{7+}}{\psi_{sq+}^{+}}\right) \end{bmatrix} \quad (6\text{-}50)$$

事实上，不平衡且谐波畸变电网工况即为不平衡和谐波畸变两种工况的叠加，两种电网状态之间由于频率的差别不存在工况间的耦合关系。换言之，上述的转子目标设定完全同样适用于单独电网不平衡或电网谐波畸变下的控制。

图 6-8 给出了基于 PI+SOGI 的双馈发电机控制结构框图。为使用 PI+SOGI 电流控制器实现对正、负序转子电流和转子谐波电流的统一调节，将三相转子电流直接折算到正转两相同

步旋转坐标系中,并根据机侧变流器的不同控制目标,计算相应的转子电流指令,转换到正转两相同步旋转坐标系中,其中直流量采用直流积分 PI 控制器,2 倍频及 6 倍频交流分量采用交流积分 SOGI 进行控制。PI+SOGI 电流调节器是在原有 PI 控制器基础上,额外构造了基于二阶广义积分器形式的谐振调节器,其比例系数、积分系数可按照通用比例-积分控制器设计,其谐振系数为确保为负序电流提供足够的幅值增益。这种方案能够保证发电机输出电能的控制精度和动态特性,同时针对已有的 PI 控制系统所进行的软件系统改造也具有良好的实用性和便捷性。

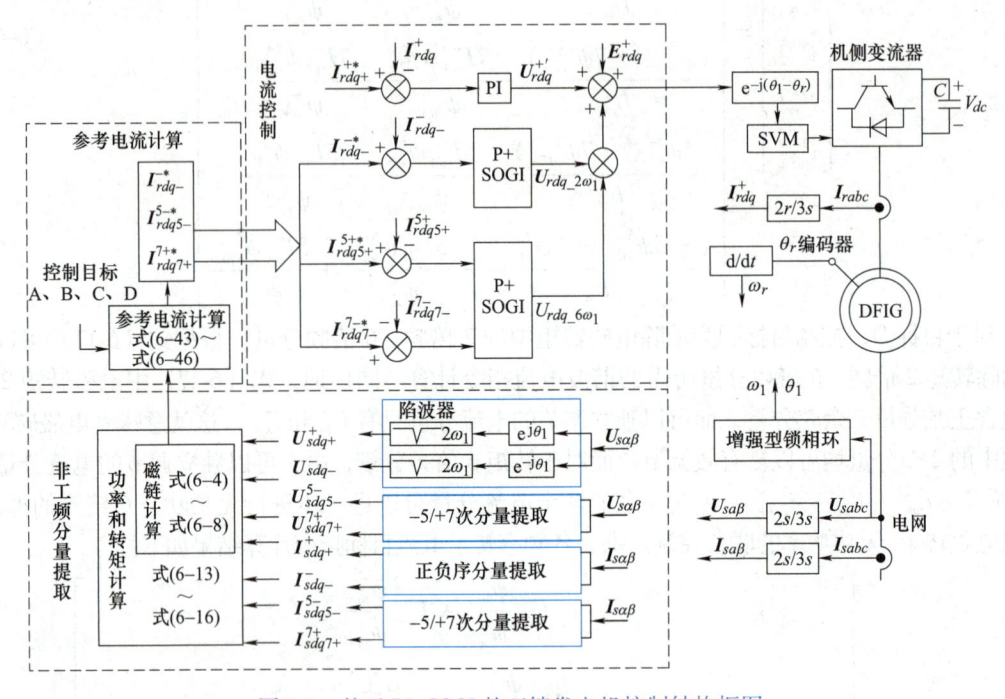

图 6-8 基于 PI+SOGI 的双馈发电机控制结构框图

对于网侧变流器,同样可在电网包含不平衡及谐波分量时设定不同的控制目标:
目标 a:正弦平衡的变流器输出电流;
目标 b:平稳无振荡的变流器输出功率。
对于目标 a,控制目标即为消除输出电流中的负序分量及谐波分量,各频率转子电流目标指令可以写为

$$\begin{bmatrix} i_{gd-}^{-*} \\ i_{gq-}^{-*} \\ i_{gd5-}^{5-*} \\ i_{gq5-}^{5-*} \\ i_{gd7+}^{7+*} \\ i_{gq7+}^{7+*} \end{bmatrix} = \begin{bmatrix} 0 \\ 0 \\ 0 \\ 0 \\ 0 \\ 0 \end{bmatrix} \quad (6\text{-}51)$$

对于目标 b,控制目标即为消除并网变流器有功功率及无功功率中的 2 倍频、6 倍频分量,同样地对于不平衡电压导致的功率 2 倍频分量只能选择有功功率或无功功率之一进行波

动抑制，原理同前文。而功率 6 倍频中得波动分量，则可以同时实现有功功率和无功功率的波动平抑。那么根据式（6-22）可以计算得到各频率转子电流目标指令计算结果如下：

$$\begin{bmatrix} i_{gd-}^{-*} \\ i_{gq-}^{-*} \\ i_{gd5-}^{5-*} \\ i_{gq5-}^{5-*} \\ i_{gd7+}^{7+*} \\ i_{gq7+}^{7+*} \end{bmatrix} = \begin{bmatrix} -\dfrac{U_{gd-}^{-}}{U_{gd+}^{+}}I_{gd+}^{+} - \dfrac{U_{gq-}^{-}}{U_{gd+}^{+}}I_{gq+}^{+} \\ -\dfrac{U_{gq-}^{-}}{U_{gd+}^{+}}I_{gd+}^{+} + \dfrac{U_{gd-}^{-}}{U_{gd+}^{+}}I_{gq+}^{+} \\ -\dfrac{U_{gd7}^{7+}}{U_{gd+}^{+}}I_{gd+}^{+} + \dfrac{U_{gq7}^{7+}}{U_{gd+}^{+}}I_{gq+}^{+} \\ \dfrac{U_{gq7}^{7+}}{U_{gd+}^{+}}I_{gd+}^{+} - \dfrac{U_{gd7}^{7+}}{U_{gd+}^{+}}I_{gq+}^{+} \\ -\dfrac{U_{gd5-}^{5-}}{U_{gd+}^{+}}I_{gd+}^{+} - \dfrac{U_{gq5-}^{5-}}{U_{gd+}^{+}}I_{gq+}^{+} \\ \dfrac{U_{gq5-}^{5-}}{U_{gd+}^{+}}I_{gd+}^{+} - \dfrac{U_{gd5-}^{5-}}{U_{gd+}^{+}}I_{gq+}^{+} \end{bmatrix} \quad (6\text{-}52)$$

需要说明的是由于并网变流器的有功功率与直流母线电压有直接关系，因此消除有功功率的波动与直流母线电压波动的抑制是等效的。图 6-9 给出了基于 PI+SOGI 的并网变流器控制框图。与双馈发电机相同，为使用 PI+SOGI 电流控制器实现对正、负序输出电流和谐波电流的统一调节，将三相电流折算到正转两相同步旋转坐标系中，并根据变流器的不同控制目标，计算相应的转子电流指令，转换到正转两相同步旋转坐标系中。其中直流量采用直流积分 PI 控制器，2 倍频及 6 倍频交流分量采用交流积分 SOGI 进行控制。

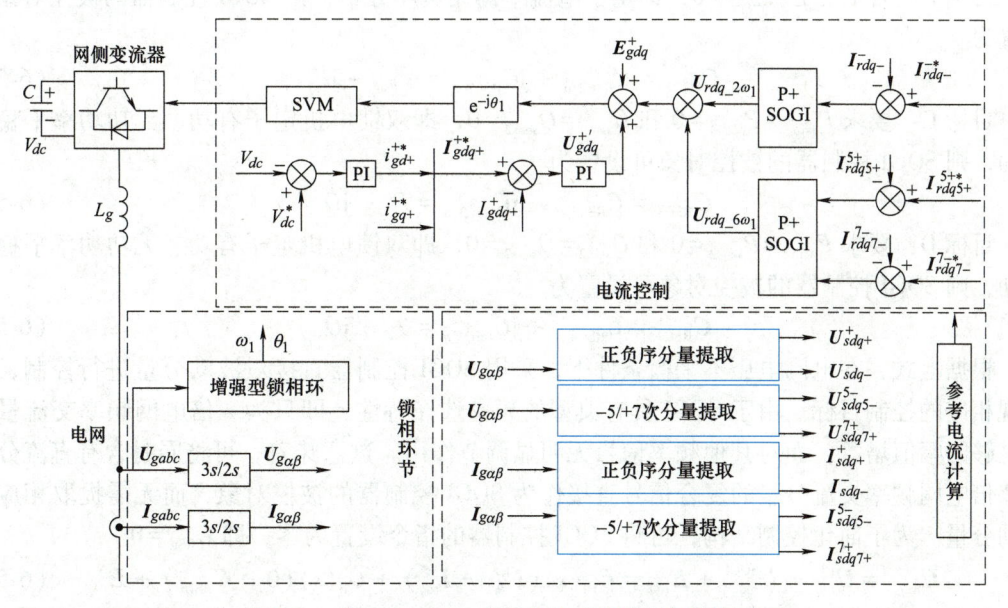

图 6-9 基于 PI+SOGI 的并网变流器控制结构框图

上文中对基于 PI+SOGI 的新能源发电控制技术进行了介绍，将图 6-8 和图 6-9 中的 P+

SOGI 更改为 P+SOVI 控制器即可将控制技术改造为基于 P+SOVI 的控制方法。同 6.2.1 小节中的理论分析一样，采用 P+SOVI 控制器与采用 P+SOGI 在应对电网不平衡和谐波时的稳态性能时是一致的，但前者具有更好的动态性能。

6.2.3 谐振控制拓展性应用

6.2.3.1 直接谐振控制技术

根据 6.2.2 节介绍，当电网电压出现不平衡或谐波现象时，机侧变流器和网侧变流器均可针对不同需求进行控制目标的灵活切换。为实现既定的控制目标，根据双馈电机及网侧变流器参数以及电网电压的正、负序分量计算得到相应的转子正负序、谐波电流指令及网侧变流器正负序、谐波电流指令，并采用 PI+SOGI 电流控制器实现对各个频率电流的集中统一调节。然而，由于转子及变流器正负序、谐波电流指令计算依赖电机参数，同时电压正、负序及谐波分量值的提取受电机参数的非线性、时变数字控制器系统的离散性等因素影响，准确提取电压正负序、谐波分量在实际运行中较为困难。

因此实际应用中，采用 SOGI 构造额外谐振闭环的直接谐振控制方法是 6.2.2 节中控制方法的一种重要改进方式。这种控制方案不依赖电机参数，对电机参数具有普适性，同时也无需提取电网电压的正、负序分量，可提高实际应用价值，并节省数字运算资源。实际使用中，直接将被控制目标作为交流控制器如 SOGI 的输入，而不采用电流指令计算的方式。以不平衡电压电网下的风电机组运行为例，对于机侧变流器有：

目标 A：要求 $i_{-rd-}=i_{-rq-}=0$，即转子电流正弦无负序分量，则 SOGI 控制器的被控对象可设置为

$$C_{\text{RSC1}} = C_{\text{RSC1}\_d} + jC_{\text{RSC1}\_q} = i_{rd}^+ + ji_{rq}^+ \tag{6-53}$$

目标 B：要求 $i_{-sd-}=i_{-sq-}=0$，即定子电流平衡无负序分量，则 SOGI 控制器的被控对象可设置为

$$C_{\text{RSC2}} = C_{\text{RSC2}\_d} + jC_{\text{RSC2}\_q} = -i_{sd}^+ - ji_{sq}^+ \tag{6-54}$$

目标 C：要求 $P_{ssin2}=P_{scos2}=0$ 和 $Q_{ssin2}=Q_{scos2}=0$，即双馈电机定子有功、无功功率平稳无脉动，则 SOGI 控制器的被控对象可设置为

$$C_{\text{RSC3}} = C_{\text{RSC3}\_d} + jC_{\text{RSC3}\_q} = P_s - jQ_s \tag{6-55}$$

目标 D：要求 $P_{ssin2}=P_{scos2}=0$ 和 $Q_{ssin2}=Q_{scos2}=0$，即双馈电机定子有功、无功功率平稳无脉动，则 SOGI 控制器的被控对象可设置为

$$C_{\text{RSC4}} = C_{\text{RSC4}\_d} + jC_{\text{RSC4}\_q} = T_e - jQ_s \tag{6-56}$$

根据上式，在电网电压不平衡条件下，采用 SOGI 控制器直接对波动分量进行控制，可实现相应的控制目标。由于 SOGI 具有典型的频率选择特性，即只为 2 倍电网频率交流量提供足够的幅值增益，而对其他频率信号无明显调节作用。这意味着，可将同时含有直流分量和 2 倍电网频率交流分量的复合信号直接作为 SOGI 控制器的被控对象，而无需提取相应的波动分量。为了简化控制结构，可将 SOGI 控制器的指令设置为零，即 $C_{\text{RSC}}^* = 0$。

$$U_{rdq}^{+*} = U_{rdq}^{\text{PI}} + U_{rdq}^{\text{SOGI}} + E_{rdq}^+ = G_{\text{PI}}(s)(I_{rdq}^{+*} - I_{rdq}^+) + G_R(s)(0 - C_{\text{RSC}x}) + E_{rdq}^+ \tag{6-57}$$

因此，可设计在电网电压不平衡条件下机侧变流器 PI+SOGI 直接谐振控制系统，如图 6-10 所示。为使 PI+SOGI 直接谐振控制系统实现既定的控制目标，需将三相定、转子电流折算到正转两相同步旋转坐标系中，并结合相应控制目标，修改 SOGI 控制器的被控对象，即获取所需的转

子励磁电压。由于 PI+SOGI 直接谐振控制策略是在原有 PI 控制器基础上构造额外 SOGI 控制闭环环节，其比例系数、积分系数仍可保持不变，谐振控制器只对所选被控对象有调节能力，从而确保整个机侧变流器控制效果，并便于既有系统的软件升级。

同样地，对于网侧变流器，亦可将 6.2.2 节中的 P+SOGI 控制方式改为直接谐振控制方案，这里不再赘述。

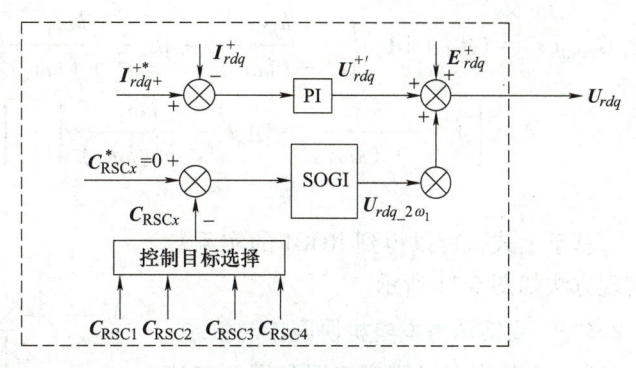

图 6-10 机侧变流器直接谐振控制技术

6.2.3.2 降阶谐振控制技术

由于机侧变流器输出电压（转子电压）表示为 PI 控制器输出、交流控制器输出、解耦项输出的叠加，即

$$U_{rdq} = U_{rdq}^{PI} + U_{rdq}^{R} + U_{rdq}^{+} \tag{6-58}$$

$$U_{rdq}^{R} = U_R \cos(2\omega_1 t + \varphi_0) = 0.5 U_R e^{j(2\omega_1 t + \varphi_0)} + 0.5 U_R e^{-j(2\omega_1 t + \varphi_0)} \tag{6-59}$$

式中　U_R——交流控制器输出的分量幅值。由欧拉公式可知，任意频率余弦信号可分解为两个反向旋转矢量和的形式，由于二阶广义积分器（SOGI）对正、反向旋转的 100Hz 交流信号均具有同样的调节能力，故在正转两相旋转坐标系中，其输出信号既包含正转 100Hz 分量，同样也包含反转 100Hz 分量，即

那么将转子电压指令进行坐标变换，可得两相静止坐标系中转子电压指令为

$$U_{r\alpha\beta}^{s*} = U_{rdq}^{PI} e^{j\omega_1 t} + (0.5 U_R e^{j\varphi_0}) e^{j3\omega_1 t} + (0.5 U_R e^{j\varphi_0}) e^{-j\omega_1 t} + E_{rdq}^{+} e^{j\omega_1 t} \tag{6-60}$$

可见，采用基于 SOGI 形式的谐振器在两相静止坐标系中会产生正序 3 次谐波分量和负序基频分量。然而，由于正序 3 次谐波分量的存在，将会导致定子电流中含有 3 次谐波分量，导致双馈电机输出电流存在明显畸变。

但是当采用基于降阶广义积分器形式的谐振器时，由于其输出量在正转两相旋转坐标系中只含有反转 100Hz 交流信号，并可表示为

$$U_{rdq}^{R} = U_R \cos(2\omega_1 t + \varphi_0) = 0.5 U_R e^{-j(2\omega_1 t + \varphi_0)} \tag{6-61}$$

变换至静止坐标系后，转子电压指令可表示为

$$U_{r\alpha\beta}^{s*} = U_{rdq}^{PI} e^{j\omega_1 t} + (0.5 U_R e^{j\varphi_0}) e^{-j\omega_1 t} + E_{rdq}^{+} e^{j\omega_1 t} \tag{6-62}$$

上式说明采用基于降阶广义积分器形式的转子电压指令仅含有正序基频分量和负序基频分量，而不含有正序 3 次谐波分量，故而可在降低转矩脉动的同时有效抑制定子电流的谐波畸变。

因此实际应用中，针对电网电压不平衡问题，可采用降阶谐振控制器代替 SOGI 的方式进行控制优化，该技术称之为降阶谐振技术。但是需要说明的是，降阶谐振技术由于存在复系数，在实际应用时需要实系数化。

$$G_{ROGI}(s) = \frac{k_r}{s - jk\omega_1} = \frac{k_r(s + jk\omega_1)}{(s - jk\omega_1)(s + jk\omega_1)} = \frac{k_r s}{s^2 + (k\omega_1)^2} + k_r \frac{k\omega_1}{s^2 + (k\omega_1)^2} j \tag{6-63}$$

经过控制器分母实数化以后可以看到，降阶谐振器被分解为两个 SOGI 控制器，其中复系数 SOGI 可以通过交叉反馈解耦的方式实现。假设被控量为 $\Lambda_{dq} = \Lambda_d + j\Lambda_q$，那么经过 ROGI 控制后的输出可以写为

$$\boldsymbol{\Lambda}_{dq}G_{\mathrm{ROGI}}(s) = (\boldsymbol{\Lambda}_d + \mathrm{j}\boldsymbol{\Lambda}_q)\left(\frac{k_r s}{s^2 + (k\omega_1)^2} + \mathrm{j}k_r \frac{k\omega_1}{s^2 + (k\omega_1)^2}\right)$$

$$= \left[\boldsymbol{\Lambda}_d \frac{k_r s}{s^2 + (k\omega_1)^2} - \boldsymbol{\Lambda}_q k_r \frac{k\omega_1}{s^2 + (k\omega_1)^2}\right] + \mathrm{j}\left[\boldsymbol{\Lambda}_d k_r \frac{k\omega_1}{s^2 + (k\omega_1)^2} + \boldsymbol{\Lambda}_q \frac{k_r s}{s^2 + (k\omega_1)^2}\right]$$

(6-64)

基于上式，可以得到 ROGI 的实系数实现方法如图 6-11 所示。

6.2.3.3 双馈风力发电机协同控制技术

6.2.2 节中对机侧变流器和网侧变流器进行了多目标控制的介绍，每个变流器独立运行时，其中的各个控制目标之间相互独立、无法同时兼顾。即当保持变流器输出正弦波时，输出功率波动和发电机转矩脉动必然存在。在实际运行中，对于双馈风电机组考虑到其具有双变流器并联并网的接入方式，因此可以灵活地选择 RSC 和 GSC 的控制目标，实现多目标协同控制方式。本节中将介绍一种常用的多目标机网侧协同控制方法：机侧变流器通过电机转矩抑制，实现发电机自身优化，此时发电机侧输出非正弦电流及功率波动，在这种情况下，网侧变流器则补偿机侧变流器的畸变电流或功率波动。如此一来，协同控制可以有效地兼顾发电机自身的运行性能，并灵活选择并网风电机组的整体电能质量或输出功率的优化。

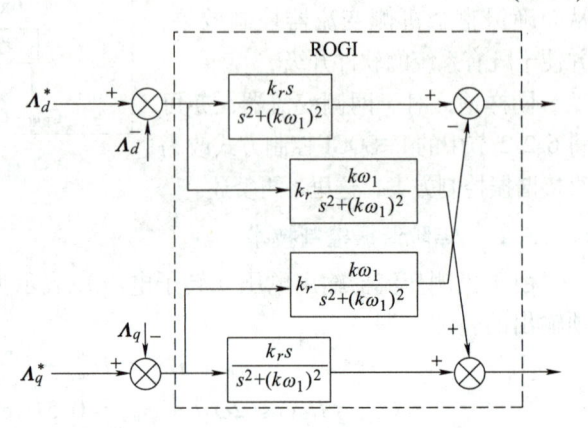

图 6-11 机侧变流器直接谐振控制技术

这种情况下，机侧变流器的控制目标如下：

目标：确保双馈风力发电机转矩平稳，即

$$C_{\mathrm{RSC}} = T_e \tag{6-65}$$

网侧变流器的控制目标为：

目标 i：确保双馈风力发电机（含有机侧和网侧变流器）总输出电流正弦平衡。

要求 $i_{-td-} = i_{-tq-} = 0$，即双馈风电系统总输出电流正弦无负序分量，则交流控制器的被控对象可设置为

$$C_{\mathrm{GSC1}} = -i_{td}^+ - \mathrm{j}i_{tq}^+ \tag{6-66}$$

目标 ii：确保双馈风力发电机（含机侧和网侧变流器）总输出有功功率恒定。

要求 $P_{t\sin2} = P_{t\cos2} = 0$，要求双馈风电系统输出的有功功率平稳无脉动，则 ROGI 控制器的被控对象可设置为

$$C_{\mathrm{GSC2}} = P_t \tag{6-67}$$

目标 iii：确保双馈风力发电机（含机侧和网侧变流器）总输出无功功率恒定。

要求 $Q_{t\sin2} = Q_{t\cos2} = 0$，要求双馈风电系统输出的无功功率平稳无脉动，则 ROGI 控制器的被控对象可设置为

$$C_{\mathrm{GSC3}} = \mathrm{j}Q_t \tag{6-68}$$

为了更直观地表示本节所述的改进控制方案，图 6-12 融合本节中的直接谐振技术、降

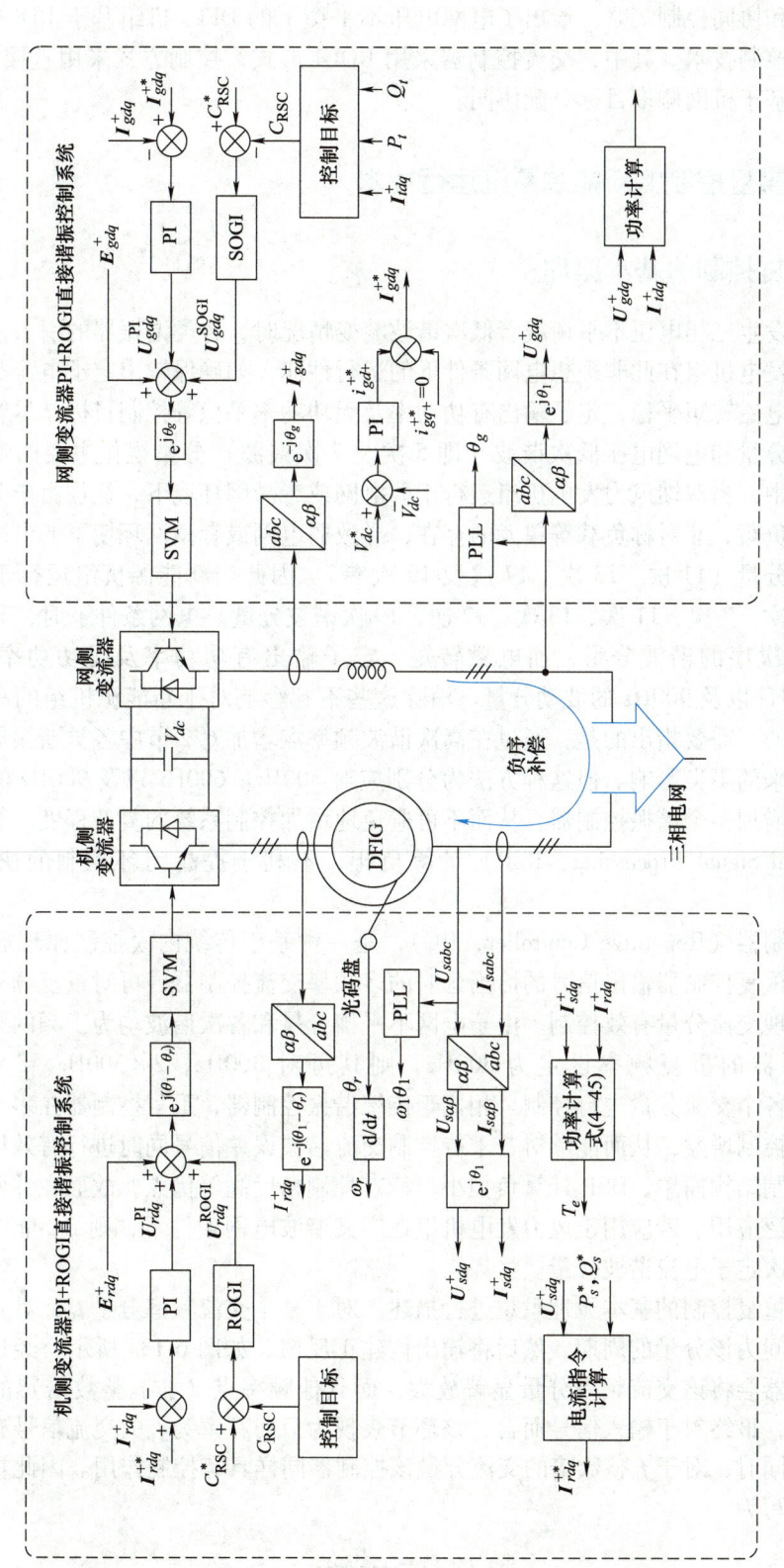

图 6-12 电网电压不平衡下的 DFIG 机组基于 ROGI 直接谐振的多目标协同控制技术

阶谐振方法和协同控制策略，给出了电网电压不平衡下的 DFIG 机组基于 ROGI 直接谐振的多目标协同控制技术。其中，交流控制器采用 ROGI 形式，控制方式采用直接谐振控制环，控制策略则基于机网侧多目标分配协同。

6.3 基于重复控制的新能源系统运行技术

6.3.1 重复控制的基本原理

在电网发生三相电压不平衡或者低次谐波畸变情况时，各类谐振器的引入使用将大大改善双馈风力发电机组在此非理想电网条件下的运行性能，如确保输出定子电流三相对称且为正弦波形，电磁转矩平稳，定子输出有功功率及无功功率平稳等控制目标。尽管前文将电网电压不平衡分量和电网电压低次谐波（即 5 次及 7 次谐波）分量视作主要的畸变分量，但是现实情况中，当双馈风力发电机组运行于弱电网或者微网环境下，往往由于分布式发电单元、非线性负载、非对称负载等单元的存在，导致弱电网或者微网环境下的电网电压包含高次谐波畸变分量（11 次、13 次、17 次及 19 次等）。因此当新能源机组运行于广义谐波畸变（包含 5 次、7 次、11 次、13 次、17 次、19 次谐波分量）电网条件下时，其定子电流中将包含相同次序的谐波分量，而电磁转矩、定子输出有功功率及无功功率中将均出现 300Hz、600Hz 以及 900Hz 的波动分量。消除这些不利影响对于新能源机组的高效运行也是有显著意义的。需要指出的是，通过在高次谐波频率点增加 6.2 节中各类谐振器亦可以消除高次谐波带来的不良影响。但这种方法为分别应对 300Hz、600Hz 以及 900Hz 的电气波动分量，不得不增加多个谐振控制器，从而不可避免地增加控制系统的复杂程度，加剧数字信号处理（Digital Signal Processing，DSP）计算负担，不利于提高闭环控制的快速动态响应能力。

重复控制器（Repetitive Controller，RC），是一种基于传统内模控制原理通过对输入误差信号以及重复控制器输出信号的恰当延时的多频率交流控制器，可对重复频率整数倍的多个频率点实现交流分量有效控制。由于电网不平衡分量和各次谐波均为工频的整数倍，例如将重复控制器的重复频率设定为 300Hz，则其可对 300Hz，2×300Hz，3×300Hz，…，$n \times 300$Hz 的各个交流分量进行控制。相比于传统谐振控制器，重复控制器在多个谐振频率处均具有较大控制增益，从而能够对若干待控制交流谐波误差信号同时进行有效调节。这种控制器具有控制结构简单、DSP 计算负担小、稳态控制精度高等优点，故而在并网逆变器等场合中得以广泛应用。若应用于风力发电机组在广义谐波电网条件下，则 RC 能够同时有效抑制低次及高次定子电流谐波分量。

下面对重复控制的基本原理思想进行描述。对于某个交流频率分量 f_0，对其进行延时处理，延时时间为该分量的周期，然后将输出构建正反馈，如图 6-13a 所示。经过正反馈控制后，该控制器会将该交流频率分量显著放大，而其他频率点（非 f_0 整数倍）的分量比例就会相应减小，最终对于输入信号而言，该环节表现为只对频率为 f_0 的交流信号有增益的控制作用。与此同时，对于 f_0 整数倍的交流分量该控制器同样具有控制作用。因此重复控制器的表达式可以写为

$$G(s) = \frac{e^{-sT}}{1 - e^{-sT}} \tag{6-69}$$

式中　　T——外部信号的周期。

重复控制框图在离散域的框图如图 6-13b 所示。

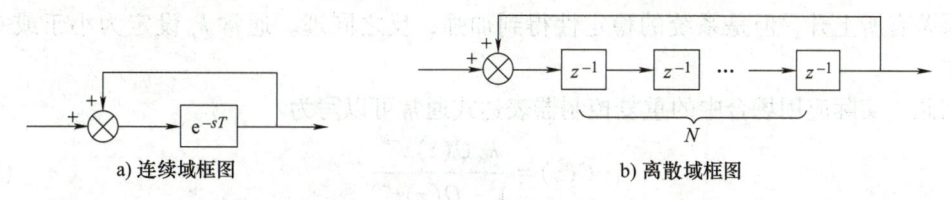

a) 连续域框图

b) 离散域框图

图 6-13　重复控制框图

在实际应用场合中，由于延时环节 e^{-sT} 难以用模拟电路实现，因此重复控制通常通过离散域下的数字控制实现，其离散域的控制表达式可以写为

$$G(z) = \frac{z^{-N}}{1 - z^{-N}} \quad (6\text{-}70)$$

式中，$N = f_s/f_0$；

其中　　f_s——控制系统采样频率；

　　　　f_0——待控制谐波信号的基础频率。

进一步地，这里将式（6-69）根据自然对数展开，可得

$$G_{rcs}(s) = k_{rc}G(s) = -\frac{k_{rc}}{2} + \frac{k_{rc}}{T}\frac{1}{s} + \frac{2k_{rc}}{T}\sum_{n=1}^{\infty}\frac{s}{s^2 + \omega_n^2} \quad (6\text{-}71)$$

其中，k_{rc} 为控制器增益，式（6-69）表明重复控制器中包含了一系列的谐振器之和，以及一个非正常的 PI 部分，亦即比例部分 $-k_{rc}/2$，以及积分部分 $k_{rc}/(Ts)$，然而此非正常的 PI 部分包含了符号相反的比例与积分部分，且比例系数与积分系数无法独立调节。故：

1) 重复控制包含多个无穷多个谐振控制器，谐振频率点为整数倍 f_0，因此其可对多个交流频率分量进行控制。

2) 重复控制包含一个无法灵活调节的 PI 控制，它会对直流分量控制产生影响，但由于其 PI 控制参数自身不独立，且与谐振器参数不独立，因此其不适合参与直流分量的误差调节。

为了使得重复控制器在实际应用环境中达到理想的周期性交流信号调节能力，通常对需要在其理想表达式式（6-70）进行进一步的改进。

1. 低通滤波器或者小于 1.0 的常数环节

重复控制器理论上会在谐振频率点产生无穷大的增益，控制器极点分布在虚轴上，这就导致尽管控制器理论上具有极强的控制能力，但实际上控制系统处在临界稳定状态，稳定性很差。当被控对象的器件参数变化或进行工况调节时，整个控制系统极容易不稳定。因此，为了改善实际应用环境下的重复控制器的工作稳定性，需要引入一个可以是低通滤波器环节或者是小于 1.0 的常数环节。如果选取为小于 1 的常数，则重复控制器的幅值会在全控制频率范围内均衰减；如果选取为低通滤波器，则信号的低频分量会衰减得较慢，而高频分量会衰减得较快。相比于理想表达式，这一环节的引入虽然会对重复控制器的调节能力造成一定的影响，但是最重要的是能够确保其稳定可靠工作，故而引入低通滤波器环节或者小于 1.0 的常数环节是十分有必要的。

2. 重复控制器增益系数

增益系数 k_{rc} 用来调节重复控制的补偿强度。当 k_{rc} 较小时，误差信号的收敛速度较慢，稳态误差有所上升，但是系统的稳定性得到加强；反之同理。通常 k_{rc} 设定为小于或等于1的常数。

因此，实际应用场合中的重复控制器表达式通常可以写为

$$G(z) = \frac{k_{rc}Q(z)z^{-N}}{1-Q(z)z^{-N}} \quad (6-72)$$

式中　k_{rc}——重复控制调节器本身的增益系数；

$Q(z)$——加入的低通滤波器或者小于 1.0 的常数，以确保重复控制器能够稳定工作；

N——用于调节重复控制器的控制频率，$N=f_s/f_0$。

这里需要说明的是，$Q(z)$ 的引入还可以解决采样频率 f_s 与控制频率 f_0 的比值为非整数的问题。亦即 $N=f_s/f_0$ 为非整数，从而导致传统重复控制器无法直接进行离散化，此时需要将 $Q(z)$ 进行如下设计：

$$Q(z) = (1-D) + Dz^{-1} \quad (6-73)$$

其中，D 为 N 的分数部分，以开关频率为 10kHz、重复频率 300Hz 为例，$N=10000/300=100/3$，故而 $Q(z)=2/3+z^{-1}/3$。此时采用式 (6-73) 的 $Q(z)$ 表达式不仅能够解决采样频率 f_s 与控制频率 f_0 的比值为非整数的问题，同时也由于其类似于低通滤波器的特性从而有利于改善重复控制器的稳定性。那么应用于采样频率为 10kHz 及控制频率为 300Hz 的重复控制器可表示为

$$G(z) = \frac{k_{rc}\left(\frac{2}{3}+\frac{1}{3}z^{-1}\right)z^{-33}}{1-\left(\frac{2}{3}+\frac{1}{3}z^{-1}\right)z^{-33}} \quad (6-74)$$

根据重复控制器伯德图可以看出：重复控制器在重复控制频率点上具有较高增益，因此可同时实现 300Hz、600Hz 以及 900Hz 等高次谐波分量的控制。

6.3.2　重复控制器改进设计

根据图 6-14，同时可以看出传统的重复控制器还具有如下缺点：

1）在各个控制频率处的控制带宽不足，从而干扰导致其对于电网频率偏移的鲁棒性较差。例如，当频率偏移（300±1.2）Hz 时，幅值响应由 47dB 下降至 30.9dB；当频率偏移（600±2.4）Hz 时，幅值响应由 35dB 下降至 24.5dB；当频率偏移（900±3.6）Hz 时，幅值响应由 28dB 下降至 20.3dB，如此较大的由于电网频率偏移所造成的幅值响应下降将导致重复控制器对交流信号调节能力的下降，不利于控制闭环稳态精度。

2）随着控制频率的增加，其幅值增益有较为明显的下降，从而导致对较高频率的周期性交流信号调节能力不足，如传统重复控制器的幅值响应分别为：在 300Hz 处 47dB；在 600Hz 处 35dB；在 900Hz 处 28dB，由此可知当 300Hz 处交流误差信号得以很好抑制时，900Hz 处交流误差信号则由于其较小的幅值增益而存在较大的控制误差，同样不利于控制闭环稳态精度。

因此为了有效地改善重复控制的不足，提升其运行控制的性能。应用于新能源机组时，

重复控制器需要进行控制带宽、幅值补偿两方面的改进。

首先对控制带宽的扩展。由6.3.1节描述可知,当发生电网频率偏移时,传统重复控制器在其控制频率附近处将有较大的幅值响应衰减,究其原因是由于在各个控制频率处的带宽较窄,因此为了增强重复控制器对电网频率偏移的鲁棒性,需要在传统重复控制器的基础上引入带宽参数,并合理设定参数值,以确保在电网频率偏移时具有良好的稳态控制精度。

传统重复控制器中包含了非正常PI部分以及一系列的谐振器之和,因此可以将其中的非正常PI部分移除,从而提取出谐振器部分表达式如下:

$$RESO = \frac{T_0}{2k_{rc}}\left(G_{rcs}(s) + \frac{k_{rc}}{2} - \frac{k_{rc}}{T_0}\frac{1}{s}\right)$$

$$= \sum_{n=1}^{\infty} \frac{s}{s^2 + \omega_n^2} \quad (6\text{-}75)$$

从式(6-75)可以看出其中包含了一系列的谐振器之和,而各个谐振器自身可以相互独立地工作,在各个控制频率处具有足够大的幅值增益,而在非控制频率带宽处则小于0dB。因此,对于其中每一个独立的谐振器可以分别引入谐振带宽参数 ω_c,如下式所示:

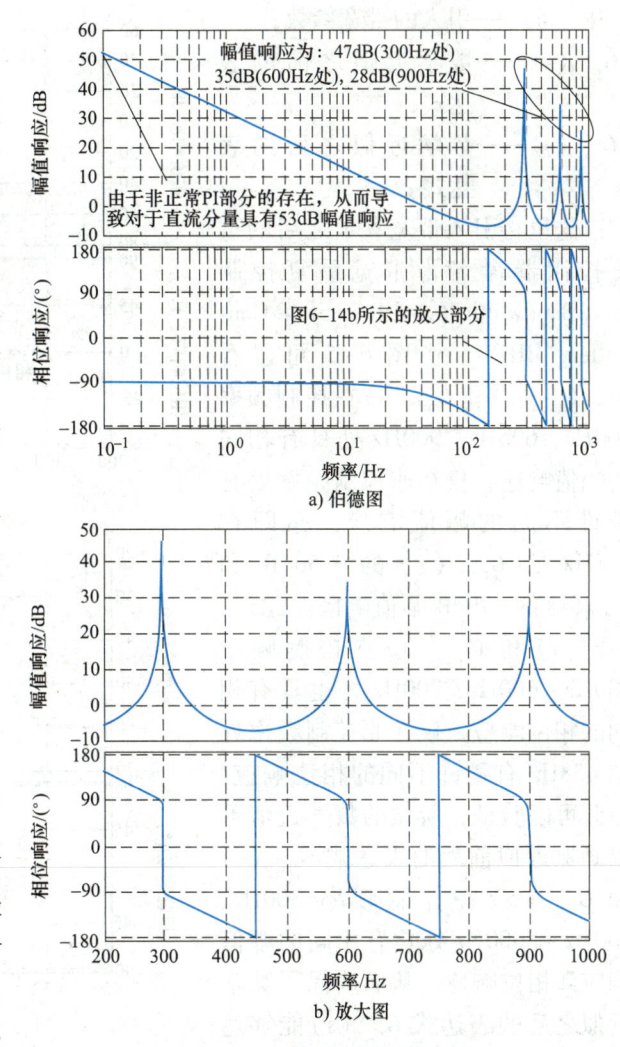

图6-14 重复控制器伯德图
($k_{rc}=0.9$, $Q(z) = 2/3+z^{-1}/3$, $N=33$)

$$\frac{s}{s^2 + \omega_c s + \omega_n^2} = \frac{1}{\dfrac{1}{\dfrac{s}{s^2 + \omega_n^2}} + \omega_c} \quad (6\text{-}76)$$

进而可以进一步推导为

$$\sum_{n=1}^{\infty} \frac{s}{s^2 + \omega_c s + \omega_n^2} = \sum_{n=1}^{\infty} \underbrace{\frac{1}{\dfrac{1}{\dfrac{s}{s^2 + \omega_n^2}} + \omega_c}}_{G_{rcs\_a}(s)} \approx \underbrace{\frac{1}{\dfrac{1}{\sum_{n=1}^{\infty}\dfrac{s}{s^2 + \omega_n^2}} + \omega_c}}_{G_{rcs\_b}(s)} = \frac{1}{\dfrac{1}{RESO} + \omega_c} = \frac{1}{\dfrac{2k_{rc}}{T_0}\dfrac{1}{G_{rcs}(s) + \dfrac{k_{rc}}{2} - \dfrac{k_{rc}}{T_0}\dfrac{1}{s}} + \omega_c}$$

$$(6\text{-}77)$$

式中 ω_c——引入的带宽参数；

$G_{rcs\_a}(s)$——数学近似之前的表达式；

$G_{rcs\_b}(s)$——数学近似之后的表达式。

这里将引入带宽参数之后的重复控制器命名为带宽重复控制器（Bandwidth-Based Repetitive Controller，BRC）。由图6-15可以看出，$G_{rcs\_a}(s)$和$G_{rcs\_b}(s)$在控制频率300Hz、600Hz、900Hz处具有相同的幅值响应，仅在非控制频率处有稍许不同的幅值响应，亦即在458Hz处$G_{rcs\_a}(s)$的-50dB和$G_{rcs\_b}(s)$的-70dB幅值响应。此外，$G_{rcs\_a}(s)$和$G_{rcs\_b}(s)$在控制频率300Hz、600Hz、900Hz处也具有相同的相位响应，仅在非控制频率处如458Hz有稍许不同的相位响应。由此可以验证，所做的数学近似可以确保近似前后的表达式$G_{rcs\_a}(s)$和$G_{rcs\_b}(s)$在控制频率300Hz、600Hz和900Hz处具有相同的幅值响应和相位响应，从而确保了数学近似之后的表达式$G_{rcs\_b}(s)$能够达到优异的交流信号调节能力。

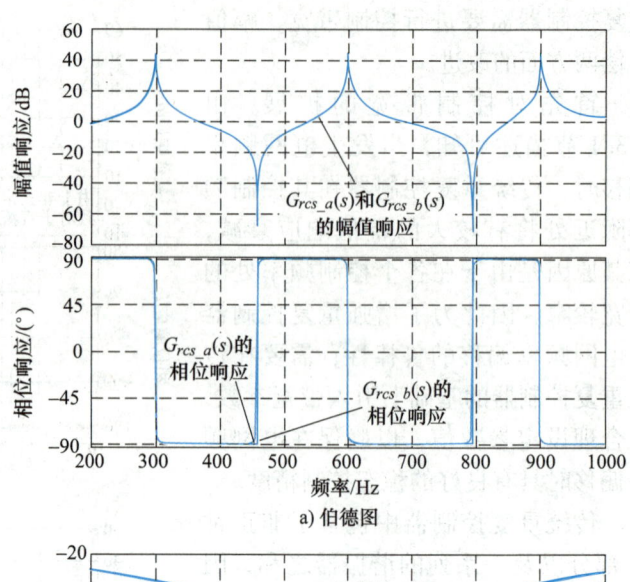

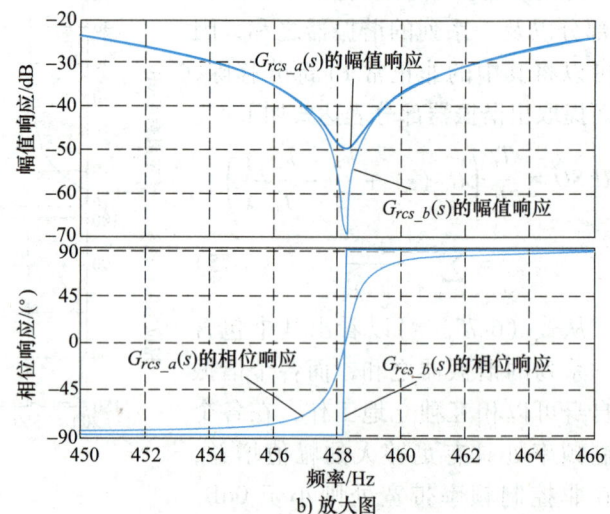

图6-15 $G_{rcs\_a}(s)$、$G_{rcs\_b}(s)$的伯德图
（$k_{rc}=0.9$，$Q(z)=2/3+z^{-1}/3$，$N=33$，$\omega_c=10\text{rad/s}$）

因此引入带宽补偿后的重复控制器可以表示为

$$G_{brcs}(s) = \cfrac{k_{brc}}{\cfrac{1}{RESO}+\omega_c} = \cfrac{k_{brc}}{\cfrac{2}{T_0}\cfrac{1}{\cfrac{e^{-sT_0}}{1-e^{-sT_0}}+\cfrac{1}{2}-\cfrac{1}{T_0 s}}+\omega_c} \qquad (6\text{-}78)$$

式中 k_{brc}——BRC调节器的增益系数。

进一步地，离散域的BRC表达式可以写为

$$G_{brcz}(z) = \cfrac{k_{brc}}{\cfrac{2}{T_0}\cfrac{1}{\cfrac{Q(z)z^{-N}}{1-Q(z)z^{-N}}+\cfrac{1}{2}-\cfrac{T_s}{T_0}\cfrac{z}{z-1}}+\omega_c} \qquad (6\text{-}79)$$

其中非正常PI部分被移除，同时也引入了带宽参数，然而如此的数学改进使得$G_{brc}(z)$

的表达式相比传统 RC 调节器的表达式更为复杂。考虑到重复控制器输入误差信号中的直流分量可以采用高通滤波器滤除，因此保留非正常 PI 部分并不会对重复控制器的有效调节造成负面影响。因此，保留非正常 PI 部分的离散域中的引入带宽参数的重复控制器 BRC 可表达为

$$G_{brczPI}(z) = \cfrac{k_{brc}}{\cfrac{2}{T_0} \cfrac{1}{\cfrac{Q(z)z^{-N}}{1-Q(z)z^{-N}}} + \omega_c} = \cfrac{k_{brc} T_0 Q(z) z^{-N}}{2(1-Q(z)z^{-N}) + \omega_c T_0 Q(z) z^{-N}} \quad (6\text{-}80)$$

由于传统重复控制器的幅值响应将随着控制频率的增加而下降，因此为了对高频处的幅值增益响应进行有效补偿，所设计的幅值响应补偿环节的表达式如下：

$$C_{compRC}(s) = \frac{s^2}{(600\pi)^2} \quad (6\text{-}81)$$

需要说明的是，分子中包含了 s^2 项，从而体现出所提幅值增益补偿模块中的幅值增益响应与控制频率的平方值相关，而分母中的 $(600\pi)^2$ 则用于确保在 300Hz 控制频率处其幅值响应为 0dB，也即是对 300Hz 处的幅值增益保持不变。

由图 6-15 可知，所提幅值增益补偿模块如式（6-81）所示能够在 600Hz 处增加幅值响应 12.1dB，在 900Hz 处增加幅值响应 19.1dB。同理，由传统重复控制器所造成的在 1200Hz 处的 -24.4dB 以及 1500Hz 处的 -28.6dB 幅值响应下降将能够被所提幅值增益补偿模块在 1200Hz 处的 24.1dB 及 1500Hz 处的 28.0dB 较为准确地进行有效补偿。

与此同时，控制对象 DFIG 本身也将引入幅值增益下降，且此幅值增益下降是由发电机传递函数中的分母部分造成的，因此，针对由控制对象 DFIG 传递函数所造成的幅值响应下降而进行有效补偿的环节可设计如下：

$$C_{compDFIG}(s) = \frac{R_r + s\sigma L_r}{600\pi \sigma L_r} \approx \frac{s}{600\pi} \quad (6\text{-}82)$$

需要说明的是，上式的分母部分 $600\pi\sigma L_r$ 用于确保上述补偿模块在 300Hz 的幅值响应为 0dB，且由于待考虑的最低次谐波分量为 300Hz，其中 $600\pi\sigma L_r \geqslant R_r$，故略去 R_r。因此，为了有效补偿由传统重复控制器本身特性以及控制对象 DFIG 自身特性所导致的幅值增益下降，幅值补偿环节可以设计为

$$C_{comp}(s) = C_{compRC}(s) C_{compDFIG}(s) = \frac{s^3}{(600\pi)^3} \quad (6\text{-}83)$$

因此，改进设计后的重复控制器即在 BRC 的基础上串联幅值补偿环节。

6.3.3 基于重复控制的新能源系统

为了实现在广义谐波电网条件下 DFIG 运行性能的改善，本节所讨论的控制策略引入了基于改进重复控制器的定子电流闭环控制从而实现正弦定子电流，而转子电流采用 PI 控制器闭环调节以实现基本的 DFIG 输出有功功率及无功功率控制。

由图 6-16 可知，由于电网电压中存在多次谐波分量，因此定子电压及定转子电流中将均包含多次谐波分量。首先，对 A/D 采样得到的三相定子电压进行坐标旋转至正转同步旋转坐标系下，并将其作为增强型锁相环（Enhanced Phase Locked Loop，EPLL）的输入信号，

用以得到电网电压正序分量的角速度 ω_1 及角度 θ_1。与 DFIG 转子转轴同轴安装的编码器能够输出转子位置信息，进而计算得到转子位置角 θ_r 以及转子电角速度 ω_r。

对三相转子电流进行采样并坐标旋转至正转同步旋转坐标系下得到 I_{rdq}^+，基于 DFIG 输出有功功率及无功功率参考值，可以计算得到转子电流基频分量参考值 I_{rdq}^{+*}。通过将 A/D 采样得到的转子电流反馈值 I_{rdq}^+ 与转子电流参考值 I_{rdq}^{+*} 做差可以得到转子电流控制误差，将此误差通过比例积分控制器的有效调节，

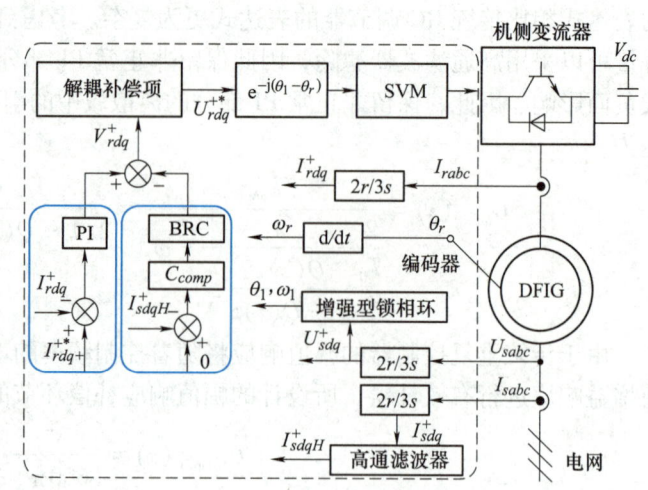

图 6-16 广义谐波电网条件下的基于 RC 调节器的 DFIG 定子电流闭环控制框图

可以确保 DFIG 输出稳定的有功功率及无功功率直流分量。需要说明的是，虽然转子电流误差信号中包含了直流分量和若干次谐波交流分量，然而由于 PI 控制器仅能够对直流误差分量进行有效调节，而对若干次谐波交流分量则自动忽略，因此转子电流 PI 闭环控制无法实现 DFIG 输出定子电流正弦波。

为了达成定子电流正弦波的控制目标，需要对三相定子电流进行采样并将坐标旋转至正转同步旋转坐标系下得到 I_{sdq}^+，并通过高通滤波器滤除其中的直流分量，仅保留定子电流谐波分量 I_{sdqH}^+，且令定子电流控制的参考值为 0。将此控制误差作为重复控制器的输入信号，经过重复控制器的有效调节，最终确保 DFIG 输出定子电流正弦。

上述 PI 控制器和重复控制器的输出相加之后得到控制电压 V_{rdq}^+，与解耦补偿项 E_{rdq}^+ 相加之后得到转子控制电压 U_{rdq}^+。将得到的转子控制电压 U_{rdq}^+ 旋转至转子静止坐标系下并采用空间矢量脉冲宽度调制技术（Space Vector Pulse Width Modulation，SVPWM）将最终得到 6 个 IGBT 开关管的开通/关断信号，从而实现对转子侧变流器的有效控制。

其中矢量控制的解耦补偿项 E_{rdq}^+ 可表达为

$$E_{rdq}^+ = (R_r I_{rdq}^+ + j\omega_1 \sigma L_r I_{rdq}^+) + L_m(U_{sdq}^+ - R_s I_{sdq}^+ - j\omega_r \psi_{sdq}^+)/L_s \tag{6-84}$$

式中 σ ——漏磁系数，且 $\sigma = 1 - L_m^2/L_s L_r$。

上述即为基于重复控制器的新能源系统在广义畸变电网下的控制技术。

6.4 本章小结

单相接地、两相接地故障以及电气化铁路单相供电等因素，会导致电网末端出现电压不平衡，在电网电压不平衡条件下，由于在两相同步旋转坐标系中电网电压呈现为同时含有直流分量形式的正序基频分量以及 2 倍电网频率交流分量形式的负序基频分量的复合形态，并会对双馈风力发电机产生电流畸变、功率振荡、转矩脉动等负面效应。因此，有必要对处于电网电压不平衡条件下双馈风力发电机交流励磁技术进行重点研究与综合提升。同时由于电

网中包含的电力电子电源及非线性负荷，电网谐波也可能广泛存在于电力系统中。此时新能源并网系统会收到特征次谐波电压的影响，进而导致输出电流中存在畸变，电机转矩中存在脉动。同样地，提升新能源系统对谐波电网的适应能力也是提升新能源系统运行性能的关键。

谐振控制器由于其在指定频率处具有足够的幅值增益，而在其他频段幅值增益衰减很快，这种显著的交流信号调节能力使谐振控制器特别适用于抑制具有典型振荡频率的波动分量，而在双馈风力发电机变流技术中得到了广泛的关注与应用。本章中从直流信号的控制原理出发推导了谐振控制与直流 PI 控制的内在联系，分析了谐振控制的"广义积分特性"，并进一步地分析了不同类型谐振器的特点和应用场合。以二阶广义积分器的应用为例深入地介绍了基于谐振控制器的新能源系统运行技术，并对谐振控制器的应用进行了拓展性介绍，包括直接谐振技术、降阶谐振技术、多目标协同分配策略，阐明了新能源系统在谐波不平衡电网下的运行需求和灵活运行的控制逻辑。

进一步地，为了解决包含高次谐波的广义畸变电网下的新能源系统运行控制，本章介绍了重复控制的基本思想以及其理想表达式，然后给出了传统重复控制器，并通过理论分析指出了传统重复控制器的不足：在各个有效控制频率处的幅值增益带宽较小，从而导致其对电网频率偏移的鲁棒性较弱，一旦发生电网频率偏移等情况将导致其对于交流信号的稳态调节能力大为下降。为了解决上述不足，改善了传统重复控制器的交流信号稳态调节能力，介绍了基于带宽调节的重复控制原理：在传统重复控制器表达式的基础上，引入带宽参数，扩大重复控制器在各个控制频率处的幅值增益带宽，从而确保当电网频率偏移发生时，其幅值增益不会出现显著下降，从而有效提升其对电网频率偏移的鲁棒性，最后对重复控制的实现方式进行了介绍。

思 考 题

1. 分析双馈风电系统接入不平衡、谐波电网下输出功率中的主要分量组成及各主要分量的产生来源。
2. 电网中含有不平衡及 5 次、7 次谐波分量时，双馈电机转速 0.8pu，基频为 50Hz，转子电流的畸变分量频率在静止坐标系下和旋转坐标系下分别为多少。
3. 分析谐波及不平衡电网下，发电机畸变电流与功率波动不可同时消除的理论依据。
4. 画出 ROGI/ROVI/SOGI/SOVI 的伯德图示意图，其中幅值增益均为 1，控制频率均为 100Hz，控制带宽定性描述即可。
5. 推导降阶谐振控制器的实数化实现方法，画出降阶谐振控制器的控制框图。

第 7 章 新能源发电的故障穿越技术

7.1 新能源发电并网技术规范

区域电网内新能源的发电量占区域用电量的比例称为"渗透率（penetration）"，对于渗透率高于15%的电网通常被认为是高渗透率电网。以光伏、风电为主导的新能源发电技术带有强随机性和不确定性，随着电网渗透率的提高，将不可避免地降低电力系统的稳定性。此外，随着新能源发电装机容量的提升，新能源和电网的互相影响也会加深，当电网上的新能源机组大规模切除会导致电网的频率和电压难以维持稳定。因此，多个国家对新能源发电生产提出了新的要求，即电网电压在一定范围内波动时新能源机组必须保持与电网的连接。这意味新能源发电机组必须具备故障穿越能力。

电网故障包括电网频率故障和电网电压故障两大类别。其中电网电压故障根据故障后电压是否对称可划分为对称电压故障和不对称电压故障。电网中负序基波电压与正序基波电压之间的比例被称为不平衡度，对于不平衡度超过2%的故障通常被认为是不对称电压故障。对于不同类别的电网故障，各国规定了不同要求的新能源发电机组的故障穿越能力要求。以下将以风力发电为例介绍新能源发电的并网技术规范。

7.1.1 频率故障穿越要求

电力系统的频率变化是由电网的有功功率平衡决定的：当发电量大于负荷时电网频率会升高，当发电量小于负荷时电网频率会下降。因此，当电网频率高于额定频率时应当令新能源机组减发有功功率；当电网频率低于额定频率时应当令新能源机组增发有功功率。考虑到实际情况中大部分新能源发电机组均采用最大功率跟踪控制，难以在频率跌落时增发有功功率，在控制上仅要求新能源发电机组在电网频率过高时减少机组的有功功率输出。

各国并网导则和标准均要求风电机组能够在一定的频率波动范围内正常运行。图7-1所示为部分国家电网对风电机组的频率运行要求。我国的风电并网标准主要根据为《GB/T 19963.1—2021 风电场接入电力系统技术规定》，标准中认定48.5~50.5Hz为实际电网频率正常波动区间，在此变化范围内，要求风电机组维持正常工作状态；在实际电网频率处于48~48.5Hz、47.5~48Hz、47~47.5Hz 或 46.5~47Hz，分别要求风电机组维持30min、60s、20s 或5s 的持续运行；在实际电网频率低于46.5Hz时，风电场内风电机组的具体运行要求需根据其允许运行最低频率而定；在实际电网频率处于50.5~51Hz 或51~51.5Hz，分别要求风电机组维持3min 或30s 的持续运行；在实际电网频率高于51.5Hz 时，风电场内风电机组的具体运行要求需根据其允许运行最高频率而定。

7.1.2 电压故障穿越要求

电力系统的电压变化是由电网的无功功率平衡决定的：当系统中的无功功率过多时电网电压会升高，当系统中的无功功率不足时电网电压会降低。因此，当电网电压高于额定电压时应当令新能源机组吸收无功功率；当电网电压低于额定电压时应当令新能源机组增发无功功率。受到新能源系统运行特性和变流器容量的限制，电网故障期间很难同时满足有功、无功功率的输出要求。对此，澳大利亚、中国均要求优先输出无功电流，而西班牙、英国则要求先满足有功电流的要求。

各国并网导则和标准均要求风电机组能够在一定的电压波动范围内正常运行。根据故障后的电压幅值，又将电网电压故障详细划分为电压骤降故障和电压骤升故障。新能源发电机组在电压骤降下保持并网运行的能力称为低电压穿越能力，在电压骤升下保持并网运行的能力称为高电压穿越能力。表 7-1 给出了部分国家对风电机组低电压和高电压穿越技术的并网运行要求。

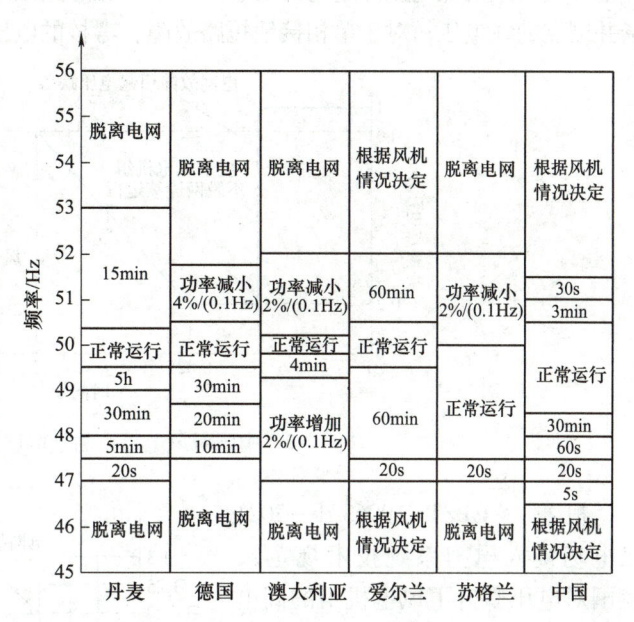

图 7-1 部分国家电网对风电机组的频率运行要求

表 7-1 部分国家对风电机组低电压和高电压穿越技术的并网运行要求

国家	电网电压骤降 剩余电压（pu）	电网电压骤降 并网运行时间/s	电网电压骤升 剩余电压（pu）	电网电压骤升 并网运行时间/s
丹麦	0.2	0.5	1.3	0.1
澳大利亚	0	0.1	1.3	0.06
德国	0	0.15	1.2	0.1
西班牙	0	0.15	1.3	0.25
加拿大	0	0.15	—	—
爱尔兰	0.15	0.625	—	—
新西兰	0	0.2	—	—
英国	0.15	0.14	—	—
美国	0.15	0.625	1.2	1
中国	0.2	0.625	1.3	0.5

根据《GB/T 19963.1—2021 风电场接入电力系统技术规定》，图 7-2 所示为我国对电压骤降下风电机组的低电压穿越能力要求。对于三相短路故障和两相短路故障，考核的电压是风电场并网点的线电压；对于单相接地短路故障，考核的电压是风电场并网点的相电压。

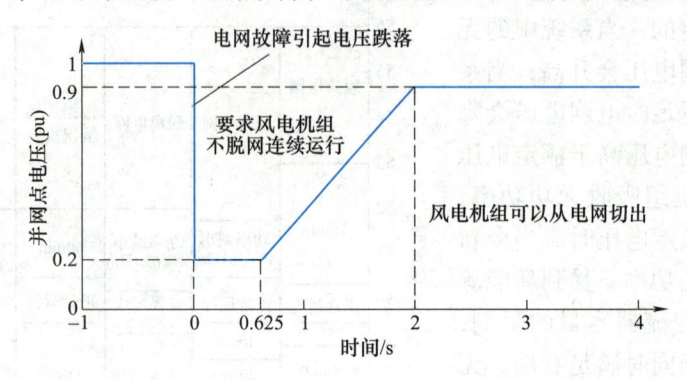

图 7-2 中国对风电机组的低电压穿越能力要求

根据《GB/T 19963.1—2021 风电场接入电力系统技术规定》，我国对电压骤升下风电机组的高电压穿越能力要求如图 7-3 所示。当风电场并网点三相电压同时升高时，风电场在高电压穿越过程中应具有动态无功支撑能力。自并网点电压升高出现的时刻起，风电场动态无功电流上升时间不大于 40ms；自并网点电压恢复至标称电压 110% 以下的时刻起，风电场应在 40ms 内退出主动提供的动态无功电流增量。

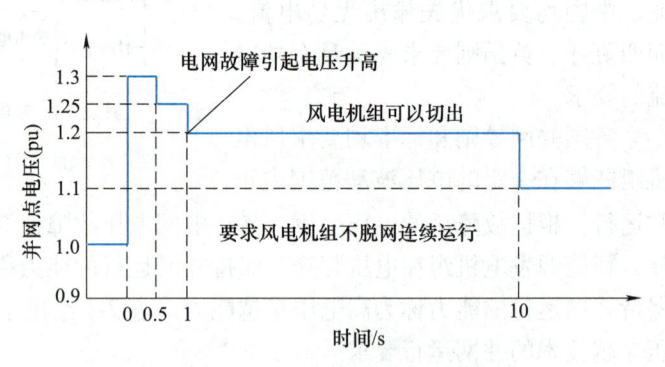

图 7-3 中国对风电机组的高电压穿越能力要求

图 7-4 所示为我国对风电机组低-高电压穿越能力的要求。风电机组自低电压阶段快速

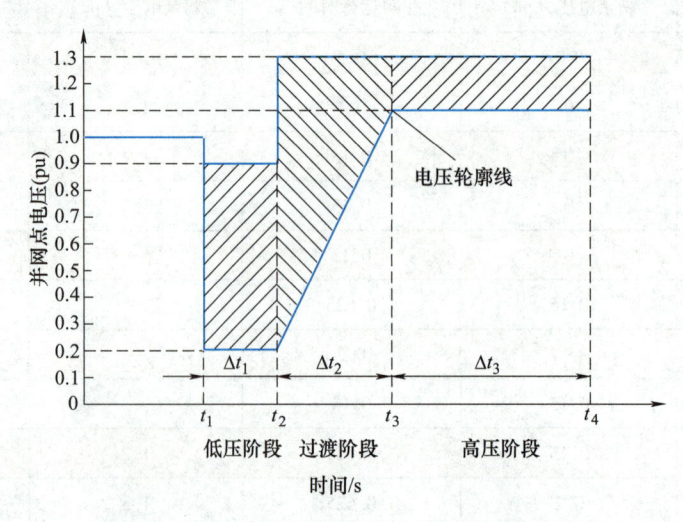

图 7-4 中国对风电机组的低-高电压穿越能力要求

过渡至高电压阶段，并网点电压在阴影所示轮廓线内，风电场内的风电机组应保持不脱网连续运行。风电场应能至少承受连续两次如图 7-4 所示的风电机组低-高电压穿越。

并网导则除了要求新能源发电机组在故障下能够不脱网运行，在电网电压发生波动时还要求新能源机组能够调节自身的无功出力，实现对电网电压的支撑。为方便表述，定义每1%无功电流与每1%电压骤变幅度的比值为无功电流补偿比。澳大利亚标准要求无功电流补偿比至少为 4，而德国要求其最小为 2，我国风电并网规范中则要求补偿比不小于 1.5。

图 7-5 所示为部分国家电网对风电机组在电压骤降下的无功电流要求。此外，对于无功电流响应的约束时间也各不相同，例如德国并网导则要求无功电流响应时间应小于 20ms，西班牙标准则要求其响应在 40ms 内完成，而我国风电并网规范则要求无功电流的响应时间小于 60ms。

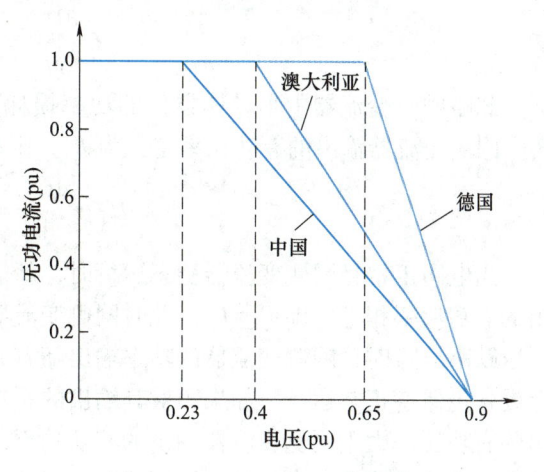

图 7-5 部分国家电网对风电机组在电压骤降下的无功电流要求

7.2 电网电压故障下新能源发电设备的暂态数学模型

新能源发电机组的电网电压故障下的问题涉及电网故障特征、变流器控制以及硬件系统控制（包括风电的变桨、限速，光伏的工作点变化等）。以下关于电网电压故障下的新能源发电机组数学模型的讨论中的控制部分仅涉及变流器的控制。

7.2.1 网侧变流器的暂态数学模型

图 7-6 所示为网侧变流器的拓扑结构。新能源发电设备可以是储能电池、光伏发电板或者是风力发电机接机侧变流器等多种形式。

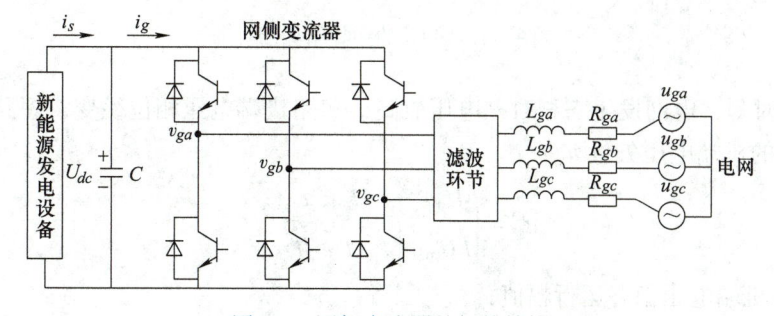

图 7-6 网侧变流器的拓扑结构

如图 7-6 所示，若新能源发电设备输出的电流为 i_s，流经网侧变流器的电流为 i_g，则流经直流母线电容的电流 i_c 为

$$i_c = i_s - i_g \tag{7-1}$$

将直流母线电容的电容量定义为 C，直流电压定义为 U_{dc}，有

$$C\frac{\mathrm{d}U_{dc}}{\mathrm{d}t} = i_s - i_g \tag{7-2}$$

忽略网侧变流器中半导体器件的功率损耗，将新能源发电设备发出的有功功率定义为 P_s，网侧变流器输出的有功功率定义为 P_g，则有

$$U_{dc}C\frac{\mathrm{d}U_{dc}}{\mathrm{d}t} = P_s - P_g \tag{7-3}$$

当电网正常且网侧变流器稳态运行时，新能源发电设备发出的有功功率与网侧变流器输出的有功功率相等，即 $P_s = P_g$，此时网侧变流器的直流母线电压可以保持恒定。当电网发生电压跌落故障时，网侧变流器的功率输出随着并网点电压的跌落而快速减小，此时新能源发电设备仍保持正常运行。如果不对其输出的有功功率进行限制，则会导致新能源发电设备发出的有功功率大于网侧变流器输出的有功功率，即 $P_s > P_g$，此时网侧变流器直流母线电压会升高，威胁新能源发电设备以及网侧变流器的正常运行。而当电网发生电压骤升故障时，交流侧电网电压升高会威胁网侧变流器中半导体器件的正常运行。

7.2.2 双馈风力发电机的暂态数学模型

图 7-7 所示为双馈风力发电机（Doubly Fed Induction Generator，DFIG）的拓扑结构图。当电网发生不对称电压故障时，DFIG 的暂态电流相对较小，对风机和变流器的危害相对较小，因此以下的数学分析针对电网对称电压故障这一恶劣故障展开。

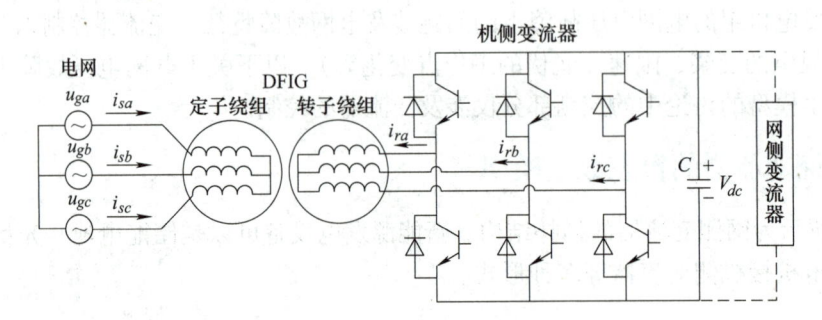

图 7-7 DFIG 的拓扑结构图

假设 $t = t_f$ 时刻，电网发生三相对称电压故障，忽略机端电压相位跳变，短路前、后同步旋转坐标系下的机端电压矢量 $\boldsymbol{u}_s$ 为

$$\boldsymbol{u}_s = \begin{cases} U_{s0}\mathrm{e}^{\mathrm{j}\varphi}, & t < t_f \\ kU_{s0}\mathrm{e}^{\mathrm{j}\varphi}, & t \geq t_f \end{cases} \tag{7-4}$$

式中 U_{s0}——机端电压稳态运行幅值；

φ——机端电压稳态运行初始相角；

k——电网电压发生故障后机端电压的幅值变化比例。

由于 DFIG 的定子电阻通常较小，所以忽略定子电阻，根据磁链守恒定律，由式（7-4）可知故障前后的定子磁链 $\boldsymbol{\psi}_s$ 为

$$\boldsymbol{\psi}_s = \begin{cases} \dfrac{\boldsymbol{u}_{s0}}{\mathrm{j}\omega_1}, & t < t_f \\ \dfrac{k\boldsymbol{u}_{s0} + (1-k)\boldsymbol{u}_{s0}\mathrm{e}^{-\tau_1(t-t_f)}}{\mathrm{j}\omega_1}, & t \geqslant t_f \end{cases} \tag{7-5}$$

式中 $\boldsymbol{u}_{s0}$——稳态运行时的机端电压矢量；

ω_1——同步角速度；

τ_1——定子暂态磁链的衰减时间常数，$\tau_1 = \mathrm{j}\omega_1 + R_s/L_s$。

由式（7-5）可知，在故障发生后，定子磁链包含一个由 $\mathrm{e}^{-\mathrm{j}\omega_1(t-t_f)}$ 主导的周期交流成分和一个由 $\mathrm{e}^{-R_s/L_s(t-t_f)}$ 主导的衰减直流成分。图 7-8 所示为电网电压跌落 50% 和电网电压骤升 30% 两种电网电压故障下 DFIG 磁链的典型波形图。

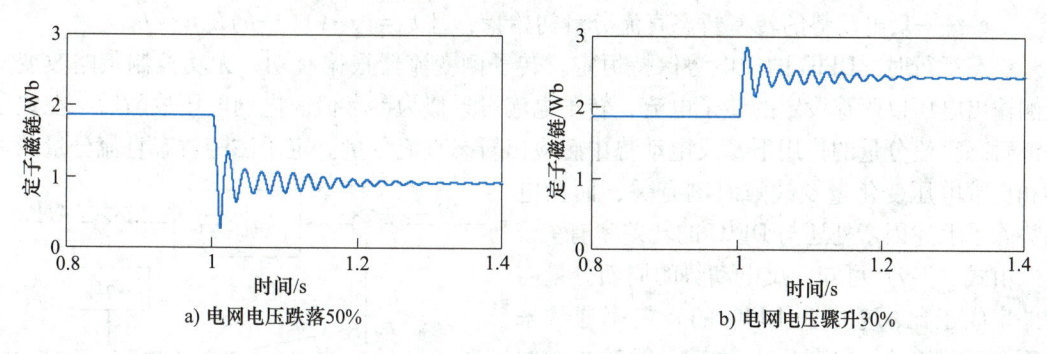

a) 电网电压跌落50%

b) 电网电压骤升30%

图 7-8　电网对称电压故障下 DFIG 的定子磁链

当电网发生对称电压故障时，为了补偿机端电压瞬间变化造成的定子磁链变化，定子绕组中感应出暂态直流磁链分量，该分量的最大值和机端电压变化量的大小和故障时刻有关。由于定子电阻较小，因此定子磁链动态表现为弱阻尼模式，衰减持续时间通常较长。随着暂态磁链衰减为零，定子磁链将稳定于新的稳态值，其大小仅与短路后的机端电压有关。

根据第 3 章中的数学模型，转子磁链 ψ_r 和转子电压 $\boldsymbol{u}_r$ 为

$$\boldsymbol{\psi}_r = \frac{L_m}{L_s}\boldsymbol{\psi}_s + \left(L_r - \frac{L_m^2}{L_s}\right)\boldsymbol{i}_r \tag{7-6}$$

$$\boldsymbol{u}_r = R_r\boldsymbol{i}_r + \mathrm{j}\omega\boldsymbol{\psi}_r + \frac{\mathrm{d}\boldsymbol{\psi}_r}{\mathrm{d}t} \tag{7-7}$$

联立式（7-6）和式（7-7），转子侧的电压平衡方程为

$$\sigma L_r \frac{\mathrm{d}\boldsymbol{i}_r}{\mathrm{d}t} + (R_r + \mathrm{j}\omega\sigma L_r)\boldsymbol{i}_r = \boldsymbol{u}_r - \boldsymbol{e} \tag{7-8}$$

式中　σ——发电机的漏电系数，且 $\sigma = 1 - L_m^2/(L_s L_r)$；

其中　L_r——转子电感；

$\boldsymbol{e}$——反电动势电压，且 $\boldsymbol{e} = (L_m \mathrm{d}\boldsymbol{\psi}_s/(\mathrm{d}t) + \mathrm{j}\omega L_m \boldsymbol{\psi}_s)/L_s$，反电动势 $\boldsymbol{e}$ 表示定子磁链动态对转子电流的影响；

L_s——定子电感；

$\boldsymbol{u}_r$——转子侧变流器交流输出的等效电压矢量，反映了转子侧变流器控制性能对转子

电流的影响。

电网故障时，转子电流的变化由定子磁链以及转子侧变流器共同决定，其相互作用关系与 DFIG 的参数以及发电机转速有关。

为了分析机端电压变化对转子电流的影响，将反电势变化为机端电压的函数

$$e = \begin{cases} \dfrac{sL_m \boldsymbol{u}_{s0}}{L_s}, & t < t_f \\ \boldsymbol{e}_p + \boldsymbol{e}_d \mathrm{e}^{-\tau_1(t-t_f)}, & t \geq t_f \end{cases} \quad (7\text{-}9)$$

式中 s ——感应发电机滑差率，且 $s=(\omega_1-\omega_r)/\omega_1$；

其中 ω_r ——转子电角速度；

$\boldsymbol{e}_p$ ——反电动的周期分量，且 $\boldsymbol{e}_p = sL_m k \boldsymbol{u}_{s0}/L_s$；

$\boldsymbol{e}_d$ ——反电动势的转差暂态直流分量初始量，且 $\boldsymbol{e}_d = (s-1)(1-k)L_m \boldsymbol{u}_{s0}/L_s$。

稳态运行时，DFIG 的反电势保持恒定。转子侧变流器根据有功、无功控制策略改变交流侧输出电压以跟踪设定的转子电流，转子电流可近似为参考值。电网电压故障后，在定子磁链暂态直流分量的作用下，反电动势中感应出暂态直流分量。定子磁链暂态直流分量的大小和机端电压变化量及故障时刻有关，而反电动势除了上述因素外还与 DFIG 的转差率有关。

由式（7-9）可知，反电动势的周期分量与转差率成正比，考虑到 DFIG 的转差率通常来说不会超过 0.3，周期反电动势一般较小。而暂态直流反电势的幅值与 $(s-1)$ 成正比，其值可能远大于周期反电动势。

假设变流器容量足够大，DFIG 转子侧的保护未动作。转子电压的大小由转子侧变流器的控制决定，DFIG 转子侧变流器控制采用定子磁链定向矢量控制技术。图 7-9 所示为转子侧变流器的电流内环控制回路，其控制方程为

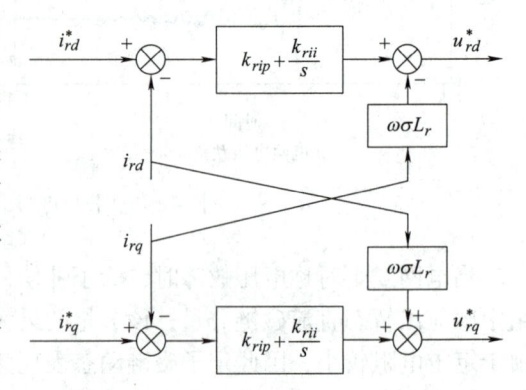

图 7-9 转子侧变流器电流内环控制回路

$$\begin{cases} u_{rd}^* = k_{rip}\Delta i_{rd} + k_{rii}\int \Delta i_{rd} \mathrm{d}t - \omega\sigma L_r i_{rq} \\ u_{rq}^* = k_{rip}\Delta i_{rq} + k_{rii}\int \Delta i_{rq} \mathrm{d}t + \omega\sigma L_r i_{rd} \end{cases} \quad (7\text{-}10)$$

式中 u_{rd}^*、u_{rq}^* ——跟踪转子电流所需要的转子电压参考值的 d、q 轴分量；

Δi_{rd}、Δi_{rq} ——转子电流 d、q 轴分量的瞬时值偏差，$\Delta i_{rd}=i_{rd}^*-i_{rd}$，$\Delta i_{rq}=i_{rq}^*-i_{rq}$；

其中 i_{rd}^*、i_{rq}^* ——转子电流 d、q 轴分量的参考值。

假设电流控制回路闭环带宽足够大，变流器交流侧电压能无差地跟踪参考值，忽略开关暂态特性，电网电压故障下的转子电压 $\boldsymbol{u}_r$ 为

$$\boldsymbol{u}_r = k_{rip}(\boldsymbol{i}_r^* - \boldsymbol{i}_r) + k_{rii}\int(\boldsymbol{i}_r^* - \boldsymbol{i}_r)\mathrm{d}t + \mathrm{j}\omega\sigma L_r \boldsymbol{i}_r \quad (7\text{-}11)$$

式中 k_{rip}、k_{rii} ——电流环的比例系数和积分系数；

$\boldsymbol{i}_r^*$ ——转子电流矢量形式的参考值。

由于采用定子磁链定向控制，转子电流参考值为

$$\begin{cases} i_{rd}^* = \dfrac{2L_s P_s^*}{3L_m k U_{s0}} \\ i_{rq}^* = \dfrac{k U_{s0}}{\omega_1 L_m} - \dfrac{2L_s Q_s^*}{3L_m k U_{s0}} \\ \boldsymbol{i}_r^* = i_{rd}^* + j i_{rq}^* \end{cases} \tag{7-12}$$

式中 P_s^*、Q_s^*——DFIG 的有功功率和无功功率的参考值。

所以，同时考虑定子磁链与变流器控制系统对转子电流的影响，电网电压故障后的转子电流动态方程为

$$\frac{d^2 \boldsymbol{i}_r}{dt^2} + \mu \frac{d \boldsymbol{i}_r}{dt} + \lambda \boldsymbol{i}_r^* = \lambda \boldsymbol{i}_r^* \frac{\tau_1 \boldsymbol{e}_d e^{-\tau_1(t-t_f)}}{\sigma L_r} \tag{7-13}$$

式中 $\mu = (R_r + k_{rip})/\sigma L_r$；$\lambda = k_{rii}/\sigma L_r$。

电网电压故障下 DFIG 的转子回路为二阶动态电路，求解式（7-13）所示的微分方程可得电网电压故障下 DFIG 的转子电流为

$$\boldsymbol{i}_r = \boldsymbol{i}_{rn} + \boldsymbol{i}_{rf1} + \boldsymbol{i}_{rf2} \tag{7-14}$$

式（7-14）中的 $\boldsymbol{i}_{rn}$ 为转子电流的自然分量，与转子正常运行的电流 $\boldsymbol{i}_{r0}$ 有关，具体为

$$\boldsymbol{i}_{rn} = \frac{-\alpha_2 \boldsymbol{i}_{r0} e^{\alpha_1 t} + \alpha_1 \boldsymbol{i}_{r0} e^{\alpha_2 t}}{\alpha_1 - \alpha_2} \tag{7-15}$$

式中 $\alpha_1 = (-\mu + \sqrt{\mu^2 - 4\lambda})/2$；$\alpha_2 = (-\mu - \sqrt{\mu^2 - 4\lambda})/2$；$\boldsymbol{i}_{r0} = \dfrac{2L_s P_{s0}}{3L_m U_{s0}} - j \dfrac{U_{s0}}{\omega_1 L_m}$；

其中 P_{s0}——DFIG 稳态运行的功率。

式（7-14）中的 $\boldsymbol{i}_{rf1}$ 为转子电流对转子电流指令的响应，具体为

$$\boldsymbol{i}_{rf1} = \boldsymbol{i}_r^* \tag{7-16}$$

式（7-14）中的 $\boldsymbol{i}_{rf2}$ 为转子电流对暂态直流反电势的响应，具体为

$$\boldsymbol{i}_{rf2} = \frac{\tau_1 \boldsymbol{e}_d e^{-\tau_1(t-t_f)}}{\sigma L_r (\tau_1^2 - \tau_1 \mu + \lambda)} \tag{7-17}$$

归算到 DFIG 定子的三相静止坐标系，电网发生对称电压故障时转子三相电流为

$$\begin{cases} i_{ra} = \mathrm{Re}(\boldsymbol{i}_r e^{j(\omega_1 t + \varphi)}) \\ i_{rb} = \mathrm{Re}(\boldsymbol{i}_r e^{j(\omega_1 t + \varphi - 2\pi/3)}) \\ i_{rc} = \mathrm{Re}(\boldsymbol{i}_r e^{j(\omega_1 t + \varphi + 2\pi/3)}) \end{cases} \tag{7-18}$$

由以上推导可知，在转子侧变流器可控条件下，DFIG 的转子电流包含周期分量和暂态直流分量。电网对称短路时的转子电流相当于在转子电流基频参考值上叠加了 2 个暂态分量。其中转子电流的自然分量仅与发电机及变流器参数有关，而暂态直流分量由目标转子电流和暂态直流反电势决定，其大小与目标转子电流、机端电压变化量和风机转速有关，反映了电网电压变化对转子电流的影响。此外，在考虑转子侧变流器影响的情况下，转子电流暂态直流分量的大小还与转子侧变流器控制参数密切相关。图 7-10 所示为电网电压跌落 50% 和电网电压骤升 30% 两种电网电压故障下 DFIG 转子电流的典型波形图。

139

a) 电网电压跌落50%

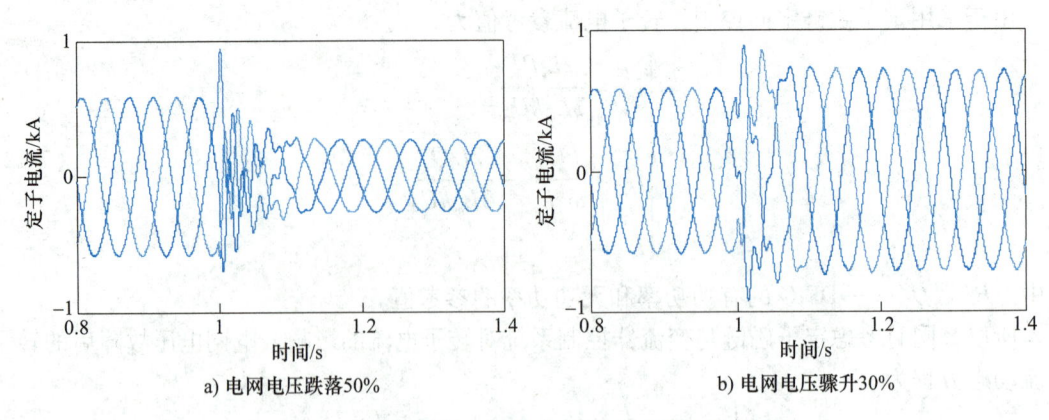

b) 电网电压骤升30%

图 7-10　电网对称电压故障下 DFIG 的转子电流图

7.3　网侧变流器的低电压穿越技术

由网侧变流器在电网电压故障的数学模型可知，当发生电网电压跌落故障时，网侧变流器直流母线的过电压是威胁新能源系统正常稳定运行的主要因素，需要设计方案对直流母线的过电压进行抑制实现系统的低电压穿越；当电网发生电压骤升故障时，主要是交流电网过电压本身对网侧变流器中的半导体器件产生威胁，应根据国家相应标准设计网侧变流器的最大耐受电压，保障网侧变流器的不脱网运行。

对于电网电压不对称跌落故障，考虑到电网不对称故障下的直流母线过电压程度要比电网对称故障下的小，应结合第 6 章中的不平衡电网下的控制技术和本节的低电压穿越技术实现网侧变流器的不脱网运行。因此，本节中对网侧变流器的低电压穿越技术的分析主要针对电网对称跌落故障这一恶劣工况开展。

7.3.1　Chopper 电路

为了实现对电网电压跌落故障下的网侧变流器中的直流侧过电压实现有效抑制，直流斩波器（Chopper）是一种广泛采用的低电压穿越技术。图 7-11 所示为直流斩波器的拓扑图，在电网电压跌落故障发生时，网侧变流器的输出功率受限，直流电容电压升高，当直流侧的电压超过设定的过电压阈值时导通 Chopper 电路中的开关管，卸荷电阻 R_L 导通并消耗电容 C 上的电能，实现对直流过电压的有效抑制。

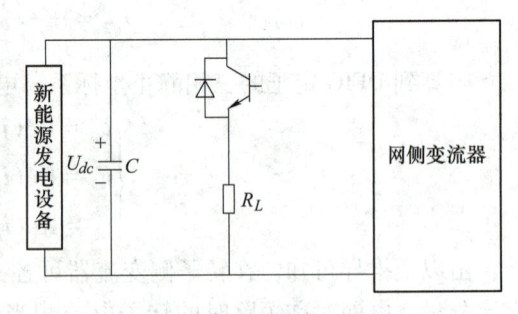

图 7-11　直流斩波器的拓扑图

根据网侧变流器在电网电压故障下的数学模型，直流母线电容的功率平衡方程为

$$U_{dc}C\frac{\mathrm{d}U_{dc}}{\mathrm{d}t} = P_s - P_g \tag{7-19}$$

忽略功率器件的损耗，若 Chopper 动作后，直流电压不超过直流侧电压最大允许值，则

卸荷电阻 R_L 的值应满足

$$R_L \leqslant \frac{U_{dcmax}^2}{P_s - P_g} \tag{7-20}$$

式中 U_{dcmax}——直流侧允许最大电压值。

依据经验综合考虑各种因素，卸荷电阻的理论范围为

$$\frac{U_{dcmax}^2}{P_{RLmax}} \leqslant R_L \leqslant \frac{U_{dcmax}^2}{P_{g0} - U_{fmin}(1+\beta)I_{g0}} \tag{7-21}$$

式中 P_{RLmax}——卸荷电阻的最大允许功率；

P_{g0}——网侧变流器的额定功率；

U_{fmin}——网侧变流器不脱网运行的电网电压的最小值；

β——网侧变流器的过载倍数比；

I_{g0}——网侧变流器的额定交流电流。

Chopper 电路除了通过开关管直接连接卸荷电阻的形式，还有一些改进的拓扑结构，如采用直流降压式变换电路（即 Buck 电路）、在风机中加装机侧变频器等方案，而这些改进方案往往由于控制策略复杂、元器件较多的原因而使应用受限。

7.3.2 直流储能单元

直流储能单元采用储能系统将多余的能量储存起来，在实现并网变流器的低电压穿越的同时避免了能量的浪费。直流储能单元的储能装置形式多种多样，如飞轮储能、超级电容储能、电池储能、超导储能等。本节以超级电容储能为例介绍直流储能单元抑制直流母线过电压的原理和参数设计方案。

图 7-12 所示为以超级电容储能为例的直流储能单元的拓扑图，超级电容储能系统（Supercapacitor Energy Storage System，SC-ESS）由超级电容器组和双向 Buck/Boost 变换器构成，L_{sc} 为双向 Buck/Boost 变换器滤波电感。

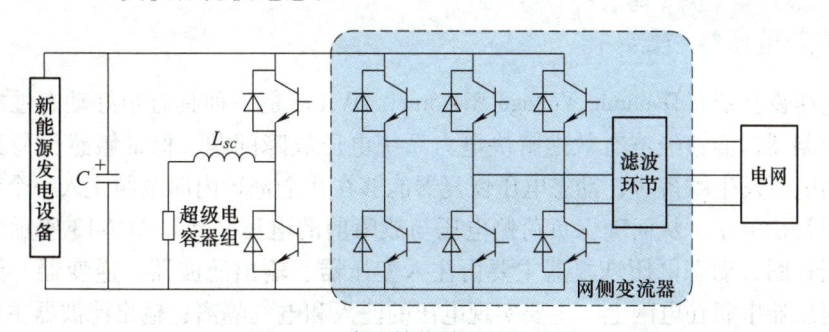

图 7-12 直流储能单元的拓扑图

SC-ESS 在低电压故障下的控制分为三个阶段：第一阶段：故障开始后又切除直至 $P_s = P_g$ 的时刻，这个阶段，直流母线给超级电容充电，并在 $P_s = P_g$ 时刻超级电容端电压达到最大值；第二阶段：$P_s < P_g$，直至超级电容端电压下降到设定切除值，网侧输出有功功率的能力大于新能源发电设备注入的功率，超级电容按设定功率或者恒定电流进行放电，将低电压穿越（Low Voltage Ride Through，LVRT）过程中存储的能量注入电网，保证超级电容在每次

LVRT 后的一定时间内恢复到初始状态；第三阶段：SC-ESS 停止工作，随着 SC-ESS 完成能量输出，各个变流器环节恢复正常工作。

在电网低电压故障期间，超级电容储能的能量 E_{sc} 为

$$E_{sc} = \int (P_s - P_g) \, dt \tag{7-22}$$

设定超级电容器的端电压在故障过程中由初始值 U_{sc_init} 上升到额定值 U_{sc_e}，则超级电容容量 C_{sc} 为

$$C_{sc} = \frac{2E_{sc}}{U_{sc\_e}^2 - U_{se\_init}^2} \tag{7-23}$$

由于实际应用中超级电容的内阻会对系统性能产生一定的影响，故超级电容容量的选型应该留有一定的裕量。

储能单元滤波电感值 L_{sc} 的设计需要同时满足 Buck 和 Boost 电路的工作要求。低电压故障初期，双向 Buck/Boost 变换器工作在 Buck 电路模式，通过直流母线电容对超级电容充电，该过程要求超级电容回路具有短时通过大电流冲击的能力。充电阶段结束后，可采用恒定功率或恒定电流方式完成储存能量的释放。储存能量释放时双向 Buck/Boost 变换器工作在 Boost 电路模式。因此，为了限制回路中最大纹波电流的绝对值，可根据 Buck 电路的工作环境选择电感 L_{sc}，具体为

$$L_{sc} = \frac{D(U_{dc0} - U_{sc\_init})}{f_s \Delta I_{scp}} \tag{7-24}$$

式中　　D——工作在 Buck 模式下的占空比；

　　　　U_{dc0}——额定直流母线电压；

　　　　f_s——双向 Buck/Boost 变换器开关频率；

　　　　ΔI_{scp}——电路允许的最大纹波电流，通常选择 ESS 工作在 Buck 模式下的额定电流峰值的 15% 作为设定值。

7.3.3　动态电压恢复器

动态电压恢复器（Dynamic Voltage Restorer，DVR）是一种具有很好动态性能的串联型电能质量控制器，能够经济有效地解决电力系统电压故障问题，保证敏感负荷正常并网运行。当电网电压发生跌落时，动态电压恢复器能够在几个毫秒内向电网注入一个幅值、相位可控的串联补偿电压，从而确保负荷侧电压与故障前的电压一致。图 7-13 所示为动态电压恢复器的拓扑图，动态电压恢复器主要由注入变压器、输出滤波器、逆变器、储能单元构成。注入变压器串联在电网上，主要实现电压的注入和电气隔离；输出滤波器主要用于滤除开关谐波分量，确保基波幅值以及相位的不失真传输，避免对电网造成谐波污染，在所示拓扑图中采用 LC 滤波结构；逆变器主要是实现直流/交流（DC/AC）转换，依据控制单元给出的控制指令，把直流电压转换成具有所需幅值、相位的交流电压；储能单元则用来提供动态电压恢复器在电压动态补偿过程中所需要的能量。

DVR 电压控制的主要目的是维持负荷电压的稳定。通常采用电压反馈控制，负荷侧电压或者 DVR 输出电压均可作为反馈信号在保证快速的响应速度的同时使所控制的机端电压准确跟踪参考指令。

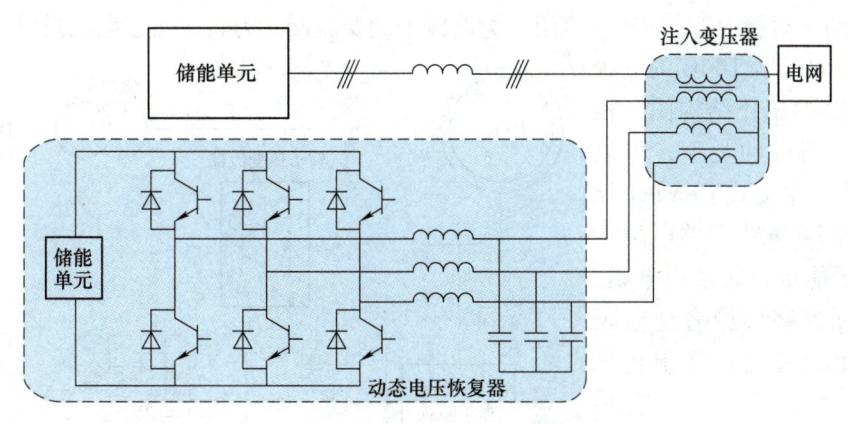

图 7-13　动态电压恢复器的拓扑图

图 7-14 所示为动态电压恢复器的电压反馈控制框图。电压反馈采用传统的 PI 控制，控制器的传递函数为

$$u_i^* = (u_{dvr}^* - u_{dvr})\left(k_{dvp} + \frac{k_{dvi}}{s}\right) \quad (7-25)$$

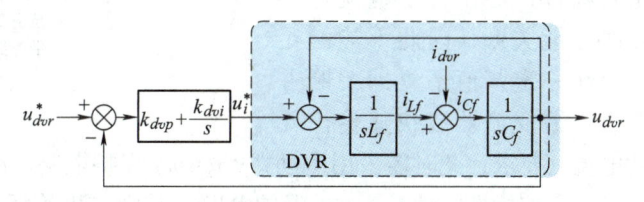

图 7-14　动态电压恢复器的电压反馈控制框图

式中　u_i^*——DVR 中逆变器的输出电压；

u_{dvr}^*——机端电压的参考值；

u_{dvr}——机端电压的实际值；

k_{dvp}——电压反馈的比例系数；

k_{dvi}——电压反馈的积分系数。

动态电压恢复器直接对机端电压进行支撑，与新能源发电设备的种类和拓扑结构无关，因此该方法同样可用于 DFIG 的低电压穿越技术。但是由于动态电压恢复器需添加额外的变流器、储能装置以及滤波系统等设备，极大地增加了系统建设成本以及设计复杂性。

7.4　双馈风力发电机的低电压穿越技术

由 DFIG 在电网电压故障的数学模型可知，电网电压故障下 DFIG 的定、转子暂态电磁冲击会导致 DFIG 转子侧电压和电流突增，如果不采取相应的策略对转子过电流进行抑制则可能会导致 DFIG 脱网运行，本节以低电压故障为例分析 DFIG 的转子过电流抑制方案。此外，和网侧变流器相似，在电网不对称故障下应结合第 6 章中的不平衡电网下的控制技术和本节的低电压穿越技术实现 DFIG 的不脱网运行。本节中对 DFIG 的低电压穿越技术的分析也将针对电网对称跌落故障开展。

7.4.1　Crowbar 电路

抑制 DFIG 转子过电流的最常用方法是采用 Crowbar 保护电路，通过在 DFIG 转子侧加装

Crowbar 电路来短接 DFIG 的转子绕组、旁路转子侧变流器，为转子暂态电流提供回路。

图 7-15 所示为 DFIG 的三种 Crowbar 电路的拓扑结构图，根据所用开关器件的类型，可划分为被动式与主动式 Crowbar 保护电路。图 7-15a 中旁路电阻用于释放多余能量，如采用电阻、电容串联回路替代原有纯电阻回路，可更为有效地限制转子浪涌电流。然而，由于这种 Crowbar 保护电路采用半控型晶闸管器件，需在转子电流过零点时才能关断，因此不能满足电流在一定阈值下立即关断并重启双馈变流器以快速输出无功电流的要求，此时需采用主动式 Crowbar 保护电路。图 7-15b、图 7-15c 分别给出了二极管桥型、全控桥型主动 Crowbar 保护电路，其中二极管桥型 Crowbar 由于控制简单、成本低等特点，成为了主流的 Crowbar 电路拓扑。

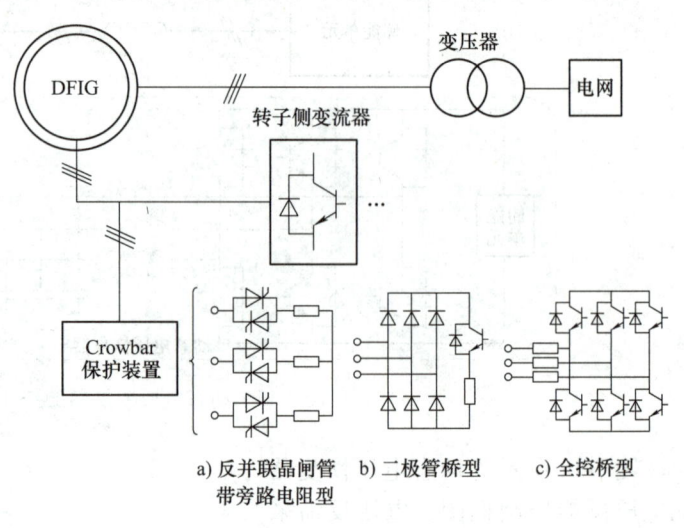

图 7-15 DFIG 的 Crowbar 电路拓扑图

以应用最广泛的二极管桥型 Crowbar 电路为例分析 Crowbar 电阻的选取范围。双馈风机低电压穿越过程中 Crowbar 阻值的取值受转子侧变流器电流和直流侧电压的两方面约束：当电网发生短路故障时，若 Crowbar 阻值过小，则不能有效抑制转子侧的短路电流，将损坏转子侧变流器；若 Crowbar 阻值过大，则可能导致转子侧线电压峰值大于直流母线电压，使 RSC 中快恢复二极管向直流母线电容反向充电。

考虑到 Crowbar 电路的投入时间和电网电压跌落故障的发生时间存在时间差以及 DFIG 的定转子电阻的影响，在实际工程中 Crowbar 电路的电阻取值应结合仿真分析综合考虑。

7.4.2 励磁强化措施

励磁强化措施的基本思路是在 DFIG 的低电压穿越过程中重新设计转子电流指令，使之具有抵消双馈电机定子磁链暂态分量与负序分量的能力。这种"主动消磁"的控制策略可以衰减暂态磁链、抵消负序磁链，从而降低电网电压骤变瞬间双馈电机产生的过电流效应。

7.4.2.1 加入前馈补偿

这类方案基本不改变传统矢量控制结构，仅在前向通道添加电压或电流补偿项。与传统的控制方案相比，加入前馈补偿的思路体现在原来控制器基础上再加上计及定子励磁电流变化的补偿量，以此对解耦电路做了必要的修正。

图 7-16 所示为加入前馈补偿的低电压穿越方案的控制框图。考虑 DFIG 中的互感远大于定转子的漏感值，计及定子励磁电流变化的补偿量中与模型参数有关的量仅有定子电阻 R_s。定子电阻值是个可测量，因而采用前馈补偿的效果可以通过离线或者实时修正定子电阻值得到保证。

该类补偿控制的优点是不改变传统矢量控制结构，易于移植和工程化；不足是控制效果依赖变流器容量，只能应对轻度的对称电压跌落故障。

7.4.2.2 "灭磁"控制

"灭磁"控制的基本思想是：重新设计故障条件下转子电流参考值，使之产生出与定子磁链暂态直流分量反相位的转子电流空间矢量及其相应漏磁场分量，以加速定子磁链暂态直流分量的衰减。

考虑 DFIG 中的互感远大于定转子的漏感值，电网电压故障下的转子电流可以近似表示为

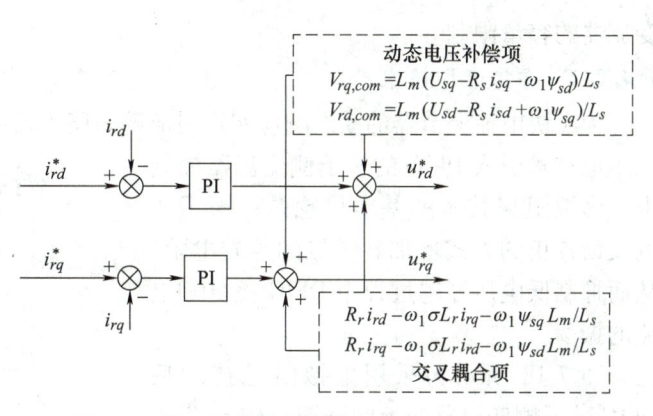

图 7-16　加入前馈补偿的低电压穿越方案控制框图

$$I_r = \frac{-\psi_s + \psi_r}{L_{\sigma s} + L_{\sigma r}} \tag{7-26}$$

为了降低 DFIG 中的转子电流，可以将转子磁链控制为定子磁链的减小部分，这样故障转子电流可以得到有效抑制。基于上述分析，提出了一种基于磁链跟踪的 LVRT 控制策略。控制策略的基本原理是：当检测到电网故障时，通过改变 RSC 的输出转子电压来控制转子磁链以跟踪变化的定子磁链的变化量部分。只要 ψ_s 和 ψ_r 两者之间的区别保持足够小，转子电流将被限制在允许的最大电流内。

图 7-17 所示为"灭磁"控制的低电压穿越方案的控制框图。P 为比例控制环节，转子侧电压的参考值的计算传递函数为

$$\begin{cases} u_{rd}^* = k_p(\psi_{rd}^* - \psi_{rd}) + u_{rdc} \\ u_{rq}^* = k_p(\psi_{rq}^* - \psi_{rq}) + u_{rqc} \end{cases} \tag{7-27}$$

式中 u_{rdc}、u_{rqc}——转子电压的增益分量，具体为

$$\begin{cases} u_{rdc} = -\dfrac{R_r L_m}{L_s L_r - L_m^2} \psi_{sd} - \omega_{sr} \psi_{rq} \\ u_{rqc} = -\dfrac{R_r L_m}{L_s L_r - L_m^2} \psi_{sq} + \omega_{sr} \psi_{rd} \end{cases} \tag{7-28}$$

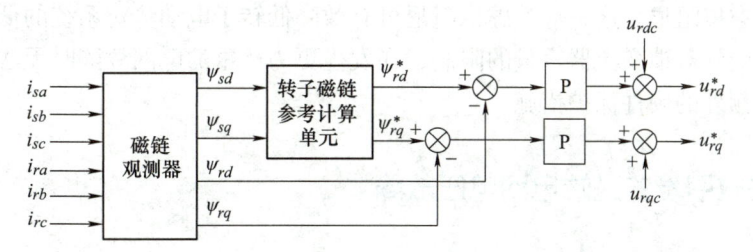

图 7-17　"灭磁"控制的低电压穿越方案控制框图

"灭磁"控制方案的优点是可以加速磁链衰减，显著降低电磁转矩波动。但要求利用转子侧变流器的电压容量产生出抵消定子磁链暂态分量的转子电流，控制效果同样受到转子侧

变流器的容量限制。

7.4.2.3 虚拟阻尼技术

为加快电流调节器的动态响应实现对故障瞬间电流的有效控制，基于反馈校正理论将虚拟阻尼技术引入 DFIG 的转子侧变流器控制中。虚拟阻尼技术的基本思想是：采用比例反馈校正的方式增加转子侧的等效电阻，从而抑制低电压穿越过程中 DFIG 磁链和电流的振荡。

图 7-18 所示为采用虚拟阻尼技术后 DFIG 转子侧变流器的控制框图，$C(s)$ 为电流调节器传递函数，$G(s)$ 为转子侧变流器电流闭环被控对象的传递函数，$H(s)$ 为转子电流反馈环节传递函数。

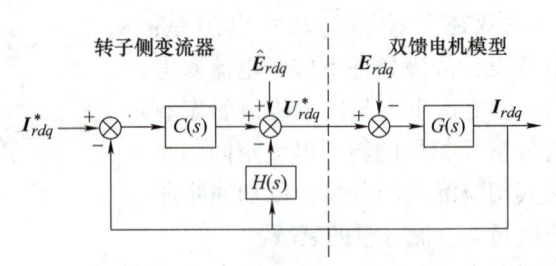

图 7-18　采用虚拟阻尼技术后 DFIG 转子侧变流器的控制框图

电流调节器采用 PI 控制，其传递函数为

$$C(s) = k_{rip} + \frac{k_{rii}}{s} \tag{7-29}$$

转子侧变流器电流闭环被控对象的传递函数 $G(s)$ 为

$$G(s) = \frac{1}{R_r + R_s \frac{L_m^2}{L_s^2} + \sigma L_r s} \tag{7-30}$$

转子电流反馈环节传递函数 $H(s)$ 为

$$H(s) = R_a \tag{7-31}$$

此时，电流闭环被控对象传递函数可表示为

$$G'(s) = \frac{1}{R_r + R_s \frac{L_m^2}{L_s^2} + R_a + \sigma L_r s} \tag{7-32}$$

采用比例反馈校正后，等效电阻 R_a 的串入相当于增加了 DFIG 转子侧的等效电阻，必然会削弱 DFIG 的反电动势对转子电流的影响。这一等效电阻 R_a 并不实际存在于转子回路中，因此可称之为虚拟阻尼。这一等效虚拟阻尼可有效降低转子电动势对系统的低频扰动。虚拟阻尼技术同样受到双馈变流器容量的限制，在发生更为严重的电网故障时无法有效实现穿越运行，需采用额外的硬件保护措施。

7.5　换相失败引发的送端电网电压故障

随着能源危机和环境问题日趋严峻，以风力发电和光伏发电为代表的新能源发电技术得到了快速发展。我国的风光能资源分布极为不均匀，资源与负荷中心的逆向分布导致新能源发电无法就地消纳。采用特高压直流（Ultra High Voltage Direct Current，UHVDC）输电技术是将新能源发出的电能进行远距离传输的有效方式。

特高压直流输电技术是指±800kV及以上电压等级的直流输电及相关技术。特高压直流输电的主要特点是输送容量大、输电距离远、电压高，可用于电力系统非同步联网。晶闸管凭借其能承载高电压、大电流的特性，基于晶闸管器件的电网换相换流器型高压直流（Line-Commutated Converter Based High Voltage Direct Current，LCC-HVDC）输电是实现UHVDC输电的主流实现方案。然而LCC-HVDC采用无自关断能力的晶闸管作为换流器件，因此存在换相失败的风险。在多馈入直流输电系统中，若直流落点之间电气距离较近，可能引发多条直流同时或级联换相失败，给电网的安全稳定运行带来了很大威胁。

7.5.1 换相失败引发的送端电网电压波动机理

换相失败的具体描述如下：当两阀臂之间换相结束后，若预计关断的阀在反向电压作用的一段时间内未能恢复正向电压阻断能力，或在反向电压作用期间换相过程一直未能进行完毕，则在阀电压由负变正时预计导通的阀将向预计关断的阀倒换相。

图 7-19 所示为逆变器换流阀的接线图，单桥逆变器的 6 个阀 $V_1 \sim V_6$ 依次触发、轮流导通。相邻阀臂的导通间隔为 $\pi/3$，e_a、e_b、e_c 分别为交流系统母线 A、B、C 三相瞬时电压。

以阀3对阀1换相失败为例，来说明单次换相失败过程。若阀3触发时换相角较大，阀1在阀电压过零点后有剩余载流子，则当阀电压由负转正后，阀1不加触发脉冲亦可重新导通，发生阀3向阀1的倒换相，阀3关断。若换相角足够

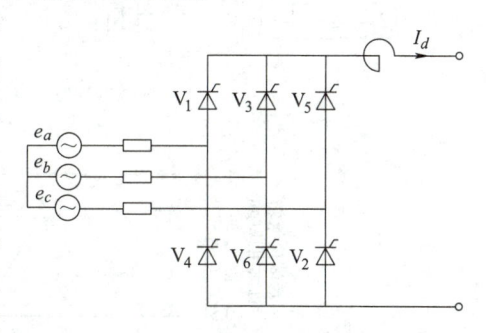

图 7-19　逆变器换流阀接线图

大，甚至可能在阀1向阀3换相过程尚未完成时，发生阀3向阀1倒换相。倒换相结束后，阀1和阀2继续导通，若无故障控制，仍按原定次序触发各阀，在阀4导通后，阀4和阀1在直流侧短路，导致直流电压和功率骤降。在直流系统中通常用关断角 γ 来描述换相失败的裕度，当 γ 小于晶闸管恢复正向电压阻断能力所需的最小关断角 γ_{min}，就会发生换相失败。

图 7-20 所示为典型±800kV LCC-HVDC 系统的拓扑图，送/受端换流站采用双十二脉动换流桥结构，由于送/受端换流站在传输有功功率时需要吸收大量无功功率，在换流站附近会配置无源的无功功率补偿装置，在提供无功功率补偿的同时进行滤去十二脉动换流桥产生的高次谐波。

图 7-21 所示为换相失败故障下 LCC-HVDC 系统的电压电流波形图，当在受端换流站近区发生电网电压故障时逆变桥的最小关断角会快速增大，导致 LCC-HVDC 系统发生换相失败故障。

LCC-HVDC 系统在换相失败故障期间直流电压和直流电流快速波动，送端换流站在电压电流波动期间从送端电网中吸收的无功功率先快速增加后快速减小。由于单次换相失败故障的持续时间往往在 200ms 左右，送端电网中的无功补偿设备在这么短的时间周期内无法快速投切，导致送端换流站吸收无功功率快速增加时送端电网会出现低电压故障，而在送端换流站吸收无功功率快速减少时送端电网则会出现过电压故障。区别于传统的电网电压故障，换相失败故障下送端电网电压呈现先低穿后高穿、电网电压连续变化的特点。

换相失败故障下送端电网电压幅值在 200ms 内快速波动要求新能源发电机组有快速无功

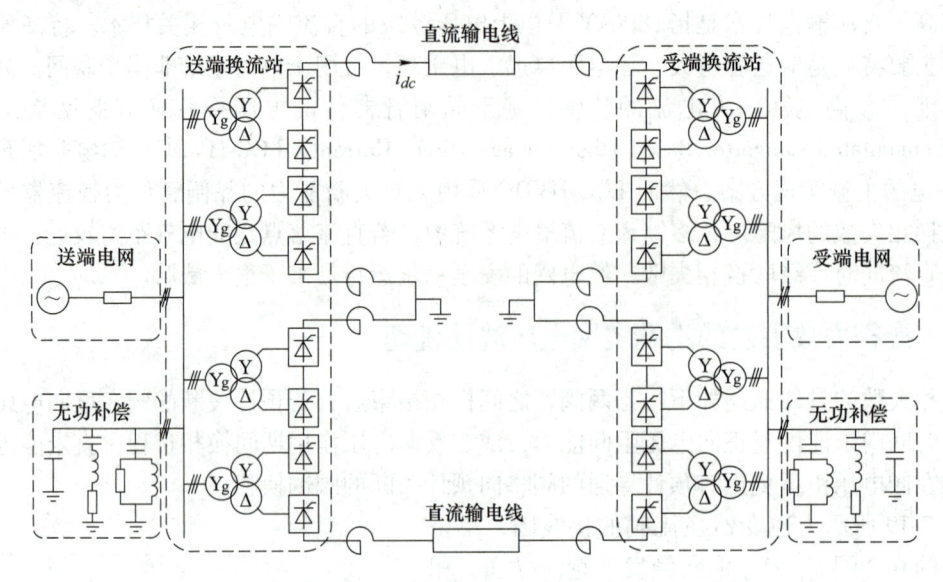

图 7-20　LCC-HVDC 系统的拓扑图

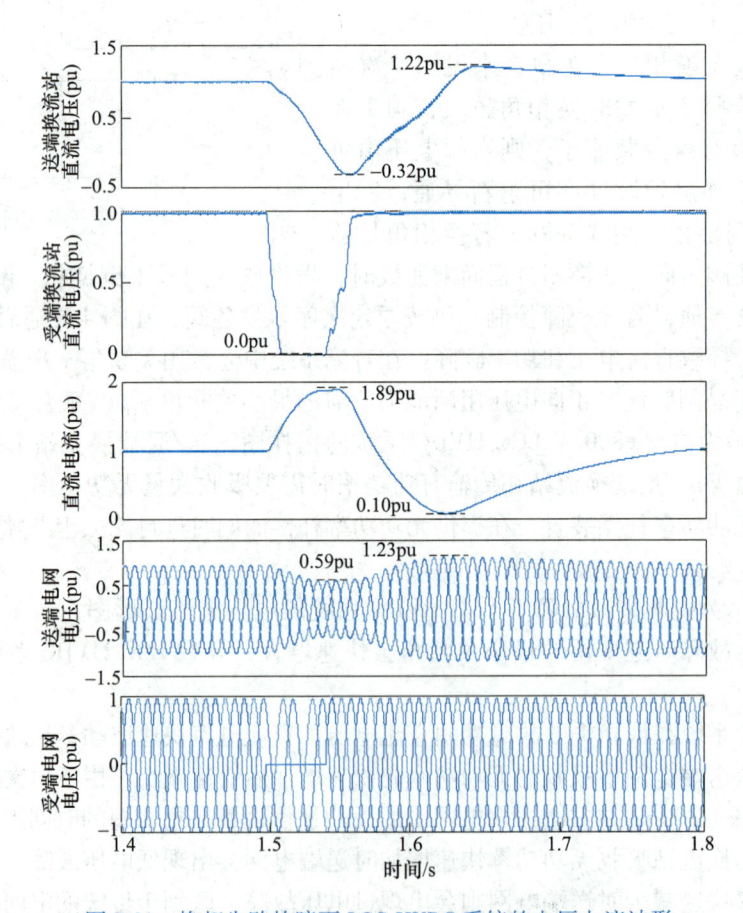

图 7-21　换相失败故障下 LCC-HVDC 系统的电压电流波形

功率支撑能力。以风力发电设备为例,根据我国的 GB/T 19963.1—2021《风电场接入电力系统技术规定》要求风电场在低电压故障发生后的 75ms 内提供动态的无功电流支撑。而在换相失败故障引发的送端电网电压波动中,超过 10ms 的无功电流响应延时就会导致当送端电网进入过电压状态时,风电机组仍在向电网发出无功功率而进一步助增电网的过电压。

针对换相失败故障下送端电网电压波动的工况,我国在 GB/T 36995—2018《风力发电机组故障电压穿越能力测试规程》对风电机组的并网运行提出了电压连锁故障的穿越能力测试要求。表 7-2 所示为电压连锁故障下的测试电压要求,要求风电场在电压连锁故障的低电压期间无功支撑能力满足低电压穿越的国标要求,风电场在高电压期间无功支撑能力满足高电压穿越的国标要求。

表 7-2 电压连锁故障下的测试电压要求

故障类型	电压跌落幅值 U_T/pu	持续时间/ms	电压升高幅值 U_T/pu	持续时间/ms	电压变化的间隔时间/ms	连锁故障波形
低、高电压连锁故障	0.20±0.05	625±20	1.30±0.03	500±20	10	
高、低电压连锁故障	0.20±0.05	625±20	1.30±0.03	500±20	10	

7.5.2 换相失败下送端电网的新能源发电设备的数学模型

换相失败故障下送端电网的电压呈现先低穿后高穿、电网电压连续变化的特性,电网电压在故障发生后为一个随时间变化的函数,不同于传统的电网电压故障下故障后电网电压为一个常数。因此,需要建立新的数学模型对换相失败下送端电网的新能源发电设备的暂态功率特性进行分析,进而用于计算新能源发电设备对换相失败故障下送端电网电压波动的影响。

与 7.2 节的暂态数学模型分析相同,以下关于电网电压故障下的新能源发电机组数学模型的讨论中的控制部分仅涉及变流器的控制。

7.5.2.1 网侧变流器的数学模型

图 7-22 所示为采用 LC 滤波的网侧变流器的电路图。考虑到网侧滤波器是一个线性电路,网侧变流器的输出电流可以通过电源叠加定理进行分析,将电网故障下网侧变流器的暂态响应计算分为三个状态分量:故障发生前的稳态(状态 0),电网电压变化的状态(状态 1),GSC 输出电压变化的状态(状态 2)。在本节的分析中,下标 0,1,2 分别代表在状态 0,1,2 下的电压和电流分量。

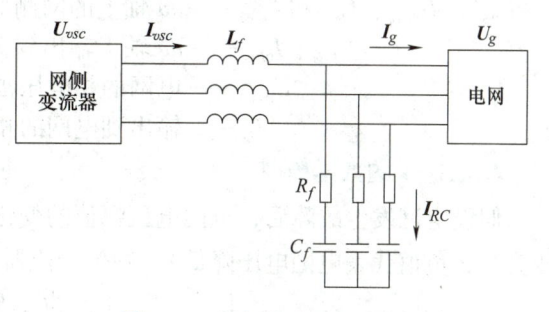

图 7-22 网侧变流器的电路图

图 7-23 所示为不同状态下网侧变流器的等效电路图，图 7-23a 为仅考虑电网电压变化时暂态分量计算等效电路图，图 7-23b 为仅考虑 GSC 输出电压变化时暂态分量计算等效电路图。

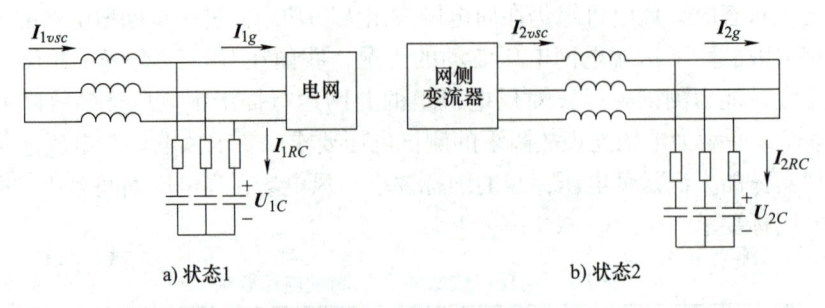

图 7-23 不同状态下网侧变流器的等效电路图

1. 状态 0 的数学模型

在发生故障前，在 dq 旋转坐标系下网侧变流器的电压电流为

$$\begin{cases} I_{0gd} = I_{0g} \\ I_{0gq} = 0 \\ I_{0RCd} = \dfrac{R_f U_{gbase}}{R_f^2 + 1/(\omega_g C_f)^2} \\ I_{0RCq} = \dfrac{U_{gbase}/(\omega_g C_f)}{R_f^2 + 1/(\omega_g C_f)^2} \\ I_{0vscd} = I_{0gd} + I_{0RCd} \\ I_{0vscq} = I_{0gq} + I_{0RCq} \end{cases} \quad (7\text{-}33)$$

$$\begin{cases} U_{0gd} = U_{gbase} \\ U_{0gq} = 0 \\ U_{0vscd} = U_{gbase} - \omega_g L_f I_{0vscq} \\ U_{0vscq} = \omega_g L_f I_{0vscd} \end{cases} \quad (7\text{-}34)$$

式中　U_{0gd}、U_{0gq}、I_{0gd} 和 I_{0gq} ——dq 轴上的电网电压分量与输出到电网的电流分量；

U_{0vscd}、U_{0vscq}、I_{0vscd} 和 I_{0vscq} ——dq 轴上的网侧变流器的电压分量与输出的电流分量；

I_{0RCd}、I_{0RCq} ——dq 轴上输出到 RC 滤波支路的电流分量；

U_{gbase} ——电网的相电压幅值；

I_{0g} ——输出到电网的相电流幅值。

2. 状态 1 的数学模型

假设电网发生故障后，电网电压幅值的变化量表示为时间函数 $u_{1g}(t)$（正值代表电网电压升高，负值代表电网电压降低）。网侧变流器输出电流与电网电压的关系为

$$\begin{cases} -u_{1gd}(t) = L_f \dfrac{di_{1vscd}(t)}{dt} - \omega_g L_f i_{1vscq}(t) \\ -u_{1gq}(t) = L_f \dfrac{di_{1vscq}(t)}{dt} + \omega_g L_f i_{1vscd}(t) \end{cases} \quad (7\text{-}35)$$

在电网电压定向矢量控制下，在 dq 旋转坐标系下的电网电压为

$$\begin{cases} u_{1gd}(t) = u_{1g}(t) \\ u_{1gq}(t) = 0 \end{cases} \tag{7-36}$$

将式（7-36）代入式（7-35）并变换至复频域，网侧变流器的输出电流为

$$\begin{cases} i_{1vscd}(s) = -\dfrac{s}{s^2 L_f + \omega_g^2 L_f} u_{1g}(s) \\ i_{1vscq}(s) = \dfrac{\omega_g}{s^2 L_f + \omega_g^2 L_f} u_{1g}(s) \end{cases} \tag{7-37}$$

网侧变流器的 LC 滤波环节的数学模型为

$$\begin{cases} i_{1RCd}(t) = C_f \dfrac{du_{1Cd}(t)}{dt} - \omega_g C_f u_{1Cq}(t) \\ i_{1RCq}(t) = C_f \dfrac{du_{1Cq}(t)}{dt} + \omega_g C_f u_{1Cd}(t) \\ u_{1Cd}(t) + R_f i_{1RCd}(t) = u_{1gd}(t) \\ u_{1Cq}(t) + R_f i_{1RCq}(t) = u_{1gq}(t) \end{cases} \tag{7-38}$$

式中 u_{1Cd}、u_{1Cq}——电容电压 $\boldsymbol{U}_{1C}$ 的 d 轴和 q 轴电压分量。

将式（7-36）代入式（7-38）并变换至复频域，滤波器的 RC 支路的电流为

$$\begin{cases} i_{1RCd}(s) = \dfrac{(s + (s^2 + \omega_g^2) C_f R_f)(s^2 + \omega_g^2) C_f}{[s + (s^2 + \omega_g^2) C_f R_f]^2 + \omega_g^2} u_{1g}(s) \\ i_{1RCq}(s) = \dfrac{\omega_g (s^2 + \omega_g^2) C_f}{[s + (s^2 + \omega_g^2) C_f R_f]^2 + \omega_g^2} u_{1g}(s) \end{cases} \tag{7-39}$$

将式（7-37）与式（7-39）计算得到的 $i_{1vscd}(s)$、$i_{1vscq}(s)$、$i_{1RCd}(s)$ 和 $i_{1RCq}(s)$ 变换到时域下，状态 1 下网侧变流器的输出电流为

$$\begin{cases} i_{1gd}(t) = i_{1vscd}(t) - i_{1RCd}(t) \\ i_{1gq}(t) = i_{1vscq}(t) - i_{1RCq}(t) \end{cases} \tag{7-40}$$

3. 状态 2 的数学模型

根据图 7-23b，滤波器 RC 支路的电流分量为

$$i_{2RCd}(t) = i_{2RCq}(t) = 0 \tag{7-41}$$

状态 2 下网侧变流器输出的电流可表示为

$$\begin{cases} i_{2vscd}(t) = i_{2gd}(t) \\ i_{2vscq}(t) = i_{2gq}(t) \end{cases} \tag{7-42}$$

滤波器电感 L_f 上电压电流的关系式为

$$\begin{cases} u_{2vscd}(t) = L_f \dfrac{di_{2gd}(t)}{dt} - \omega_g L_f i_{2gq}(t) \\ u_{2vscq}(t) = L_f \dfrac{di_{2gq}(t)}{dt} - \omega_g L_f i_{2gd}(t) \end{cases} \tag{7-43}$$

网侧变流器输出电压受电流环 PI 调节器参数以及解耦补偿项的共同影响，网侧变流器的输出电压为

$$\begin{cases} u_{2vscd}(t) = k_{gdip}\Delta i_{gd}(t) + k_{gdii}\int \Delta i_{gd}(t)\mathrm{d}t - \omega_g L_f i_{cq}(t) \\ u_{2vscq}(t) = k_{gqip}\Delta i_{gq}(t) + k_{gqii}\int \Delta i_{gq}(t)\mathrm{d}t + \omega_g L_f i_{cd}(t) \end{cases} \quad (7\text{-}44)$$

式中　k_{gdip}、k_{gdii}——d 轴电流环的比例和积分系数；

　　　k_{gqip}、k_{gqii}——q 轴电流环的比例和积分系数。

根据电源叠加定理，$\Delta i_{gd}(t)$、$\Delta i_{gq}(t)$、$i_{cd}(t)$ 和 $i_{cq}(t)$ 分别为

$$\begin{cases} \Delta i_{gd}(t) = i_{gd}^*(t) - I_{0gd} - i_{1gd}(t) - i_{2gd}(t) \\ \Delta i_{gq}(t) = i_{gq}^*(t) - I_{0gq} - i_{1gq}(t) - i_{2gq}(t) \\ i_{cd}(t) = i_{1gd}(t) + i_{2gd}(t) \\ i_{cq}(t) = i_{1gq}(t) + i_{2gq}(t) \end{cases} \quad (7\text{-}45)$$

将联立式 (7-43) 与式 (7-44) 并转换至复频域，状态 2 下网侧变流器的输出电压为

$$\begin{cases} u_{2vscq}(s) = \left(k_{gqp} + \dfrac{1}{s}k_{gqii}\right)\Delta i_{gq}(s) + \omega_g L_f i_{cd}(s) \\ u_{2vscq}(s) = sL_f i_{2gq}(s) + \omega_g L_f i_{2gd}(s) \end{cases} \quad (7\text{-}46)$$

将式 (7-45) 代入式 (7-46)，状态 2 下的无功电流分量为

$$i_{2gq}(s) = \dfrac{K_{gq}\left[i_{gq}^*(s) - \dfrac{I_{0gq}}{s} - i_{1gq}(s)\right] + \omega_g L_f i_{1gd}(s)}{sL_f + K_{gq}} \quad (7\text{-}47)$$

式中　$K_{gq} = k_{gqip} + k_{gqii}/s$。

对 $i_{2gq}(s)$ 作拉普拉斯逆变换，可以得到状态 2 电流时域解 $i_{2gq}(t)$。网侧变流器输出到电网的暂态无功功率为

$$Q_g(t) = -1.5u_{gd}(t)i_{gq}(t) = -1.5[U_{0gd} + u_{1g}(t)][I_{0gd} + i_{1gq}(t) + i_{2gq}(t)] \quad (7\text{-}48)$$

网侧变流器输出的有功功率受到变流器容量以及新能源发电设备的输出特性的影响，需根据具体的设备情况具体分析。

7.5.2.2　双馈风力发电机的数学模型

图 7-24 所示为 DFIG 的 T 型等效电路图，$L_{\sigma s}$ 为定子漏电感，$L_{\sigma r}$ 为转子漏电感，ω_1 为电网电压的频率对应的旋转电角速度，ω_r 为电机转子的旋转电角速度，$\omega_s = \omega_1 - \omega_r$。考虑到 DFIG 也是线性电路，同样可以根据电源叠加定理将 DFIG 的暂态电流响应划分为三个状态分量：故障发生前的稳状（状态 0）、定子电压变化的状态（状态 1）和转子电压变化的状态（状态 2）。

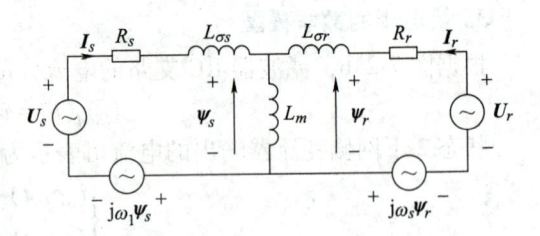

图 7-24　DFIG 的 T 型等效电路图

图 7-25 所示为不同状态下 DFIG 的等效电路图，图 7-25a 为仅考虑定子电压变化时暂态分量计算等效电路图，图 7-25b 为仅考虑转子电压变化时暂态分量计算等效电路图。在本节的分析中，下标 0，1，2 分别代表在状态 0，1，2 下的电压和电流分量。

1. 状态 0 的数学模型

在发生故障前，在 dq 旋转坐标系下网侧变流器的电压电流为

a) 状态1 b) 状态2

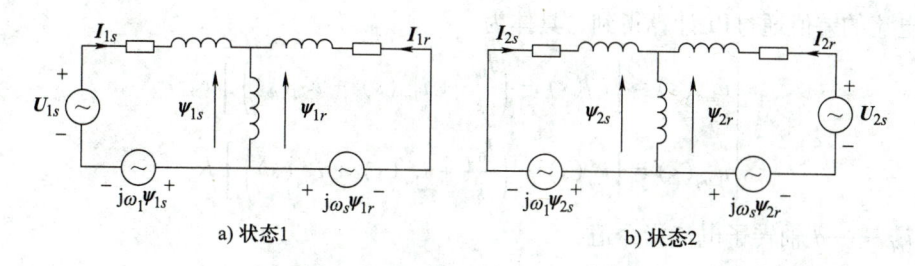

图 7-25 不同状态下 DFIG 的等效电路图

$$\begin{cases} I_{0sd} = I_{0s} \\ I_{0sq} = 0 \\ I_{0rd} = -\dfrac{L_s L_{base}}{L_m} \\ L_{0rq} = -\dfrac{U_{base}}{\omega_1 L_m} \end{cases} \tag{7-49}$$

$$\begin{cases} U_{0sd} = U_{base} \\ U_{0sq} = 0 \\ U_{0rd} = R_r I_{0rd} - \omega_s(L_r I_{0rq} + L_m I_{0sq}) \\ U_{0rq} = R_r I_{0rq} + \omega_s(L_r I_{0rd} + L_m I_{0sd}) \end{cases} \tag{7-50}$$

2. 状态 1 的数学模型

根据图 7-25a,复频域中状态 1 的定转子电压为

$$\begin{bmatrix} i_{1sd}(s) \\ i_{1sq}(s) \\ i_{1rd}(s) \\ i_{1rq}(s) \end{bmatrix} = \begin{bmatrix} R_s + sL_s & -\omega_1 L_s & sL_m & -\omega_1 L_m \\ \omega_1 L_s & R_s + sL_s & \omega_1 L_m & sL_m \\ sL_m & -\omega_s L_m & R_r + sL_r & -\omega_s L_r \\ \omega_s L_m & sL_m & \omega_s L_r & R_r + sL_r \end{bmatrix}^{-1} \begin{bmatrix} u_{1sd}(s) \\ 0 \\ 0 \\ 0 \end{bmatrix} \tag{7-51}$$

对 $i_{1sd}(s)$、$i_{1sq}(s)$、$i_{1rd}(s)$、$i_{1rq}(s)$ 分别作拉普拉斯逆变换,可以得到需要状态 1 下定转子电流的时域模型 $i_{1sd}(t)$、$i_{1sq}(t)$、$i_{1rd}(t)$、$i_{1rq}(t)$。

3. 状态 2 的数学模型

根据图 7-25b,状态 2 的定转子电压为

$$\begin{cases} 0 = R_s i_{2sd} + L_s \dfrac{\mathrm{d}i_{2sd}}{\mathrm{d}t} + L_m \dfrac{\mathrm{d}i_{2rd}}{\mathrm{d}t} - \omega_1(L_s i_{2sq} + L_m i_{2rq}) \\ 0 = R_s i_{2sq} + L_s \dfrac{\mathrm{d}i_{2sq}}{\mathrm{d}t} + L_m \dfrac{\mathrm{d}i_{2rq}}{\mathrm{d}t} + \omega_1(L_s i_{2sd} + L_m i_{2rd}) \\ u_{2rd} = R_r i_{2rd} + L_r \dfrac{\mathrm{d}i_{2rd}}{\mathrm{d}t} + L_m \dfrac{\mathrm{d}i_{2sd}}{\mathrm{d}t} - \omega_s(L_m i_{2sq} + L_r i_{2rq}) \\ u_{2rq} = R_r i_{2rq} + L_r \dfrac{\mathrm{d}i_{2rq}}{\mathrm{d}t} + L_m \dfrac{\mathrm{d}i_{2sq}}{\mathrm{d}t} + \omega_s(L_m i_{2sd} + L_r i_{2rd}) \end{cases} \tag{7-52}$$

U_{2r} 为转子侧变流器输出电压的变化量,由控制框图可知,U_{2r} 是根据目标转子电流与实

际转子电流的差值通过PI计算得到，具体为

$$\begin{cases} u_{2rd}(s) = \left[i_{rd}^*(s) - \left(\dfrac{I_{0rd}}{s} + i_{1rd}(s) + i_{2rd}(s) \right) \right] K_{rd} \\ u_{2rq}(s) = \left[i_{rq}^*(s) - \left(\dfrac{I_{0rq}}{s} + i_{1rq}(s) + i_{2rq}(s) \right) \right] K_{rq} \end{cases} \quad (7\text{-}53)$$

式中　i_{rd}^*——d 轴转子电流指令值；

　　　i_{rq}^*——q 轴转子电流指令值；

$K_{rd} = k_{rdip} + k_{rdii}/s$；$K_{rq} = k_{rqip} + k_{rqii}/s$；

其中　k_{rdip}、k_{rdii}——RSC 中 d 轴电流环的比例和积分系数；

　　　k_{rqip}、k_{rqii}——RSC 中 q 轴电流环的比例和积分系数。

将式（7-52）变换至复频域并与式（7-53）联立，复频域中 DFIG 的暂态电流分量为

$$\begin{bmatrix} i_{2sd}(s) \\ i_{2sq}(s) \\ i_{2rd}(s) \\ i_{2rq}(s) \end{bmatrix} = \begin{bmatrix} R_s + sL_s & -\omega_1 L_s & sL_m & -\omega_1 L_m \\ \omega_1 L_s & R_s + sL_s & \omega_1 L_m & sL_m \\ sL_m & -\omega_s L_m & R_r + sL_r + K_{rd} & -\omega_s L_r \\ \omega_s L_m & sL_m & \omega_s L_r & R_r + sL_r + K_{rq} \end{bmatrix}^{-1} \begin{bmatrix} 0 \\ 0 \\ [i_{rd}^*(s) - I_{0rd}/s - i_{1rd}(s)] K_{rd} \\ [i_{rq}^*(s) - I_{0rq}/s - i_{1rq}(s)] K_{rq} \end{bmatrix}$$

(7-54)

对 $i_{2sd}(s)$、$i_{2sq}(s)$、$i_{2rd}(s)$、$i_{2rq}(s)$ 分别作反拉普拉斯变换，可以得到状态 2 下定转子电流的时域模型 $i_{2sd}(t)$、$i_{2sq}(t)$、$i_{2rd}(t)$、$i_{2rq}(t)$。

根据电源叠加定理，可知故障下 DFIG 的定子侧电压与电流为

$$\begin{cases} u_{sd}(t) = U_{0sd} + u_{1sd}(t) \\ u_{sq}(t) = 0 \\ i_{sd}(t) = I_{0sd} + i_{1sd}(t) + i_{2sd}(t) \\ i_{sq}(t) = I_{0sq} + i_{1sq}(t) + i_{2sq}(t) \end{cases} \quad (7\text{-}55)$$

DFIG 输出到电网的暂态功功率为

$$\begin{cases} P_s(t) = 1.5 u_{sd}(t) i_{sd}(t) \\ Q_s(t) = -1.5 u_{sd}(t) i_{sq}(t) \end{cases} \quad (7\text{-}56)$$

采用电源叠加定理将电网故障下新能源发电系统的暂态特性分解为三个状态分别计算，建立了适用于电网电压阶跃及连续变化下的新能源发电系统的暂态无功模型，可用于分析复杂电网电压变化背景下新能源发电机组的出力特性。

针对特高压直流换相失败故障下送端电网电压呈现幅值非阶跃变化、先低穿后高穿的电压特性，本节给出了换相失败下送端电网的网侧变流器与 DFIG 的暂态数学模型，模型考虑了电网故障特征和新能源发电设备控制参数的影响，可用于研究新能源发电设备的控制参数对其暂态功率特性的影响规律并选择最优的控制参数。此外，所给出的数学模型可以对换相失败下新能源发电设备的响应特性进行快速计算，准确预测换相失败故障下的新能源发电设备的过电流与过电压，为换相失败下新能源发电设备的优化改造提供理论基础。

7.6 本章小结

新能源发电设备故障穿越主要包括两个控制目标：①实现对新能源机组自身的保护；②通过调节新能源发电设备的暂态功率特性实现对电网的有效支撑。前者要求通过加装硬件设备或是进行励磁调节避免过电流与过电压损害发电设备自身；后者则要求新能源发电设备在电网频率故障下调节有功功率的支撑电网频率，在电网电压故障下调节无功功率的支撑电网电压。本章着重对新能源发电设备的并网技术规范、LVRT 技术、接入送端电网设备的换相失败故障穿越技术进行了介绍。

新能源发电设备的并网技术规范方面，本章以风电机组的并网导则为例介绍了国内外对风电机组进行频率故障穿越和电压故障穿越的要求。频率故障穿越一方面要求新能源发电设备在电网频率偏移时在一定时间内保持并网运行的能力，另一方面要求新能源发电设备具有惯量响应和一次调频能力。电压故障穿越则是要求新能源发电设备在低电压故障、过电压故障以及电压连续穿越故障下在一定时间内具备不脱网运行的能力，进一步地新能源发电设备在低电压穿越和高电压穿越下被要求具备动态无功支撑能力。针对各国电力部门所提出的不同新能源发电设备的并网导则要求，新能源发电设备在进行并网发电时，必须满足响应的故障穿越要求，这就要求并网新能源发电设备必须具备频率故障穿越能力和电压故障穿越能力。

新能源发电设备的低电压穿越（LVRT）技术方面，本章介绍了新能源发电设备在电网电压故障下的数学模型、网侧变流器的 LVRT 技术和 DFIG 的 LVRT 技术。根据网侧变流器在电网电压故障下的数学模型，电网电压跌落故障下直流母线的过电压是危害网侧变流器的主要因素，本章介绍了 Chopper 电路、直流储能单元、动态电压恢复器三种方案对直流母线的过电压进行抑制以实现网侧变流器的低电压穿越；电网发生电压骤升故障下交流电网过电压本身是危害网侧变流器的主要因素，应根据相应国家标准设计网侧变流器的最大耐受电压以实现过电压穿越。根据 DFIG 在电网电压故障下的数学模型，电网电压故障下 DFIG 的定、转子暂态电磁冲击会导致双馈电机转子侧电压和电流突增，本章介绍了 Crowbar 电路和加入前馈补偿、"灭磁"控制、虚拟阻尼技术三种励磁强化措施抑制转子过电流保障 DFIG 的故障穿越。

新能源发电设备接入送端电网的换相失败故障穿越技术方面，本章介绍了换相失败引发送端电网电压波动的机理、换相失败下接入送端电网的新能源发电设备的数学模型。在换相失败故障期间送端换流站从送端电网中吸收的无功功率先快速增加后快速减小，在换流站吸收无功功率快速增加期间送端电网出现低电压故障，而在换流站吸收无功功率快速减少期间送端电网出现过电压故障。区别于传统的电网电压故障，换相失败故障下送端电网电压呈现先低穿后高穿、电网电压连续变化的特点，因此在数学模型分析中电网电压在换相失败故障下为一个随时间变化的函数，而非传统电网电压故障下的常数。本章介绍了适用于换相失败下接入送端电网的网侧变流器和 DFIG 的数学模型，用于选择新能源发电设备的最优控制参数，进而为换相失败下新能源发电设备的优化改造提供理论基础。

思 考 题

1. 简要讨论电网故障的分类方法和分类依据。
2. 比较网侧变流器和 DFIG 在电网电压故障下的响应速度，给出原因分析。
3. 简要讨论电网电压跌落和电网电压骤升两种故障下 DFIG 的转子电流变化趋势。
4. 讨论储能电站在低电压故障下可能存在的问题和解决方案。
5. 比较网侧变流器三种低电压穿越技术的优缺点。
6. 网侧变流器的哪种低电压穿越技术是可以运用在 DFIG 中的？试比较三种 DFIG 低电压穿越技术的优缺点。
7. 当 DFIG 发生两相接地短路故障时，如何结合不平衡和低电压穿越控制技术实现 DFIG 的稳定运行？
8. 新能源发电设备在应对换相失败故障引发的送端电网电压波动相比于传统低电压穿越的主要区别在哪里？
9. 能不能直接将换相失败故障下送端电网的电压函数代入低电压穿越的数学模型中计算新能源发电设备的暂态电流？

参 考 文 献

［1］张兴. 新能源发电变流技术［M］. 北京：机械工业出版社，2018.
［2］贺益康，胡家兵，徐烈. 并网双馈异步风力发电机运行控制［M］. 北京：中国电力出版社，2012.
［3］年珩，程鹏，贺益康. 故障电网下双馈风电系统运行技术研究综述［J］. 中国电机工程学报，2015，35（16）：4184-4197.
［4］熊小伏，欧阳金鑫. 电网短路时双馈感应发电机转子电流的分析与计算［J］. 中国电机工程学报，2012，32（028）：114-121.
［5］李少林，王伟胜，王瑞明，等. 双馈风电机组高电压穿越控制策略与试验［J］. 电力系统自动化，2016，40（16）：76-82.
［6］任永峰，胡宏彬，薛宇，等. 基于卸荷电路和无功优先控制的永磁同步风力发电机组低电压穿越研究［J］. 高电压技术，2016，42（01）：11-18.
［7］胡家兵，贺益康. 双馈风力发电系统的低压穿越运行与控制［J］. 电力系统自动化，2008，32（2）：49-52.
［8］王鹏，王晗，张建文，等. 超级电容储能系统在风电系统低电压穿越中的设计及应用［J］. 中国电机工程学报，2014，34（10）：1528-1537.
［9］程鹏，年珩，诸自强. 电网对称故障时双馈电机虚拟电阻控制技术［J］. 电机与控制学报，2014，18（06）：1-8.
［10］郭春义，赵剑，刘炜，等. 抑制高压直流输电系统换相失败方法综述［J］. 中国电机工程学报，2018，38（S1）：1-10.
［11］年珩，金萧，李光辉. 特高压直流换相失败对送端电网风机暂态无功特性的影响分析［J］. 中国电机工程学报，2020，40（13）：4111-4122.
［12］LI R，GENG H，YANG G. Fault ride-through of renewable energy conversion systems during voltage recovery［J］. Journal of Modern Power Systems & Clean Energy，2016，4（1）：28-39.
［13］ABBEY C，JOOS G. Supercapacitor energy storage for wind energy applications［J］. IEEE Transactions on In-

dustry Applications, 2007, 43（3）: 769-776.

［14］XIAO S, YANG G, ZHOU H, et al. An LVRT control strategy based on flux linkage tracking for DFIG-based WECS［J］. IEEE Transactions on Industrial Electronics, 2013, 60（7）: 2820-2832.

［15］BU S Q Q, DU W J, WANG H F F, et al. Power angle control of grid-connected doubly fed induction generator wind turbines for fault ride-through［J］. IET Renewable Power Generation, 2013, 7（1）: 18-27.

［16］GUO W Y, XIAO L Y, DAI S T. Enhancing low-voltage ride-through capability and smoothing output power of DFIG with a superconducting fault current limiter magnetic energy storage system［J］. IEEE Transactions on Energy Conversion, 2012, 27（2）: 277-295.

［17］RAHIMI M, PARNIANI M. Coordinated control approaches for low-voltage ride-through enhancement in wind turbines with doubly fed induction generators［J］. IEEE Transactions on Energy Conversion, 2010, 25（3）: 873-883.

［18］MENDES V F, DE SOUSA C V, SILVA S R, et al. Modeling and ride-through control of doubly fed induction generators during symmetrical voltage sags［J］. IEEE Transactions on Energy Conversion, 2011, 26（4）: 1161-1171.

［19］XIANG D, LI R, TAVNER P J, et al. Control of a doubly fed induction generator in a wind turbine during grid fault ride-through［J］. IEEE Transactions on Energy Conversion, 2006, 21（3）: 652-662.

［20］ZHANG S, TSENG K J, CHOI S S, et al. Advanced control of series voltage compensation to enhance wind turbine ride through［J］. IEEE Transactions on Power Electronics, 2012, 27（2）: 763-772.

［21］NIAN H, JIN X. Modeling and analysis of transient reactive power characteristics of DFIG considering crowbar circuit under ultra HVDC commutation failure［J］. Energies, 2021, 14（10）: 2743.

［22］ZHANG T, YAO J, SUN P et al. improved continuous fault ride through control strategy of DFIG-Based wind turbine during commutation failure in the LCC-HVDC transmission system［J］. IEEE Transactions on Power Electronics, 2021, 36（1）: 459-473.

［23］JIN X, NIAN H. Overvoltage suppression strategy for sending AC grid with high penetration of wind power in the LCC-HVDC system under commutation failure［J］. IEEE Transactions on Power Electronics, 2021, 36（9）: 10265-10277.

第 8 章 弱电网下新能源并网系统的稳定性分析与振荡抑制

受限于风力资源与电力负荷逆向分布，我国多采取大规模高集中式开发和远距离输送的风电运营模式。在这种运营模式下，风电机组通常面临着高阻抗、低短路比的弱电网并网环境。当新能源发电装置接入弱电网运行时，其复杂控制作用将与弱电网特性交织，使得新能源并网系统的动态特性复杂化、稳定问题严峻化。

在新能源发电装置多时间尺度控制器的影响下，新能源并网系统面临着与传统电力系统不同的稳定问题。与传统电力系统不同，较为典型的就是新能源并网系统在宽频段范围内的振荡问题。宽频段范围内的并网振荡问题不仅会影响发供电设备运行，而且可能诱发连锁反应事故，甚至造成系统瓦解、大面积停电等灾难性后果。

为此，本章首先介绍弱电网下新能源系统的振荡失稳问题，归纳实际振荡失稳案例的共同特征，明确振荡失稳问题的产生机理；然后，从阻抗建模技术、稳定性分析判据、振荡抑制技术等方面介绍基于阻抗的新能源并网稳定性分析方法；最后，通过一个典型的新能源并网振荡案例，对阻抗稳定性分析方法在新能源并网系统稳定性分析与振荡抑制方面的实际应用进行说明。

8.1 弱电网下新能源并网系统的振荡失稳问题

8.1.1 振荡失稳案例概述

宽频振荡事故是新能源并网系统面临的典型的新型稳定问题。国际上早期报道的新能源参与的宽频振荡事故为双馈风电机组接入串联补偿传输线路所造成的次同步振荡事故。例如，在美国明尼苏达州西南部，Xcel 能源公司的串补线路在常规投切过程中，曾引发双馈风电机组持续振荡，机组电流的振荡频率为 9~13Hz，事故造成部分机组损坏。另一起著名的事故发生于 2009 年美国得州南部，事故发生时某双馈风电场与串补线路直接互联，系统中电压电流均出现约 20Hz 的振荡分量，最终逐渐增大的振荡激发了 Crowbar 保护，造成大量风电机组脱网，且过大的电流也造成了机组损坏。

其后，作为世界上首个采用高压直流输电线路连接海上风电场的工程，德国北海海上风电场经高压直流送出时，在电缆的影响下面临着范围为 100~1000Hz 的中高频谐波谐振风险。近期影响较为恶劣的事故为 2019 年发生的英国"8.9"大停电事故，该事故造成英国伦敦在内的部分城市停电，影响人口 100 万左右。此次事故中，雷击导致某地线路单相接地故障，触发了英国霍恩海上风电场的电压无功控制系统，紧接着风电场并网点无功功率出现了 10Hz 左右次同步振荡，导致风电场与相邻电厂切机脱网，并成为此次大停电事故的主要影响因素。

我国新能源处于快速发展阶段，也发生过不少典型的新能源参与的宽频振荡事故。2010年以来，与美国明尼苏达州和美国得州的事故类似，河北沽源地区发生了多次由双馈风电场与串补电网引发的次同步振荡事故，在 2012~2013 年期间曾有 58 次次同步振荡记录，且所记录的电流振荡频率分布在 6~9Hz。作为国内柔性直流示范的广东南澳岛柔性直流输电工程，在调试期间也曾出现风电参与的次同步振荡事故，事故发生时，所连接的双馈风电场出力增大，激发了振荡频率约为 30Hz 的直流线路电流振荡，最终导致该柔性直流系统停运。2014 年 6 月以来，我国新疆哈密地区频繁出现直驱风电参与的振荡事故，其中最严重的一次事件发生在 2015 年 7 月 1 日，频率在 27~33Hz 变化的振荡功率穿越 35/110/220/500/750kV 多级电网，激发了汽轮机组轴系扭振，最终造成 300km 外的火电厂机组全跳以及特高压直流功率骤降。此外，云南电网也曾出现由新能源系统接入短路比为 2.05 的弱电网引发的振荡事故，输电线路上电压与电流均含有频率为 2.5/97.5Hz 的振荡分量。

上述国内外历次振荡事故按照振荡频率划分，可得如图 8-1 所示的振荡事故频率分布图，为了保持图中对频率描述的统一性，上述事故的振荡频率均折算至交流侧。例如英国大停电事故中无功功率的振荡频率 10Hz 被折算为交流侧的 40/60Hz，经折算后的频率均通过上标 * 进行标注说明。

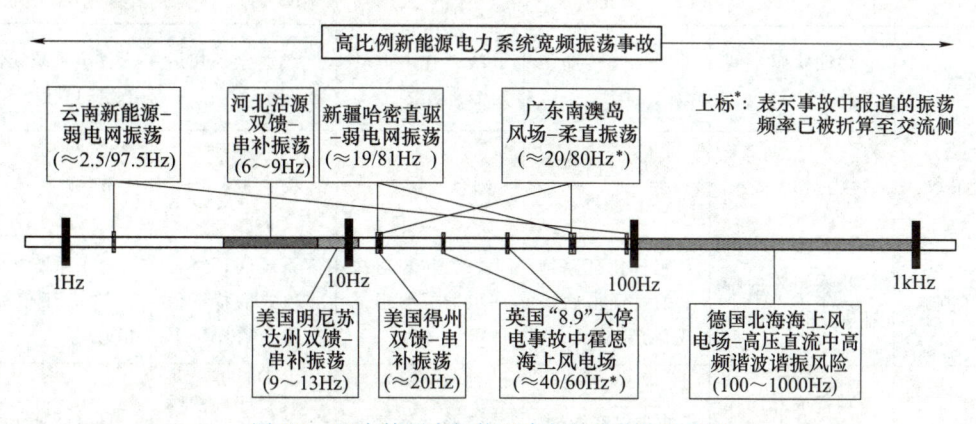

图 8-1 国内外历次新能源参与的宽频振荡事故

从图 8-1 可以看出：不同于传统电力系统的低频振荡问题，高比例新能源电力系统面临着宽频范围内的振荡风险，频率范围覆盖几 Hz 至上千 Hz，并且振荡频率受到新能源控制、系统工况的影响，呈现时变的特征。

此外，根据历次新能源参与的振荡事故报道，新能源并网系统在发生振荡时表现出次同步振荡分量与超同步振荡分量共存现象。例如，文献 [6] 报道，在 2013 年 3 月 19 日河北沽源风场出现的次同步振荡中，线路上的电压与电流波形中均同时出现 8.1Hz 的次同步振荡分量和 91.9Hz 的超同步振荡分量。根据文献 [9] 报道，在 2015 年 7 月 1 日的新疆哈密地区风电场振荡事故中，振荡电流中同时存在相互耦合的 19.24Hz 次同步振荡分量和 80.76Hz 超同步振荡分量。根据文献 [10] 报道，在云南电网的新能源系统弱电网并网振荡事故中，输电线路上电压与电流同时含有 2.5Hz 的次同步分量与 97.5Hz 的超同步分量。

由此可见，新能源并网振荡事故不仅呈现出宽频带范围振荡频率时变的特性，而且具有全新特征，表现为多振荡频率点并存并相互耦合的"振荡频率耦合现象"，其中次/超同步振荡共存现象就是振荡频率耦合现象最常见的表现形式之一。

8.1.2　振荡失稳问题的分析方法简介

新能源并网系统的宽频振荡问题是典型的小信号稳定性问题，因此可以通过线性化的小信号稳定性分析方法研究振荡问题。特征值分析法、阻抗分析法、复转矩系数分析法、幅相动力学分析法、开环模式分析法等方法都是将处于某一稳态工况的互联系统进行线性化，然后将互联系统的振荡问题转化为线性系统的小信号问题进行分析。

特征值分析法、阻抗分析法、复转矩系数分析法、幅相动力学分析法、开环模式分析法等理论分析方法的简要介绍与对比说明可以概括为表 8-1。

表 8-1　风电并网振荡问题的理论分析方法对比

理论分析方法	特征值分析法[11-14]	阻抗分析法[24-28]	复转矩系数分析法[29,30]	幅相动力学分析法[31-34]	开环模式分析法[35-37]
模型变量	状态变量	端口电压/电流	电磁转矩及相关变量	有功/无功功率、内电势幅值/相位	各子系统的状态变量
模型	线性状态空间方程	线性化传递函数或矩阵	线性化电磁转矩传递函数	线性化幅相运动方程	各子系统线性状态空间方程
模型获取	数学建模	数学建模或离线/在线测量	数学建模	数学建模	数学建模
稳定性判据	状态矩阵的特征值分布	阻抗比环路增益的特征值轨迹或等价形式	电磁转矩对次同步谐振的阻尼性质	系统闭环特征多项式的特征值轨迹	各子系统状态矩阵的特征值是否相近
应用优势	具备成熟的模态分析手段，包括参与因子分析[15-18]、特征值灵敏度分析[19-23]等	可通过在线/离线方法测量阻抗，适用于包含复杂未知因素的实际系统稳定性分析	类似于传统电力系统轴系振荡分析方法，正负阻尼概念有助于振荡特性的分析	具备明确的物理特征，能够契合传统交流系统概念，有助于理解系统的本质特征	只需开环子系统的振荡模式即可判断闭环系统稳定性，可准确反映振荡模式的阻尼

除了上述理论分析方法以外，基于时域仿真的分析方法也是风电并网系统振荡问题的常用研究方法。时域仿真方法通过搭建风电并网系统的详细时域仿真模型，复现实际的振荡事故，进而分析其稳定性问题的特征，可在装置设计后期检验装置的稳定性，也被视为其他稳定性分析方法的检验标准。同时，电力电子装备的多时间尺度控制要求时域仿真必须具备足够小的仿真步长，这使得时域仿真分析法在应用于包含大量电力电子装置的大规模系统时将面临极为复杂的运算，通常需要根据仿真的实际需求进行系统模型降阶，将仿真模型简化为针对某一时间尺度的时域仿真模型，因此存在仿真精度与仿真速度的矛盾。

8.2 基于阻抗的新能源并网稳定性分析方法

8.2.1 阻抗分析方法的基本原理

阻抗分析法最早被用于直流系统输入滤波器的设计，其后逐渐被应用于直流系统、单相交流系统、三相交流系统与交直流混合系统的小信号稳定性分析。

针对新能源并网系统的宽频振荡问题，阻抗分析法首先将新能源-电网互联系统划分为源/荷两个子系统，然后利用戴维南/诺顿定理将各子系统进行等效简化。通常情况下，新能源系统多采用电流环作为内环控制环节，其并网结构相当于向电网注入电流，因而可以将新能源子系统等效为一个理想电流源与等效阻抗的并联；而远端电网在并网点为并网系统提供电压支撑，可以视为电压源，且远端电网到并网点之间的阻抗可以被视为电压源的内阻。因此，新能源-电网互联系统的等效简化框图如图 8-2 所示。

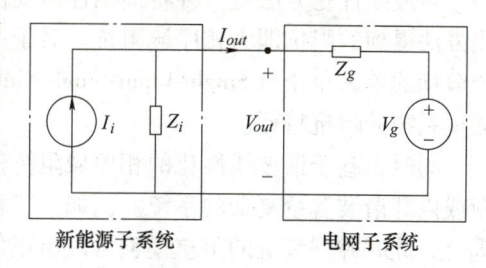

图 8-2 新能源-电网互联系统的等效简化框图

新能源并网系统的小信号稳定性等价于图 8-2 中公共耦合点（Point of Common Coupling, PCC）处新能源子系统输出电流 I_{out} 和电压分量 V_{out} 的稳定性，而 PCC 电压 V_{out}、电流分量 I_{out} 可以通过新能源子系统和电网子系统的等效阻抗进行计算，两者分别满足以下公式：

$$V_{out}(s) = [Z_g(s)I_i(s) + V_g(s)] \frac{1}{1 + Z_g(s)/Z_i(s)} \tag{8-1}$$

$$I_{out}(s) = \left[I_i(s) - \frac{V_g(s)}{Z_i(s)}\right] \frac{1}{1 + Z_g(s)/Z_i(s)} \tag{8-2}$$

在实际场合中，可以认为新能源子系统和电网自身都是稳定的，即式（8-1）和式（8-2）中括号"[ ]"内部的部分都是稳定的。所以，输出电流 I_{out} 和 PCC 电压 V_{out} 的稳定性均取决于如下所示的表达式：

$$G(s) = \frac{1}{1 + Z_g(s)/Z_i(s)} \tag{8-3}$$

根据所提出的阻抗稳定性判据，该新能源并网系统的稳定性取决于式（8-3）的稳定性：通过电网、新能源的阻抗比环路增益的特征值轨迹是否满足奈奎斯特稳定性判据判断该互联系统是否存在振荡问题。

8.2.2 阻抗建模技术

阻抗建模是阻抗分析法中的关键环节，阻抗模型为系统稳定性分析提供了必要的理论基础。在针对三相交流装置进行阻抗建模时，不同坐标系下的阻抗建模方法本质上都是描述线性化后的三相交流系统中电压、电流信号之间的小信号关系。目前，最为常用的阻抗模型为 dq 域阻抗模型和相序域阻抗模型，两者简要介绍如下。

1. dq 域阻抗

阻抗建模的关键是对系统中的非线性环节进行线性化，以获取线性化的小信号阻抗模型。对于三相交流系统，可以将静止坐标系下的交流周期性信号转换为旋转坐标系下的直流分量，从而以旋转坐标系下的直流分量为稳态工作点进行线性化。通过这种线性化方法得到的阻抗模型即为 dq 域阻抗模型。

根据 dq 域阻抗的线性化原理，通过变换至 dq 旋转坐标系以获得直流稳态工作点的方式仅对三相对称系统适用。当三相系统接入不平衡电网，或者三相系统的稳态工作轨迹中含有不平衡、谐波分量时，使得 dq 域阻抗建模方法具有一定的局限性。

2. 相序域阻抗

谐波线性化方法是一种将周期性时变信号转换至频域进行线性化的方法，通过这种线性化方法得到的阻抗即为相序域阻抗。对于三相对称的交流系统，相序域阻抗建模方法通过两个解耦的单入单出（Single-Input-Single-Output，SISO）正序阻抗模型与 SISO 负序阻抗模型描述系统的阻抗特征。

同时，基于谐波线性化的相序域阻抗建模方法不仅适用于三相平衡系统，也适用于不平衡或内部谐波含量复杂的系统。例如，三相不平衡电网下，并网装置的正负序阻抗模型相互耦合，此时并网装置的阻抗模型可以由正负序解耦的 SISO 阻抗模型拓展为相序域的阻抗矩阵，并通过阻抗矩阵的非对角线元素表示正负序之间的耦合关系。对于系统内部含有 2 倍频环流的模块化多电平变流器（Modular Multilevel Converter，MMC）系统，相序域阻抗建模方法也可以通过适当维度的阻抗矩阵描述其阻抗特征。

8.2.3 阻抗测量技术

对于实际的新能源装置而言，除了在上述不同坐标系下建立装置的阻抗解析模型外，还可以通过仿真或实验的方式测量新能源装置的阻抗。由于在测量过程中，扰动信号叠加至测量回路，以及电压电流信号采样等步骤均需要在静止坐标系下进行，所以测量 dq 域阻抗需要额外的坐标变换过程，而相序域下的阻抗测量无需坐标变换即可实现扰动信号叠加以及电压电流信号的采样、处理与计算。因此相较于 dq 域阻抗模型，相序域阻抗模型有易于测量的优点，便于实际工程应用。

扫频测试是一种用于测量系统在一定频率范围内频率响应的常用测量方法。当输入输出变量选定为电压、电流时，扫频测试可用于测量系统的阻抗特性。扫频测试可以基于仿真平台、硬件在环平台[40,41]或实物实验平台[42]实现。

基于扫频测试的阻抗测量方法可以被分为以下 4 个步骤：

1) 初始化运行。即被测系统在不受扰动的情况下运行，达到某个稳定的运行状态。

2) 施加小信号扰动。即被测系统处于某个稳态工况后，注入给定频率的小信号扰动，小信号扰动的基本注入方式如图 8-3 所示。

3) 测量响应信号。即被测系统在该小信号扰动下运行一定时间，并测量扰动过程中该风电机组的端口电流和电压。

4) 频率扫描。即在某个扰动频率下完成步骤 2) 和步骤 3) 后，改变扰动信号的频率，重复步骤 2) 和步骤 3)，直到待测频率点的响应特性逐一测试完成。

根据模型定义，阻抗模型描述了新能源装置端口电压与端口电流之间的小信号关系。因此，基于扫频测试所获得的各个频率点的电压、电流分量，将每个频率点的电压分量除以对应频率点处的电流分量，即可得到新能源装置的阻抗测量结果。

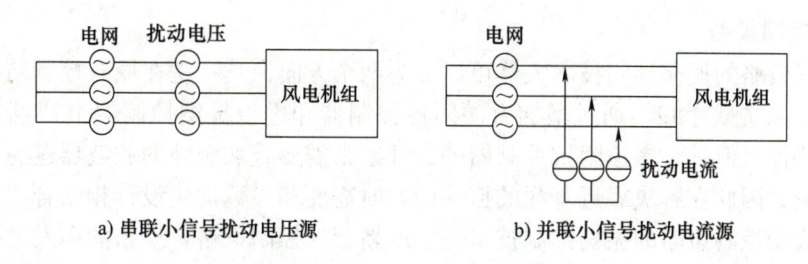

a) 串联小信号扰动电压源   b) 并联小信号扰动电流源

图 8-3　扫频测试中小信号扰动的基本注入方式

8.2.4　基于阻抗的振荡抑制技术

阻抗模型通过数学表达式描述系统的端口特性，具有较为清晰的物理意义，常用于分析各控制器对系统阻抗特性的影响，明确新能源并网系统宽频振荡问题的影响因素，从而指导并网系统的振荡抑制。

新能源并网系统振荡抑制技术的基本实现原理为：基于新能源并网系统的阻抗模型，优化风电机组等新能源装置的阻抗特性，提升新能源并网系统的稳定性，从而实现并网系统的振荡抑制。常见的振荡抑制技术可分为调整硬件结构、优化控制参数、改变控制策略三大类。

1. 调整硬件结构

调整硬件结构是一种简单有效的振荡抑制方法。例如，针对新能源并网系统由于负阻尼、或者欠阻尼状态引发的振荡问题，在系统中增设硬件阻尼器，为并网系统提供阻尼，从而抑制系统中的振荡。同时，在新能源并网系统中，除了风电机组等发电装置外，利用额外的静止同步补偿器（Static Synchronous Compensator，STATCOM）等装置也可以改变并网系统的阻抗特性，并对额外增设的 STATCOM 等硬件装置选取恰当的硬件参数与控制参数，则可以提升新能源并网系统的稳定性，避免系统出现振荡失稳问题。

虽然通过调整并网系统的硬件结构可以简单有效地抑制系统中的振荡但是调整硬件电路或者增设硬件装置会增加系统损耗，同时也需要相对较高的成本。因此如何在保障系统稳定性的前提下，选择有效且经济的硬件结构调整方式，是此类振荡抑制技术需要权衡的问题。

2. 优化控制参数

新能源机组采用电力电子装置进行能量变换，同时新能源机组的阻抗特性受到电力电子装置各个控制器的综合影响。因此，可以通过优化新能源机组的控制参数，改变其阻抗特性，进而抑制新能源并网系统的振荡。例如，锁相控制是矢量控制策略下新能源发电装置跟随电网电压的关键控制环节，文献［45］和文献［46］分别从 dq 域阻抗、相序域阻抗分析了锁相环控制参数对并网逆变器阻抗特性的影响，文献［47］和文献［48］提出了优化锁相环控制参数以抑制直驱风电机组并网振荡的方法。

因此，基于参数优化的振荡抑制方法不需要改变系统的硬件结构和控制策略，易于实现且几乎不需要额外成本，可以在新能源装置控制器设计时，通过选取恰当的控制参数降低新能源装置接入电网后面临的振荡风险，或者在新能源并网系统发生振荡后，对控制器参数进行优化，解决新能源并网系统面临的振荡问题。

3. 改变控制策略

改变控制策略的振荡抑制技术大体可以分为两个方向，其一是在原有控制结构上增加虚拟阻抗控制，如文献［49］通过增加有源阻尼控制器和虚拟导纳控制器重塑直驱风电机组中高频阻抗特性。但是，虚拟阻抗控制器的设计通常需要叠加额外的滤波器避免对基频动态特征造成影响，因此在解决靠近基频的振荡问题时需要和参数优化设计相结合[49]。

另一种改变控制策略的振荡抑制技术是选取新型的控制策略替换新能源发电装置普遍使用的矢量控制策略。例如，文献［50］提出一种基于卡尔曼滤波器的改进有限集模型电流控制策略，提升了并网逆变器与弱电网的适配性。文献［51］为了避免锁相环造成的双馈风电机组的振荡问题，提出了一种无锁相环直接功率控制策略。文献［52］对比了传统矢量控制策略和虚拟同步控制策略下的并网逆变器阻抗特性，发现虚拟同步控制型并网逆变器序阻抗在全频段基本呈感性，与弱电网的阻抗特性匹配良好，能避免传统矢量控制策略下并网逆变器接入感性弱电网的振荡问题。

因此，基于虚拟阻抗控制和新型控制策略，可以改变新能源装置的原有控制策略，重塑装置的阻抗特性，从而提升新能源并网系统的稳定性。

8.3 弱电网下新能源并网振荡案例分析

为了进一步说明如何通过阻抗分析方法研究弱电网下新能源并网系统的振荡问题，本节将通过一个具体的案例，说明新能源并网系统的阻抗建模、基于阻抗的振荡问题分析、基于阻抗的振荡抑制等方法的具体实现过程。

案例中所使用的新能源设备为并网逆变器，其阻抗模型可以代表光伏发电系统、直驱风机系统以及双馈风机系统的网侧变流器的阻抗特性。在实际的新能源并网系统中，风电机组等新能源装置通常经过多级变压器及对应的线路阻抗接入主电网，在阻抗分析中，可以将各级电网线路上的阻抗折算至某一级电网，从而得到新能源装置接入的等价电网阻抗。

8.3.1 并网逆变器的阻抗模型

针对本案例所使用的并网逆变器，可以使用谐波线性化（harmonic linearization）方法获得逆变器在频域的线性化后的小信号模型，即阻抗模型。在本案例研究中，关注的频段范围为 10~1000Hz，由于逆变器开关频率比研究频率高，延时相对较小，所以在阻抗建模的过程中并未考虑采样、延时等环节的影响。并且由于实际风电机组、光伏机组中，功率变流器中的直流母线电容普遍较大，因此由于直流母线动态响应导致的阻抗变化被忽略。

使用谐波线性化方法建立并网逆变器阻抗模型的整体思路为：假设逆变器的并网点存在特定频率的正、负序电压谐波分量和电流谐波分量，通过系统的电路参数、控制结构以及额定工作状态建立正、负序电压和电流谐波分量之间的关系，从而得到该发电单元的正、负序阻抗解析表达式。

矢量控制策略是并网逆变器常用的控制策略。当采用矢量控制策略时，本案例中并网逆变器的系统控制框图如图 8-4 所示，其中并网点的网侧逆变器电压、电流分别记为 v_{ga}、v_{gb}、v_{gc} 和 i_{ga}、i_{gb}、i_{gc}，逆变器三相输出端口电压分别记为 v_{gia}、v_{gib} 和 v_{gic}，V_{dc} 是直流母线电压，并网逆变器交流侧采用 LCL 滤波结构，其中 L_1、L_2、C_f 分别是内侧滤波电感、外侧滤波电感以及滤波电容。θ_{PLL}是经过锁相环得到的电网角度，$H_{\text{PLL}}(s)$是锁相环控制的传递函数。并网逆变器在旋转坐标系下对 dq 轴电流进行控制，电流控制器为 PI 控制器，$H_{gi}(s)$为电流控制器的传递函数，K_{gd}是电流控制的解耦系数。

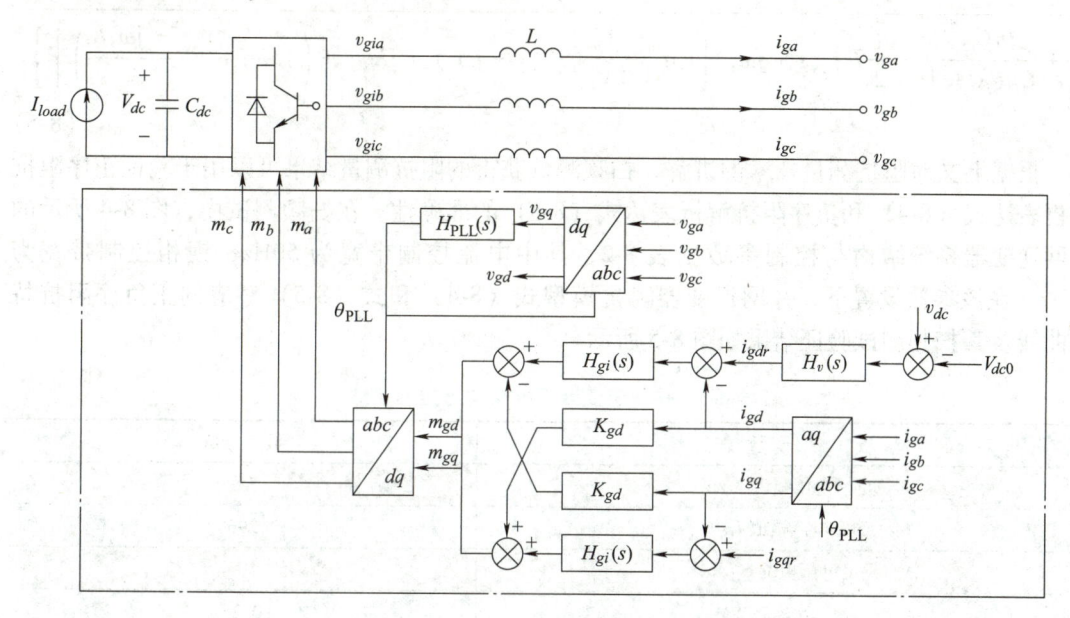

图 8-4　并网逆变器系统控制框图

基于谐波线性化方法，对如图 8-4 所示的并网逆变器进行阻抗建模，可以得到该逆变器的正序阻抗模型如下：

$$Z_p(s) = \frac{(L_1 + L_2)s + \dfrac{L_1 L_2 C_f s^3}{C_f R_d s + 1} + V_{dc} \cdot [H_i(s - j\omega_1) - jK_d]}{\left\{1 + \dfrac{L_1 C_f s^2}{C_f R_d s + 1} - \dfrac{1}{2} T_{\text{PLL}}(s - j\omega_1)\left[I_1 e^{j\varphi_{i1}} \dfrac{V_{dc}}{V_1}(H_i(s - j\omega_1) - jK_d) + \left(1 + I_1 e^{j\varphi_{i1}} \dfrac{j\omega_1 L_1}{V_1}\right)\right]\right\}}$$

(8-4)

式中　V_1——基频电压的幅值；

　　　I_1——基频电流的幅值；

　　　φ_{i1}——基频电流的相位，单位功率因数下为 0；

　　　ω_1——基波角频率；

$$K_d = \omega_1 L_1; \quad T_{\text{PLL}}(s) = \frac{H_{\text{PLL}}(s)}{1 + V_1 H_{\text{PLL}}(s)} = \frac{\dfrac{1}{s}\left(k_p + \dfrac{k_i}{s}\right)}{1 + V_1 \cdot \dfrac{1}{s}\left(k_p + \dfrac{k_i}{s}\right)};$$

$$H_{\text{PLL}}(s) = \frac{1}{s}\left(k_p + \frac{k_i}{s}\right)$$

其中　k_p、k_i——锁相控制器的比例参数和积分参数。

同理，该并网逆变器的负序阻抗模型为

$$Z_n(s) = \frac{(L_1+L_2)s + \dfrac{L_1 L_2 C_f s^3}{C_f R_d s + 1} + V_{dc}[H_i(s+j\omega_1) + jK_d]}{\left\{1 + \dfrac{L_1 C_f s^2}{C_f R_d s + 1} - \dfrac{1}{2}T_{\text{PLL}}(s+j\omega_1)\left[I_1 e^{-j\varphi_{i1}}\dfrac{V_{dc}}{V_1}[H_i(s+j\omega_1) + jK_d] + \left(1 + I_1 e^{-j\varphi_{i1}}\dfrac{-j\omega_1 L_1}{V_1}\right)\right]\right\}}$$

(8-5)

根据上文对阻抗测量技术的讲解，扫频测试获得的阻抗测量结果可以用于验证正序阻抗解析表达式（8-4）和负序阻抗解析表达式（8-5）的准确性。在扫频测试中，图8-4所示的并网逆变器系统结构与控制参数见表8-2，其中电流控制带宽为50Hz，锁相控制带宽为15Hz。在该参数设置下，并网逆变器阻抗模型式（8-4）和式（8-5）对应的正负序阻抗特性曲线及其扫频测试验证结果如图8-5所示。

表8-2 并网逆变器系统结构与控制参数

参　数		数　值
电网电压幅值 V_1/V		563
额定电流幅值 I_1/A		296
额定电流相位 φ_{i1}/rad		0
额定功率 P/WM		0.25
逆变器内侧滤波电感 L_1/mH		1.94
逆变器外侧滤波电感 L_2/mH		0.65
逆变器并联滤波电容 C_f/μF		13
逆变器滤波电容支路上的滤波电阻 R_d/Ω		0.1
交叉解耦系数 K_d		0.1005
锁相环参数	k_{pp}	0.1365
	k_{pi}	1.999
电流控制器参数	k_{ip}	0.3118
	k_{ii}	91.31

从图8-5可以看到，式（8-4）和式（8-5）所示的并网逆变器正序阻抗模型、负序阻抗模型与扫频测试结果吻合，在电流环和锁相环的控制带宽范围内，并网逆变器的阻抗特性受到控制环节的影响，在电流控制带宽以外的高频段，并网逆变器的阻抗特性主要由交流侧LCL型滤波环节所决定，因此其高频段的相位呈现感性到容性再到感性的变化过程。

8.3.2 基于阻抗的逆变器并网系统振荡问题分析

当并网逆变器与所接入的弱电网阻抗特性不匹配时，逆变器并网系统将出现振荡问题。以上述并网逆变器系统为例，并网逆变器的锁相环控制参数为 $k_{pp}=0.0682$ 和 $k_{pi}=0.9995$ 时，对应的锁相环控制带宽约为8Hz，其余系统及控制参数见表8-2。假设该逆变器接入等效电网电感 $L_g=2.02$mH 的感性电网，此时电网对应的短路电流比 SCR=3.0，表明该逆变器处于弱电网并网运行环境。此时，该并网逆变器阻抗与电网阻抗的特性曲线图如图8-6所示。

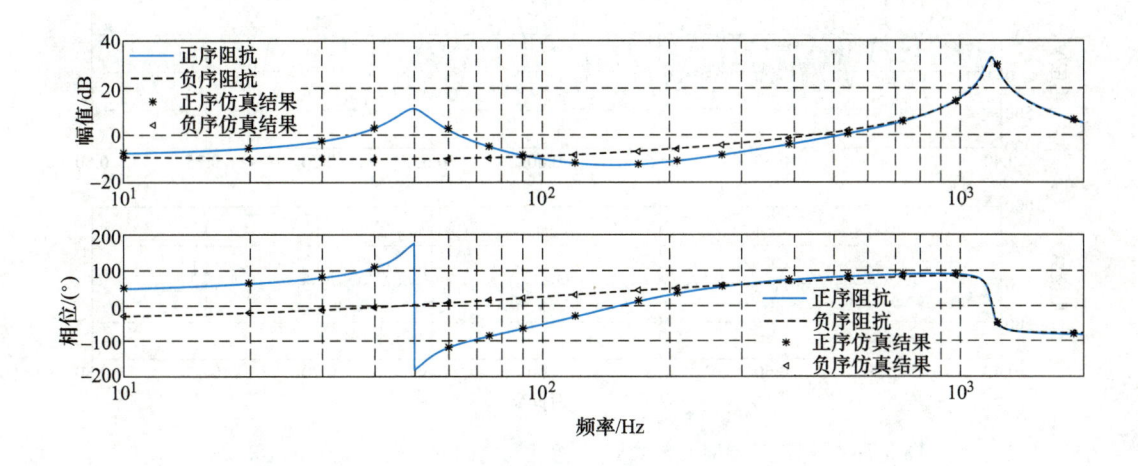

图 8-5　并网逆变器阻抗特性曲线与仿真验证

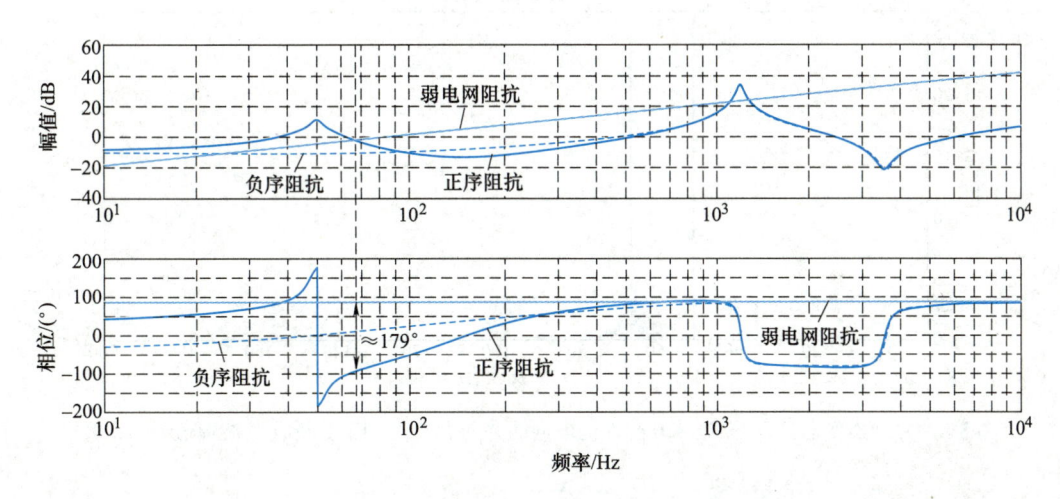

图 8-6　并网逆变器与 SCR=3.0 感性弱电网的阻抗特性曲线

从图 8-6 中可以看到，频率 66Hz 处并网逆变器阻抗与电网阻抗幅值相交，对应的相位差为 179°，相位裕度仅为 1°，意味着此时的互联系统处于临界稳定状态，存在并网振荡问题。

为了验证图 8-6 所示的阻抗分析结果，在仿真中令该逆变器首先在理想电网的条件下运行至设定工况，然后在 0.6s 时投入电网等效电感，使得逆变器所接入的电网成为所设定的 SCR=3.0 感性弱电网。该过程中逆变器-电网互联系统的并网点电压、电流波形如图 8-7 所示。从图 8-7 中可以看到，并网点电压、电流均含有明显的谐波谐振，说明此时逆变器并网系统存在明显的振荡问题。

对图 8-7 所示的并网点电流波形进行快速傅里叶变换（Fast Fourier Transform，FFT）分析，可以得到如图 8-8 所示的 FFT 分析结果，从中可以发现，振荡过程中电流的振荡频率为 66Hz，与图 8-6 理论分析得出的潜在不稳定频率一致。

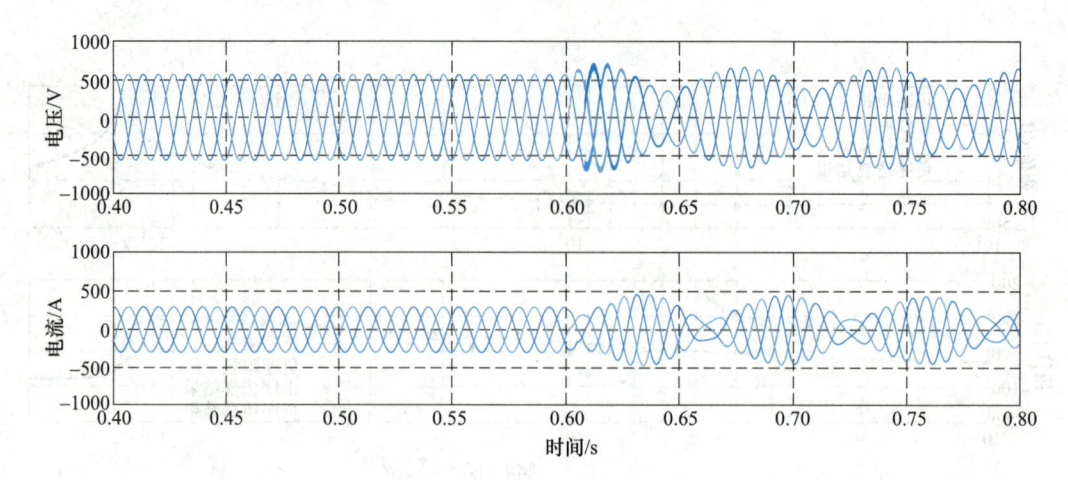

图 8-7　并网逆变器接入 SCR=3.0 感性弱电网的并网点电压电流波形

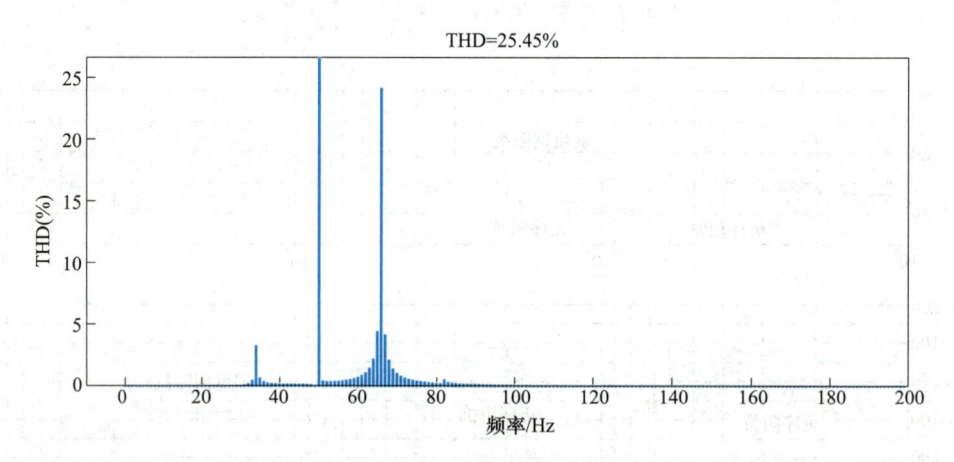

图 8-8　并网逆变器接入 SCR=3.0 感性弱电网的并网点电流 FFT 分析（基波幅值 295.5dB）

8.3.3　基于阻抗的逆变器并网系统的振荡抑制

在上述案例分析中，并网逆变器接入 SCR=3.0 的感性弱电网出现了振荡问题，且振荡频率为 66Hz，处于锁相环控制带宽以外、电流控制环带宽以内。因此，可以通过改变逆变器的电流控制，在现有的电流控制上叠加一个虚拟电阻 R_{ad}=0.2，减小不稳定频率处的负阻特性，提升系统稳定裕度。增加虚拟阻抗控制后的电流控制框图如图 8-9 所示。

此时，修正后的并网逆变器与所接入的 SCR=3.0 感性弱电网的阻抗特性曲线如图 8-10 所示。从图 8-10 中可以看到，在原有电流控制上叠

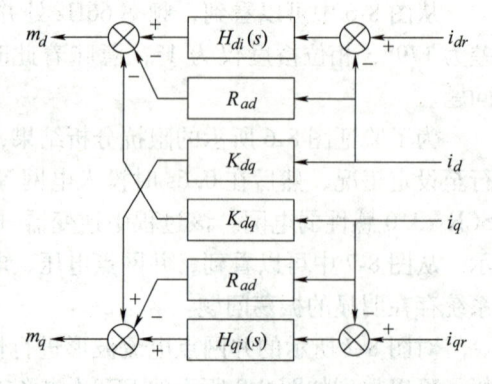

图 8-9　增加虚拟阻抗控制后的并网逆变器电流控制框图

加虚拟阻抗控制后,并网逆变器的阻抗相位在不稳定频率处有明显的提高,此时的相位差为165°,即系统的相角裕度为15°。

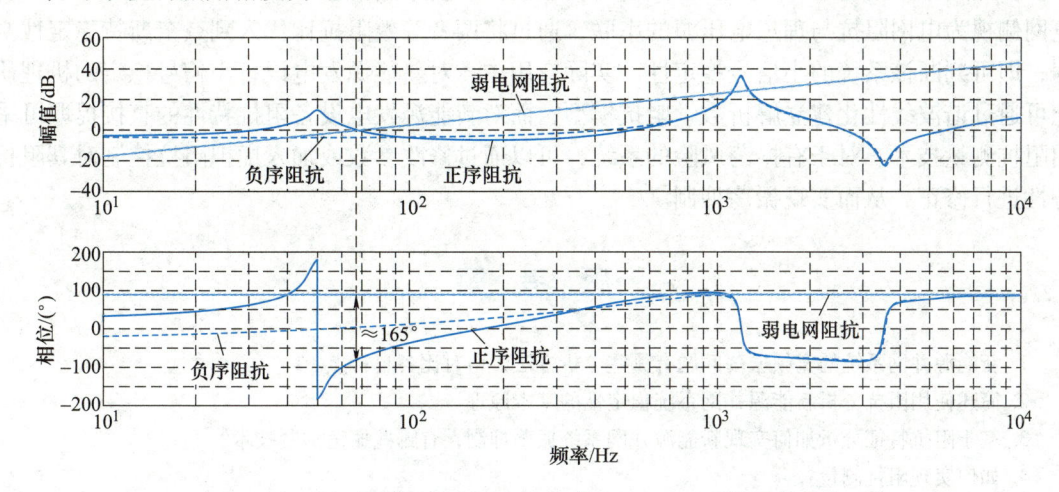

图 8-10 并网逆变器与 SCR=3.0 感性弱电网的阻抗特性曲线

增加虚拟阻抗控制后,重复图 8-7 所示的并网仿真,所得到的系统并网点电压、电流波形如图 8-11 所示,从图中可以看到,此时逆变器接入所设的弱电网后,并网点电压电流波形稳定,说明图 8-9 所提出的基于虚拟阻抗的振荡抑制方法能有效解决该逆变器并网系统面临的振荡问题。

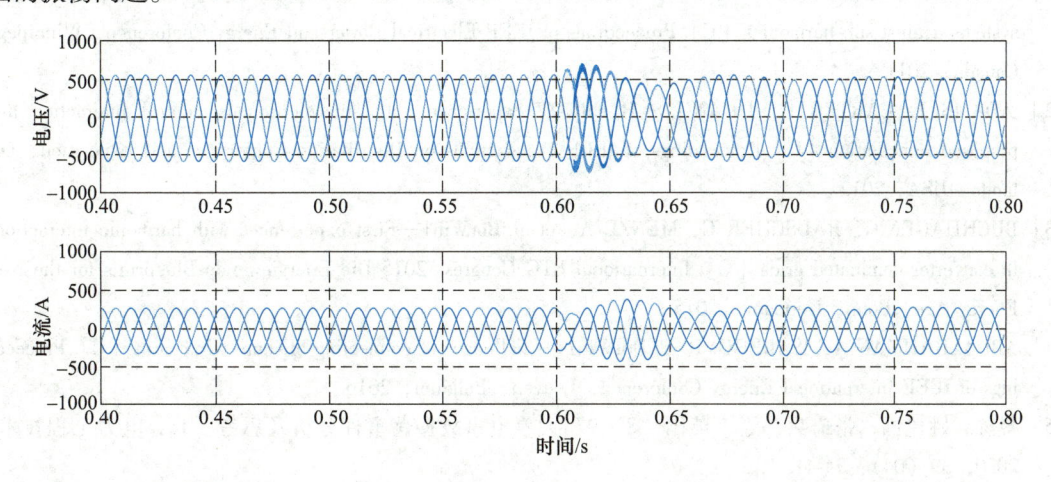

图 8-11 增加虚拟阻抗控制后并网逆变器接入 SCR=3.0 感性弱电网的并网点电压、电流波形

8.4 本章小结

宽频振荡事故是新能源并网系统面临的典型的新型稳定问题,并常呈现次/超同步振荡分量共存的特征。新能源发电设备并网宽频带振荡属于典型的小信号失稳问题,在多种小信号稳定性分析方法中,由于阻抗分析法可通过在线/离线方法测量阻抗,适用于包含复杂未知因素的实际系统稳定性分析,从而得到了广泛的研究与应用。

阻抗分析法的基本原理是：将新能源并网系统划分为新能源发电设备与电网阻抗两个子系统，通过戴维南定理/诺顿定理等效，将新能源发电侧视为电流源与等效阻抗的并联，将电网侧视为电网阻抗与理想电压源的串联，通过将两者等效阻抗比代入到奈奎斯特稳定性判据，即可判断该系统的小信号稳定性。实际应用中，对新能源发电设备小信号稳定的机理研究可通过谐波线性化建立解析数学阻抗模型；而对新能源发电设备阻抗特性的直接提取可采用阻抗测量技术。对于有振荡风险的系统，可以通过修改参数或加入虚拟阻抗控制对其阻抗特性进行修正，从而实现振荡抑制。

思 考 题

1. 新能源并网系统的宽频振荡问题有哪些分析方法，请对比各自特点。
2. 简述使用阻抗分析新能源并网系统稳定性的基本原理。
3. 基于阻抗特征分析如何实现新能源并网系统振荡抑制，有哪些振荡抑制技术？
4. 如何实现阻抗测量？
5. 简述 dq 域阻抗模型和相序域阻抗模型的建模方法。

参 考 文 献

[1] NARENDRA K, FEDIRCHUK D, MIDENCE R. New microprocessor based relay to monitor and protect power systems against sub-harmonics [C]. Proceedings of IEEE Electrical Power and Energy Conference, Winnipeg, Canada, 2011.

[2] ADAMS J, CARTER C, HUANG S H. ERCOT experience with subsynchronous control interaction and proposed remediation [C]. Proceedings of IEEE Transactions on Distribution Conference and Exposition, Orlando, USA, 2012.

[3] BUCHHAGEN C, RAUSCHER C, MENZE A, et al. BorWin1—First experiences with harmonic interactions in converter dominated grids [C]. International ETG Congress 2015 Die Energiewende-Blueprints for the New Energy Age, Bonn, Germany, 2015.

[4] ABDALRAHMAN A, ISABEGOVIC E. DolWin1—Challenges of connecting offshore wind farms [C]. Proceedings of IEEE International Energy Conference, Leuven, Belgium, 2016.

[5] 樊陈，姚建国，张琦兵，等. 英国"8·9"大停电事故振荡事件分析及思考 [J]. 电力工程技术，2020，39（04）：34-41.

[6] XIE X, ZHANG X, LIU H, et al. Characteristic analysis of subsynchronous resonance in practical wind farms connected to series-compensated transmissions [J]. IEEE Transactions on Energy Conversion, 2017, 32 (03): 1117-1126.

[7] 吕敬，董鹏，施刚，等. 大型双馈风电场经 MMC-HVDC 并网的次同步振荡及其抑制 [J]. 中国电机工程学报，2015，35（19）：4852-4860.

[8] 魏伟，许树楷，李岩，等. 南澳多端柔性直流输电示范工程系统调试 [J]. 南方电网技术，2015，9（1）：73-77.

[9] LIU H, XIE X, HE J, et al. Subsynchronous interaction between direct-drive PMSG based wind farms and weak ac networks [J]. IEEE Transactions on Power Systems, 2017, 32 (6): 4708-4720.

[10] SHU D, XIE X, RAO H, et al. Sub- and super-synchronous interactions between STATCOMs and weak AC/DC transmissions with series compensations [J]. IEEE Transactions on Power Electronics, 2018, 33 (9): 7424-7437.

[11] 关宏亮. 大规模风电场接入电力系统的小干扰稳定性研究 [D]. 北京: 华北电力大学, 2008.

[12] 黄汉奇. 风力发电与光伏发电系统小干扰稳定研究 [D]. 武汉: 华中科技大学, 2012.

[13] MOHAMMADPOUR H A, SANTI E, GHADERI A. Analysis of sub-synchronous resonance in doubly-fed induction generator-based wind farms interfaced with gate-controlled series capacitor [J]. IET Generation, Transmission & Distribution, 2014, 8 (12): 1998-2011.

[14] XI X, GENG H, YANG G. Enhanced model of the doubly fed induction generator-based wind farm for small-signal stability studies of weak power system [J]. IET Renewable Power Generation, 2014, 8 (7): 765-774.

[15] FAN L, ZHU C, MIAO Z, et al. Modal analysis of a DFIG-based wind farm interfaced with a series compensated network [J]. IEEE Transactions on Energy Conversion, 2011. 26 (4): 1010-1020.

[16] MOHAMMADPOUR H A, SANTI E. SSR damping controller design and optimal placement in rotor-side and grid-side converters of series-compensated DFIG-based wind farm [J]. IEEE Transactions on Sustainable Energy, 2015, 6 (2): 388-399.

[17] HU J, HUANG Y, WANG D, et al. Modeling of grid-connected DFIG-based wind turbines for dc-link voltage stability analysis [J]. IEEE Transactions on Sustainable Energy, 2015, 6 (4): 1325-1336.

[18] 赵书强, 李忍, 高本锋, 等. 双馈风电机组经串补并网的振荡模式分析 [J]. 高电压技术, 2016, 42 (10): 3263-3273.

[19] PAGOLA F, ARRIAGA I, VERGHESE G. On sensitivities, residues and participations: applications to oscillatory stability analysis and control [J]. IEEE Transactions on Power System, 1989, 4 (1): 278-285.

[20] GAROFALO F, IANNELLI L, VASCA F. Participation factors and their connections to residues and relative gain array [C]. Proceedings of the 15th Triennial World Congress of the International Federation of Automatic Control, Barcelona, Spain, 2002.

[21] 彭谦, 马晨光, 杨雪梅, 等. 线性模态分析中的参与因子与贡献因子 [J]. 电网技术, 2010, 34 (02): 92-96.

[22] YANG L, XU Z, ØSTERGAARD J, et al. Oscillatory stability and eigenvalue sensitivity analysis of a DFIG wind turbine system [J]. IEEE Transactions on Energy Conversion, 2011. 26 (1): 328-339.

[23] D'ARCO S, SUUL J. A, FOSSO O. B. Control system tuning and stability analysis of virtual synchronous machines [C]. IEEE Energy Conversion Congress and Exposition, Denver, USA, 2013.

[24] MIDDLEBROOK R D. Input filter considerations in design and application of switching regulators [C]. IEEE Industry Applications Society Annual Meeting Record, 1976.

[25] FENG X, LIU J, LEE F C. Impedance specifications for stable DC distributed power systems [J]. IEEE Transactions on Power Electronics, 2002, 17 (2): 157-162.

[26] SUN J. Input impedance analysis of single-phase PFC converters [J]. IEEE Transactions on Power Electronics, 2005, 20 (2): 308-314.

[27] CÉSPEDES M, SUN J. Impedance shaping of three-phase grid-parallel voltage-source converters [C]. IEEE Applied Power Electronics Conference and Exposition (APEC), Orlando, USA, 2012.

[28] LIU H, SUN J. DC terminal impedance modeling of LCC-based HVDC converters [C]. IEEE 14th Workshop on Control and Modeling for Power Electronics (COMPEL), Salt Lake City, USA, 2013.

[29] 程时杰，曹一家，江全元. 电力系统次同步振荡的理论与方法［M］. 北京：科学出版社，2009.

[30] 董晓亮，谢小荣，韩英铎，等. 基于定转子转矩分析法的双馈风机次同步谐振机理研究［J］. 中国电机工程学报，2015，35（19）：4861-4869.

[31] 张栋梁，应杰，袁小明，等. 基于幅相运动方程的风机机电暂态特性的建模与优化［J］. 中国电机工程学报，2017，37（14）：4044-4051.

[32] 袁豪，袁小明. 用于系统直流电压控制尺度暂态过程研究的电压源型并网变换器幅相运动方程建模与特性分析［J］. 中国电机工程学报，2018，38（23）：6882-6892.

[33] 袁小明，程时杰，胡家兵. 电力电子化电力系统多尺度电压功角动态稳定问题［J］. 中国电机工程学报，2016，36（19）：5145-5154，5395.

[34] 严亚兵，苗淼，李胜，等. 静止坐标系下变换器电流平衡-内电势运动模型：一种装备电流控制尺度物理化建模方法［J］. 中国电机工程学报，2017，37（14）：3963-3972.

[35] 甄自竞. 高压直流输电系统引发电力系统次同步振荡问题研究［D］. 北京：华北电力大学，2019.

[36] 陈晓，杜文娟，王海风. 开环模式谐振条件下直驱风机接入引发电力系统宽频振荡的研究［J］. 中国电机工程学报，2019，39（09）：2625-2636.

[37] 甄自竞，杜文娟，王海风. 近似强模式谐振下高压直流输电系统引起的次同步振荡仿真研究［J］. 中国电机工程学报，2019，39（07）：1976-1985.

[38] CLARK K, MILLER N, SANCHEZ-GASCA J. Modeling of GE wind turbin-generators for grid studies（version 4.5）［R］. New York：General Electric International，Inc.，2010.

[39] SUN, J. Impedance-based stability criterion for grid-connected inverters［J］. IEEE Transactions on Power Electronics，2011，26（11）：3075-3078.

[40] LI G, SUN J. Control hardware-in-the-loop simulation for turbine impedance modeling and verification［C］. Proceedings of the 16th Wind Integration Workshop, Berlin, Germany, 2017.

[41] ZHANG H, LIU Z, WU S, et al. Input impedance modeling and verification of single-phase voltage source converters based on harmonic linearization［J］. IEEE Transactions on Power Electronics，2016，31（19）：6792-6796.

[42] CÉSPEDES M, SUN J. Three-phase impedance measurement for system stability analysis［C］. IEEE Workshop on Control and Modeling for Power Electronics（COMPEL），Salt Lake City，USA，2013.

[43] CÉSPEDES M, XING L, SUN J. Constant-power load system stabilization by passive damping［J］. IEEE Transactions on Power Electronics，2011，26（7）：1832-1836.

[44] ZHANG Y, CHEN X, SUN J. Impedance modeling and control of STATCOM for damping renewable energy system resonance［C］. IEEE Energy Conversion Congress and Exposition（ECCE），Cincinnati，USA，2017.

[45] WEN B, DONG D, BOROYEVICH D, et al. Impedance-based analysis of grid-synchronization stability for three-phase paralleled converters［J］. IEEE Transaction on Power Electronics，2016，31（1）：26-38.

[46] 王赟程，陈新，张旸，等. 三相并网逆变器锁相环频率特性分析及其稳定性研究［J］. 中国电机工程学报，2017，37（13）：3843-3853.

[47] 张冲，王伟胜，何国庆，等. 基于序阻抗的直驱风电场次同步振荡分析与锁相环参数优化设计［J］. 中国电机工程学报，2017，37（23）：6757-6767，7067.

[48] 李光辉，王伟胜，刘纯，等. 直驱风电场接入弱电网宽频带振荡机理与抑制方法（一）：宽频带阻抗特性与振荡机理分析［J］. 中国电机工程学报，2019，39（22）：6547-6562.

[49] 李光辉，王伟胜，刘纯，等. 直驱风电场接入弱电网宽频带振荡机理与抑制方法（二）：基于阻抗重

塑的宽频带振荡抑制方法［J］. 中国电机工程学报, 2019, 39（23）: 6908-6920, 7104.

［50］CHEN L, XU Y, NIAN H. Improved finite set model predictive current control of grid side converter in weak grid using kalman filter［C］. IEEE PES Asia-Pacific Power and Energy Engineering Conference（APPEEC）, Macao, China, 2019.

［51］年珩, 胡彬, 陈亮, 等. 无锁相环直接功率控制双馈感应发电机系统阻抗建模和稳定性分析［J］. 中国电机工程学报, 2020, 40（03）: 951-962.

［52］伍文华, 周乐明, 陈燕东, 等. 序阻抗视角下虚拟同步发电机与传统并网逆变器的稳定性对比分析［J］. 中国电机工程学报, 2019, 39（5）: 1411-1421.